XINZHI

Fat

Culture and Materiality

脂肪

文化与物质性

［美］克里斯托弗·E. 福思
［澳］艾莉森·利奇 编著
李黎　丁立松 译

生活·讀書·新知 三联书店

图书在版编目（CIP）数据

脂肪：文化与物质性／（美）克里斯托弗 · E. 福思，（澳）艾莉森 · 利奇编著；李黎，丁立松译．—北京：生活 · 读书 · 新知三联书店，2017.3 （2019.1 重印）
（新知文库）
ISBN 978－7－108－05786－0

Ⅰ. ①脂…　Ⅱ. ①克… ②艾… ③李… ④丁…　Ⅲ. ①甘油三脂－研究
Ⅳ. ① Q542

中国版本图书馆 CIP 数据核字（2016）第 191655 号

特邀编辑　王艳平
责任编辑　王　竞
装帧设计　陆智昌　薛　宇
责任校对　张　睿
责任印制　董　欢
出版发行　生活 · 讀書 · 新知 三联书店
（北京市东城区美术馆东街 22 号　100010）
网　　址　www.sdxjpc.com
经　　销　新华书店
印　　刷　河北鹏润印刷有限公司
版　　次　2017 年 3 月北京第 1 版
2019 年 1 月北京第 3 次印刷
开　　本　635 毫米 × 965 毫米　1/16　印张 17
字　　数　160 千字
印　　数　13,001－18,000 册
定　　价　35.00 元
（印装查询：01064002715；邮购查询：01084010542）

新知文库

出版说明

在今天三联书店的前身——生活书店、读书出版社和新知书店的出版史上，介绍新知识和新观念的图书曾占有很大比重。熟悉三联的读者也都会记得，20 世纪 80 年代后期，我们曾以“新知文库”的名义，出版过一批译介西方现代人文社会科学知识的图书。今年是生活·读书·新知三联书店恢复独立建制 20 周年，我们再次推出“新知文库”，正是为了接续这一传统。

近半个世纪以来，无论在自然科学方面，还是在人文社会科学方面，知识都在以前所未有的速度更新。涉及自然环境、社会文化等领域的新发现、新探索和新成果层出不穷，并以同样前所未有的深度和广度影响人类的社会和生活。了解这种知识成果的内容，思考其与我们生活的关系，固然是明了社会变迁趋势的必需，但更为重要的，乃是通过知识演进的背景和过程，领悟和体会隐藏其中的理性精神和科学规律。

“新知文库”拟选编一些介绍人文社会科学和自然科学新知识及其如何被发现和传播的图书，陆续出版。希望读者能在愉悦的阅读中获取新知，开阔视野，启迪思维，激发好奇心和想象力。

生活·讀書·新知三联书店

2006 年 3 月

目　录

Contents

脂　肪

它遍及城镇
它充满乡村
酸性分子结合丙三醇
用新名字在细胞里扎根
它是脚底的气垫，肚腩里的先锋
脂腺变得活跃，你却变得沉重
殿堂里，它随着身躯翩翩起舞
超市里，林立的货架是它在接受朝圣
十亿个身躯不舍昼夜为它忙碌
酒店和航班却要听人们对它抱怨个不停
它圈养的孩子们进了屠宰场
它不忍目睹又担心过剩
于是它插缺补空，为你提神补充
两餐之间也不示弱，锱铢必争
它爱装点沿岸，地方再小也不愿放松
政客、公司，谁都可以搭它一程

再大的床垫都灰飞烟灭，小床更是分分钟
剧院、餐馆和汽车的座椅
再小的地方也得分它一杯羹
超大号的男男女女与它相偎
看着它跟更大的后辈一起，竟然笑出了声
它的化身步入聚光灯下
转啊转啊好像齐柏林飞艇
教室、写字楼，它都是焦点，好像是为舞台而生
楼梯和山丘让它踌躇
豢养着奇怪宠物，它们模仿着它的胃口和体形
再大的汽车也会不堪重负
艺术家却视它为明星
鲁本斯画它不够，博伊斯将它拥入怀中
它用纽扣和皮带掀起战争，又在玩具店里吸引观众
小小的观众被它逗笑，自我复制如此高明

——选自 Michael Sharkey，*The Sweeping Plain*（2007）

引言　脂肪的物质化

Introduction

油腻和甜美仍然是我们留恋的美味；它们有让我们过度进食的能力；它们能够削弱和剥夺人的意志。

——威廉·米勒

当今世界，“肥胖症流行”的警告是司空见惯的新闻头条，人们已经无法摆脱将肥胖定性为一种难题的惯性思维，甚至认定这已经是一种危机了（Saguy 2013）。尽管用来测量体重、身高与热量的医学术语都体现出，要想健康而且自律，当务之急就是必须瘦身，简单明了却也刻不容缓，我们对于脂肪的看法通常都伴有强烈的情感因素在其中，而这种情感通常都是不公正也不客观的。“面对发生在美国的凶恶到令人费解的脂肪战争，如果我们只能用六个字来给出解释，”保罗·坎波斯（Paul Campos）在《肥胖的神话》中说道，“那就是：美国憎恶肥胖。从最重要的文化和政治层面来看，事实如此，就是这么回事。”他认为，在这个基本已经容不下对

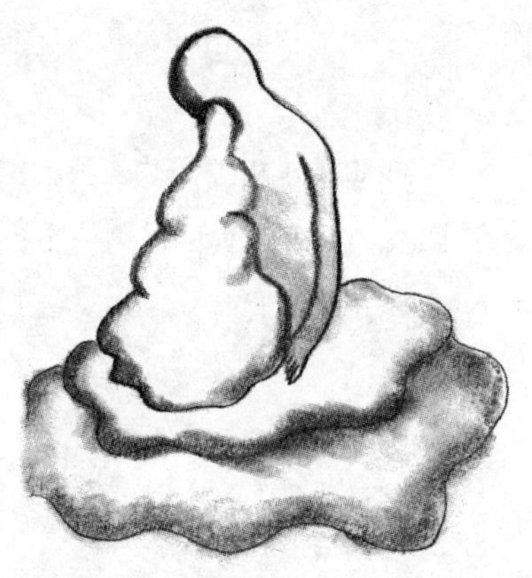

传统意义上的少数群体抱持偏见的世界，我们现下对脂肪的非难却四处开花。“半个世纪前，美国到处都是让社会精英几乎公然表示厌恶的人群：在当时主要是黑人，其他少数族裔也不例外，再就是穷人、妇女、犹太人、同性恋等等。”（Campos 2004：67）

坎波斯笔下的美国社会放在其他文化语境当中也很切合，而且，脂肪所能引起的情感反应绝不仅仅是厌恶。你会在本书中看到，无论何时何地，脂肪都能够在各种文化场域的不同社会当中，带来或积极或消极的广泛反响。以批判视角看待肥胖身体在当代的种种遭遇的那些学者们，通常所观察到的反应都是厌恶 [1]，对这种情绪加以探查就会发现某些问题，比如，能够引起此种反应的脂肪究竟是什么。和大多数分析脂肪污名化的人一样，坎波斯（2004：xxiv）认为，厌恶的感觉是由“看到那些比荒唐的社会理想化体重标准超出许多或哪怕一点点的人们”而引起的。而在我们高度融合的文化中，此种视觉特权也是完全说得通的。同样的，人们对身体的偏见，尤其是那些依赖于强烈的内脏感觉*才能感受到的成见，是无法脱离视觉线索而存在的。不仅如此，这些偏见会引起并调动一系列的感觉反应，使其感受的对象显得令人讨厌和污秽。事实上，视觉并非是人们感受到厌恶的首要知觉。哲学家玛莎·努斯鲍姆（Martha Nussbaum）对近年人类学家和心理学家的研究加以总结后认为，就“关键在于跨过全世界与自我之间的界线”而言，**触感**在生成厌恶感的过程中具有核心作用。因为这种“厌恶感会与哲学里传统意义上的其他三种‘可触知的’感觉紧密联系在一起，比如触觉、嗅觉和味觉，而非介导感觉或远距感觉，即是说视觉或听觉则不在此列”(Nussbaum 2004：92)。那么，厌恶是贯穿在各种感觉之中的，即便核心只有一种感觉时，它们仍然能够联觉转换(Durham 2011)。这就是视觉信息能够唤起触感和其他感觉，从而让人在想到将与某种特定形式的事物发生接触时心生警觉并感到厌恶的原因。换句话说，就像马盖特（Margat 2011：18）曾指出的，如果某种“视觉感受”会引起厌恶感，莫若将其视作“对［触感］感知的预期而带来的恐惧”。所以，当李·F. 莫纳亨（Lee F. Monaghan 2008：68）注意到，如今脂肪“照旧被疑为是雌性或雌性化的污秽”时，他所说的这种情形至少既是现实的体现，也说明了人们对污秽的恐惧。

对厌恶的研究显示，成见的形成是一种复杂的多重感官现象，能够引起依赖于触觉、嗅觉、听觉以及视觉之印象的联觉反应。我们能够在对黑人、犹太人、妇女、同性恋和穷人的非理性恐惧中发现此种联觉反应，包括与这些群体的人发生嗅觉和触觉（也包括景象和声音）接触时的强烈反应（Alcoff 2006；Corbin 1986；Gilman 1991；

---

* 内脏感觉（visceral sensations）指的是内脏的活动经由内脏壁上的感受器传入中枢神经，所产生的诸如饥渴、饱胀、恶心、窒息等感觉。内脏上的感觉神经比较少，而引发的意识也比较模糊、不易定位，只有受到较强刺激时才会成为明显的感觉。——译注

Smith 2006）。在厌食症中我们也能发现此种反应，长久以来，人们都将厌食者对食物的憎恶，解释成是对女性美丽和苗条的主导性标准的夸大反应。梅根·瓦林（Megan Warin 2010）的人种志研究有力地揭示出，对患有厌食症的女性来说，她们着力回避各种脂肪（无论是物质的还是非物质的），是因为脂肪显得不干净且让她们觉得恶心，相比之下她们较少关注瘦弱本身。如此看来，很多人认为这是脂肪恐惧到达极致的表现，因此我们必须承认，厌食者所惧怕的对象似乎比人们对难以接受的外形的关注更鲜见一些。如果是“接触”感极大地促使厌恶感产生，那么我们就要探究一下，当人们因脂肪而产生烦恼时，究竟是烦恼将接触到什么。因此，我们应该对脂肪与厌恶加以探讨，这将有助于阐明一种物质被赋予的种种属性，而不仅仅是身体显示出的可视表现。

那么，在文化与物质语汇中，脂肪到底是什么呢？《脂肪：文化与物质性》这本书正是希望能够给诸位一个跨学科的回答。这本书中指出，脂肪的含义要远超出其用来形容身体肥胖时会提到的表面意思，它还是一个意指具有丰富属性与可能性的物质之名词。人们能够以多种多样的方式来感知和应用脂肪，脂肪不仅本身油滑多变，它在概念上也圆滑丰富。通过聚焦于这种有趣物质的复杂且通常含糊不清的**物质**与**经验**维度，《脂肪：文化与物质性》一书提出，肥胖作为一种身份以及存在之道，其生存经验隐含在我们与脂肪和油脂广泛的文化接触中。

脂肪、身体和物质

如果我们认定如今视觉已经压倒了其他感官，那么脂肪的物质性在许多关于“肥胖症”的批判性讨论中趋于边缘化也就毫不意外了。

在脂肪研究领域尤其如此。该领域的研究者通常更关注的是，文化是如何决定了脂肪的表象与体验的，以及其本身的性质又是如何变化多端的（或可参看 Braziel and LeBesco 2001 中的文章）。克里斯塔·斯科特－迪克逊（Krista Scott-Dixon 2008：24）曾解释说，对脂肪持有此种社会建构论观点的学者通常会表现出一种“与身体物质直接接触的怀疑”，因为在他们看来，要是说“生理学的物质结构几乎可以看成是生物本质主义的［一个］证据”，而在关于某些特定躯体是如何被感知和被体验的论述中，这一点却被轻描淡写地一笔带过了。许多脂肪研究学者并不十分在意躯体本身，而是更加关注脂肪物质在“偶发系统与结构”中的定位，以此作为批判性地接触那些将肥胖归为病态的生物医学论述的方法。在他们眼中，脂肪并不算是一种具有固有属性和趋向的物质实体，更多的是“一种与社会准则相关的液态主体”。这就出现了一个身份认同的问题，在这一问题中，脂肪这个词语自我归结成了一种“自尊与身份”（Cooper 2010：1021）。因此，有许多学者，尤其是那些早期就投身于这一领域的学者，将注意力集中在了脂肪实体如何在其面对美学准则与社会期待的双重挑战面前显得加倍“讨厌”（LeBesco 2004）这一问题上。娜塔莉·安妮·考利（Natalie Anne Cowley 2006：105）对世俗的观点进行了归纳：“一般来说，并非是**脂肪**这种物质给个体的幸福带来不利，**脂肪**在其中仅仅是一个象征符号。”这类观点认为，脂肪的物质性仅因近代的外形决定论而相形见绌。[2]

尽管参考占主导地位的审美标准来探讨脂肪成见这一问题自有其价值，但在早期对脂肪的研究中，也有人充分认识到了其拘于表象的局限性。蕾切尔·科尔斯（Rachel Colls 2002：219）从人文地理学的角度警告人们“文本过载”的危险，即过于强调外在表现加重了“重视（丰满的）实体的需求”。对其他人来说，不愿去了解脂肪性质的态度反映了一种对人身体结构中所扮演的物质性角色所抱持的严重漠视的态度，从而使去形体化主体性的观点得到强化，而这些观点在现代西方社会则拥有着十分广泛的影响。各种不同的语境中都能看到这种去物质化的趋势存在。克里斯汀·杜力夫－布鲁克特（Christine Durif-Bruckert 2008）在法国有一项关于人们如何感受到“肉体上幸福”的研究，参与者曾将理想的身体描述为轻盈、洁净且沉静地“活着”，人甚至会忘了自己还有一副躯体存在。类似将自我与肥胖的身躯相分离的幻想也出现在了凯伦·索尔斯比（Karen Throsby 2008：119）的研究中，她的研究发现，那些进行减重手术的人倾向于认为，“转变形态之前的身躯与真正的自我是格格不入的”，而且是将“真正的自我困在了错误的躯干中”。从这个角度出发，脂肪似乎代表了一种对物质性的尤为紧迫的暗示，而在人的想象中，这种物质性已经与人们所谓非实体的自我互不相容了（Leder 1990）。将脂肪的物质性——或者说实际上是身体的物质性——消解到了对人格来说无关紧要的程度，这种倾向不仅在肥胖症引起的厌恶感中扮演了重要的角色，甚至在自身肥胖的活动家们中间也有所浮现——这些活动家在他们各自活跃的领域促使人们对体型更宽容，但结果却是将肥胖的身体与“内在”的人格对立了起来（Murray 2008）。利亚·肯特主张说，在西方文化中“自我永远都不会肥胖。坦白说，根本就没有所谓肥胖的**个人**”。这种去形体化的自负态度得出的结论就是，肥胖的身体就是用来“忍受具现化的全部恐惧的”（Kent 2001：135）。

尽管这种身心二元论的趋向在西方已经存在了几百年，仍有部分脂肪研究学者开始对脂肪的物质性加以重视。科尔斯（2007：355）在一篇极富创见的论文中提出，对脂肪的“内部活性能力”这一性质加以探究，将会推动人们的关注点由“脂肪代表什么”，转向“脂肪能够实现何种意义”。科尔斯（2007：358）还综合朱迪斯·巴特勒

（Judith Butler 1993）和茱莉亚·克里斯蒂娃（Julia Kristeva 1982）的深刻见解，以及其他许多理论学者的观点总结道，脂肪可以被视为“一种身体的物质，不仅要接受来自外界力量的冲击，其本身也具有活动力，而且非常活跃”，这种活跃也被人以或积极或消极的眼光来区别看待。因而，就算脂肪在更大的文化范围内被说成是离经叛道或卑鄙可憎，这种物质本身的属性与能力必然能给人带来对脂肪的其他主观体验。也就是说，当看到脂肪在肥圆的身躯上起伏、“堆积”，看到脂肪垂悬、翻涌甚至“舞动”的时候，人们也可能感到愉悦舒服，而不会觉得羞愧可耻。也正因如此，就像科尔斯说的，如果“肥胖的身体超出了使其产生的迭代准则”，那是因为物质本身总是“在其物质化的进程中与自身相关联”（363，364）。与其成为一种必然会被个体不断从其自我的定义中驱离的被排斥物——克里斯蒂娃（1982）就曾提出过“抛弃”的概念——脂肪的属性为给罗宾·朗斯特（Robyn Longhurst 2005）提出的我们称之为“臃肿”的概念给予更多正面回应创造了可能性。

科尔斯大胆介入了这个严重以话语为中心的脂肪研究领域，给我们研究必然与具现化体验紧密相连的脂肪物质性带来了很多有益的思考。然而，如果我们更进一步来看她的分析的话，可能还会想到脂肪物质性的其他一些方面。比方说，科尔斯（2007：358）恰当地指出，脂肪是“难以区分的”，因为它“作为一种物质存在于皮肤之下，既是皮肤本身，又是皮肤的构成物”。在科尔斯看来，皮肤就跟结实的袋子差不多，能够阻止脂肪跟其他问题液体一样漏出来，而她又说，与那些通常被弃掉的物质相比，脂肪虽与它们类似，但又不尽相同：“脂肪不会渗出身体，也不会像血液和粪便那样在体内穿行流动。因此，它是以更不具渗透性且更加持久的形式存在的。”(358)

科尔斯对脂肪与血液、粪便的对比显然是很有道理的，这些物质当然不能归到让人厌恶的要被抛弃的身体物质那一类里去，而脂肪可能呈现的其他形态也不例外。总而言之，脂肪总是根据某种人们认为可能与其具有某些共同特性的同源物质而获得定义。就拿汗水来说，很久以来，人们都认为汗水与脂肪很接近，从古代开始，人们就认为在某种程度上运动就是一个燃烧或化掉脂肪并使之从毛孔排出的过程，而这一观点至今仍在我们的文化中根深蒂固，经久不衰（Onians 1951）。虽然汗水并不能像血液和粪便那样引人关注，但它与污秽和淫邪之间起伏不定的联系却表明，人们并未将其看作中性的或毫无问题的液体。事实上，在过去的几百年间，尚未分泌出的汗液和其他的身体废弃物一直都被认为是造成肥胖的原因，而这也许恰是西方文化将肥胖身躯与粪便密切关联在一起的一个原因（Forth 2012）。

不仅如此，在现代文化中，典型的胖子总是会被描述成大汗淋漓的样子——抑制不住地出汗（一般人都认为他/她随便动动都会筋疲力尽），但又极其不合时宜（若是在健身房或运动场上就说得过去了）。脂肪确实会让人认为它是一种“不协调的存在”（Douglas 1966）——因为那超出了我们的文化认为在审美上可以接受的身材与形态的标准——但是同样的，通过液态形式的汗水，脂肪看起来也温和了许多。汗水在不该出现的时候出现在了不该出现的地方，便被看成“不协调的脂肪”，从而诱使人生发出羞耻与厌恶（Fusco 2004；Ravenau 2011；Shove 2003）以及其他的感觉来。反过来，与脑满肠肥、汗流不止的样子相比，如果身体外面均匀地覆着一层汗水，人们则会欢欣鼓舞地认为是与身体里的脂肪打了场漂亮仗。因此也就有了“汗水是脂肪的泪水”这种健身口号，无论在英国还是美国，你都能在海报或是T恤上看到这样的话，提醒人们脂肪与汗水在今天近乎对等的地位，以及前者几乎可说是被贬低的状况。通过努力就能神奇地将“坏的”脂肪组织明显转变为“好的”汗水，揭示了对脂肪物质化的另一种看法。

但是，与科尔斯的观点相反，我们**并不**总是认为脂肪只是乖乖地蕴含于表皮之下。对于将脂肪与臃肿肥胖等而视之的人来说，这一点也许根本就不值一提，但若能注意到这一点的话，我们也许就能了解脂肪以何种方式拥有了文化身份，而这一身份并不会因其从人的躯体中减少而变得微不足道。事实上，人们不仅发现脂肪能从身体内部渗出到外界，还相信脂肪能够从外部环境转移到内部环境中。探究脂肪与污垢之间的文化联想，我们就会发现，膳食脂肪就是一个最直观的例子，证明了臃肿被视作来自身体外部的脂肪这一观点。营养论培养出了这样一种普遍观念，即高脂肪食物等同于肥胖臃肿，从而使得“脂肪带来肥胖”这一观点成为人们心目中的常识，即使许多医生与营养学家一再强调碳水化合物才是潜在的致肥因素，也已无济于事。[3] 然而，人们将高脂肪食物与油腻食物**混为一谈**，已经到了值得警惕的地步，远远超出了从医学角度对健康与健美的关注。在杜力夫（Durif 1992）的法国受访者当中，动物脂肪尤其给人以“笨重”“碍事”和“腐坏”的印象，而不含动物脂肪的那些食物则获得了诸如“清淡”（light）、“有益”（useful）和“**dégraissé**”（均衡、脱脂或去油之意）的评价，后面这些词在法语中通常都用来形容几近无形的轻盈的身体举止。类似的看法在狄波拉·勒普顿对澳大利亚人营养观念的研究中也有所体现，受访者们一般都会将“干净”“清淡”与“健康”的食物与那些他们认为“浓厚”“滞重”的食物区分开来，油腻黏稠的食物总被视为黏滑的、叫人讨厌的。有位受访者一想到某种面包里藏着一堆“黏黏的、油油的东西”，就流露出对于污物的明显恐惧，还有一位受访者称鸡肉沙拉是“一种非常清爽的食物，非常新鲜，非常丰富，一点都不油”。在这一关于食物的联想中，油腻和脂肪从结构上就与“清洁”和“健康”相对，被与“模糊”“黏滑”“肮脏”甚至“不健康”

放在了一起（Lupton 1996：82）。

这类看法中还存在着明显的阶级特征：最晚从20世纪60年代起，当一个人终于跻身于上层社会，他对肥胖的看法以及对脂肪与碳水化合物的摄入就会发生明显的变化。当被问到吃完一顿富含大量淀粉与脂肪的大餐之后是什么感受时，法国受访者们基于所处的社会经济层次给出了不同的答案，农业与体力劳动者更多地表达了“满足”或“恢复元气”的感受。在白领专业人士看来，这样的一餐则更多地带来了“沉重”“恶心”与“困倦”的感觉，让人觉得像“被压垮了”（Boltanski 1971）。我们可以很容易地从这些动觉感受中解读出其社会分层来。正如皮埃尔·布尔迪厄（Pierre Bourdieu 1984：178）所观察到的，这就是为何中产阶级在文化上天生就能从大众阶级中看到“先天性的粗糙”，并因此表现出“将大众与所有繁重、浓稠、肥胖的东西联系在一起的阶级歧视”。

在今天，人们已经广泛认识到，大众阶层倾向于消费更加肥腻的食物，通常是出于经济上的需要，同时也趋向于比精英群体更肥胖，后者往往有更多的时间和金钱可用于健康饮食与日常健身。数百年来，社会差异就这样彼此交织在一起，始终伴随着害怕和与一系列异常物质，尤其是那些能沾到或者透过皮肤进入身体的物质，发生接触的恐惧。杜力夫–布鲁克特（Durif-Bruckert 2007：154）研究项目的受访者们甚至坚称，进食高脂肪食物这件事情本身并没有那么糟糕，但是这些东西在被吸收以后会“接触到我的身体内部”就让人不太舒服了。一些能够促使人们去减肥的公开的审美与医学原理，都对这种源于油性物质的对污物的恐惧有所暗示，这也是健身与减肥界所采用的激励方法之一。莫纳亨（Monaghan 2008：101）讲过，有个英国健身教练，他会把油滋滋的食物抹到人体模型上，并“让健身者亲眼看看，如果食物吃到身体里以后也能被人看见的话，会是什么样”。在这个看似可见的过程中，与油脂发生身体接触的可能性被用来引起自我厌恶感，而这种感受恰恰是无数健身计划的看家法宝。最近有个自称“脂肪小宠物”计划的减肥方案，专门出售脂肪组织的复制品，供人们放在自家冰箱里展示，以此来劝诫人们不要吃得太多，简直就是把上面说的那种景象搬到家里来了（Hardy 2013）。

脂肪作为我们的“密友”，既是我们身体的一部分，又不是我们身体的任何部分，发现厌食者中对受污染的焦虑尤为严重这一点也就不足为怪了。瓦林（Warin 2010：106）发现，某种特定肥腻食物的性状尤其会让那些饮食失调的女性惊恐万分，“不单单是因为它们所含有的脂肪成分，还有它们的形态，以及能够渗透进人的身体缝隙并流动其中的性能”。我们来看看伊莉斯的例子。这位受访者不仅会在与黄油发生接触时因感到“肮脏”而产生焦虑，还“非常在意油性物质被自己的皮肤吸收并最终在身体内凝结，以至她不再使用护手霜，也不再愿意使用洗发水或润唇膏。当时她给出的理由是：‘你说，那东西去哪儿了？它进到你身体里就消失不见了，那还有什么好说的？’”（123；另见本章 Lavis）。

如果说，这种对于不同形态脂肪的高度紧张反应，使得因体重增长而焦虑与对污染物更泛化的恐惧这两者之间的界线变得模糊了的话，那么，在作为形态学问题的脂肪（例如臃肿肥胖）以及以各种形态存在于躯体内外的脂肪和油脂之间，仍然有着不言而喻但却极为稳固的联系。在英国和美国，脂肪甚至长久以来都被牵扯到人体结构与城市结构的类比之中，尤其是那些淤积沉淀在下水道中的脂肪、油和油脂等等。西蒙·马文与威尔·梅德（Simon Marvin and Will Medd 2006：314）发现，脂肪不仅能够在城市间“流淌”，还能固化变硬，造成堵塞。城市人的身体与城市本身因此而成为“多重新陈代谢”的所在。早在 18 世纪，这种身体与环境上的一致性就使人们注意到了身体内“毒素”的有害作用，比如可能会带来或潜伏下过剩的脂肪，并把身体的排泄功能比作城市的下水道系统（Forth 2012），但在当代也有人认为，环境毒素或“肥胖因子”（Saguy 2013）才是造成全球性体重增长的真正元凶。最近出版了一本书叫作 *Clean*，*Green and Lean*，书中承诺可以告诉读者，如何通过给身体和家庭同时“节食”而变得干净、环保、轻盈（Crinnion 2010）。这一观点拓展了身体与人造环境和生活环境之间相联系的途径，这本书还吸纳甚至超越了朗斯特（Longhurst 2005：256）对学者们所呼吁的“**从地缘上**书写脂肪”的观点。脂肪的物质性所具有的丰富含义是不应被人体的臃肿形态所局限的。

说到这里，我们所讨论的话题还主要围绕的是脂肪所具有的诸多招人厌恶的能力。而所有这一切把脂肪说成是污秽、污染物乃至排泄物的观点，都不能让我们因此而忽视了脂肪作为一种物质所具备的丰富潜能，并且这些潜能中有许多丝毫没有任何负面意义。科尔斯（2007）的研究显示，无论今天人们如何看待肥胖，最广泛意义上的脂肪仍然具有大量的正面特征。尽管当下的我们对瘦弱的身材，以及许多时尚模特骨头架子一般的苗条是如此的迷恋，却鲜有人会真的认为极端瘦弱也称得上是一种特殊的美。不仅如此，也有实例表明，显著缺乏脂肪的身体也会给人带来不适甚至厌恶的感受。这在今天的厌食者中具有十分重大的意义，这些厌食者逃避食物的行为可能会造成令人不安的体格消瘦，而对艾滋病病毒测试结果为阳性的个体而言也是如此，他们会由于抗艾滋病病毒药物而饱受脂肪分布紊乱（lipodystrophy，即脂肪代谢障碍）的困扰（Graham 2005）。脂肪移植手术（将不想要的脂肪从身体的一个部位移植到其他部位）进一步表明了，对脂肪的厌恶其实也是个位置问题。因此，俗话说的人“越瘦越好”并不总是对的。也许并不见得是脂肪本身冒犯了我们的美感，而是脂肪的外在形态，甚至是对“错位”或是以错误形式存在的脂肪的感受为之。

话说回来，脂肪的正面意义也不止于此。在味觉方面，口感、味道以及满足感，都能够体现与膳食脂肪摄入相关的最佳体验，而且近年来，人们在对体重增长的研究中，油脂所带来的愉悦感已经成为一项尤为重要的考量因素。若干研究都发现，小白鼠对脂肪简直有着永远填不满的好胃口，无论你给多少，它们都会来者不拒地吃个精光。最近还有研究显示，察觉到油脂的存在，也应该作为味觉感受的特性之一，就跟感受到甜味、酸味、苦味等味道一样。既能够给人以如此甘美的感官体验，又能尽量不致造成潜在的不健康的成瘾性，正是诸多食品制造商致力于追求的目标（Bourne 2002；Mouritsen 2005）。因此，脂肪带给我们的美妙的味觉享受——总是让我们欲罢不能——似乎与它们引人反感的能力也有着十分密切的关联。

我们赋予脂肪的意义还有许多。如果我们认为脂肪也可说是“凝固的油”（Pond 1998：6）的话，这显然表明我们注意到脂肪也能够以液态形式出现。想想芳香疗法使用的珍贵的精油（Garreta 1998），想想护肤品中含有的异国情调的脂肪，还有按摩等许多方面所使用的各种各样的油和润滑剂。尽管饱和脂肪在现如今处处不讨好，但就连食用油人们也要去考虑它是否营养丰富美味可口，尤其是近年来，人们对特级初榨橄榄油的鉴赏能力也益发看重了（Meneley 2007）。在这些现实行为中，脂肪的“纯净度”大大增加了它的吸引力。这类感受甚至还延伸到了听觉领域，音乐爱好者们会将他们钟情的低音描述为“肥厚”（fat）或“酷毙了”（phat，俚语），因为这些低音是如此深沉饱满，让人沉醉。脂肪这种复杂的物质以非常有趣的方式在纯净与污染、愉悦与可恶等不同的两极之间摇摆，其与生俱来的歧义属性让它变得尤为耐人寻味。

所有的这一切都说明，脂肪本身既是又不是肥胖的缘由。倒不如这么说，脂肪与一连串的物质与特性、理想与焦虑相关，从而在我们的文化中引发出一系列或积极或消极的反应。所以，斯科特－迪克逊（2008：29）将脂肪描述为一种“由不起眼的一粒粒脂肪细胞，通过机体的消化与运动，及其所在的社群与公共结构，而形成的物质和概念，最终将自身扩展到全球性的相互关联的权力运行与系统之中”。与其为关于物质性的这种人类中心论调拍手叫好，我们也许应该公正地说，脂肪作为一种物质和一个概念，在物质纠葛中与许许多多的实质发生了共鸣，而身体与思想也都牵涉其中（Hodder 2012）。因此，为了能更好地理解脂肪的物质性，我们必须对这些物质之间微妙的关联——以及它们的种种特性——善加思考，因为这些物质无论存在于体内还是体外，都经历了无数次被感知和被扭曲的过程。但是，我们应该如何研究这些物质的特性，同时又能让自已免受唯物主义或本质主义的指控呢？跟脂肪相关的物理特性在何种程度上造就了人们对于臃肿肥胖的想象呢？

对物质性的定义

物质性是一个在当今学术写作中使用广泛的词语，在不同学科中各有其含义。有些主要是从朱迪斯·巴特勒的结构主义立场（1993：xviii）来研究物质性的，巴特勒认为，物质的话语生产，或者说“**一个物质化的过程，会随着时间的流逝日益稳定，从而产生边界效应、稳固性以及我们称之为物的表象**”，以及“监管权力的具现影响”。谢平（Pheng Cheah 1996）指出，巴特勒的研究对于理解脂肪的物质性帮助不大，她提出的物质性的概念指的几乎就是人的身体，物质本身几乎就是一种决定性力量控制下的话语的上层结构。且不论其中表现出的文化性优于物质性的显著倾向，巴特勒的躯体中心论观点似乎对于研究同时存在于人身体内部与外部的物质并不适用。

科尔斯（2007）认为，物质与话语相互交接，任何一方在另一方面前都不具有决定性的特别优势，而另一些人则认为，脂肪作为一种物质，不仅能够逃避文化决定，或许还能在某种程度上对思想进行建构。历史学家威廉·米勒（William Miller）的著作《对厌恶的解析》（*The Anatomy of Disgust* 1997）让人很受启发，他指出，在让我们形成对特定物质的感受方面，文化的能力是有限的，同时他也恰如其分地指出，身体的“排出物”（比如精子、经血、粪便和尿液）尤其不应被武断地分别归为良性类别，特别情况下被判定为例外的则除外。与玛丽·道格拉斯（Mary Douglas 1966）坚持认为文化分类在形成对物质的反应中扮演着重要角色这一知名论断相反，米勒坚持认为，某些物质能够凭其自身的能力对文化形成促进。[4] 但他却未能将脂肪也加入此类问题物质之列，因为脂肪在历史中也被明确看作与大小便一样的身体排泄物，甚至在某些情况下被说成是这些东西带来的后果。“就像空间中的巨大质量一样”，米勒（1997：44）论证道，这类强有力的“物质具有一种万有引力，能够将社会和认知结构扭向它们的力线”。米勒还用脂肪举例说明这一观点。他显然是从他所属的美国社会阶层的经验角度出发，并以此作为其厌恶现象学的基础，认为纵情于肥油甜腻食物之后产生的感受，既是厌恶的一个实例，也是能建构思想的一种体验：“脂肪、油，还有糖浆般的甘美构建了腻的概念……我们相信，对于那些腻的东西，我们的系统并非一个尤为高效的自我净化装置，而腻跟‘黏腻’‘腻着’一样，都因其腻而变得难以摆脱。脂肪与糖分像胶水一样黏着，和许多其他让我们觉得又肥又甜的令人作呕的东西一样……油脂和脂肪变幻出了怠惰、憎恶、贪睡、黏滑和油腻的意象。”（60—63）

米勒认为，脂肪的潜能还不止于此，他指出（1997：44），能够惹人厌恶的物质所具有的那种“万有引力”，还能给人带来迷恋、惬意甚至愉悦的感受。这种模糊性用在脂肪身上真是恰如其分。最近，卡罗琳·科斯梅尔（Carolyn Korsmeyer 2011：8）就这种奇怪的“引力或诱惑”进行了研究，显而易见的是，“令人恶心的”事物尤其会在饮食和艺术中一直流传下来。米勒（1997：121—122）在这方面也妥协地说过，尽管这些物质会产生消极作用，“油腻和甜美仍然是我们留恋的美味，它们有种能让我们过度进食它们的能力，它们能够削弱和剥夺人的意志”。脂肪具有这种能动作用的例子有很多。举例来说，一些食物中所含有的脂肪酸显示出其能够影响人的情绪，缓解忧伤，让人产生幸福感，这种食物被定义为“安慰食物”（Oudenhove et al. 2011）。简·贝纳特（Jane Bennett 2010：41）从物质至上主义理论的角度进一步强调了脂肪的这一倾向，并告诉人们，“某些脂质能够促使人类产生某些情绪和情感”，包括囚犯暴力行为的减少、个别儿童学习上的进步，以及（至少在小白鼠身上实现的）记忆消退等。她并未像营养学常做的那样，将其用于支持还原因果关系或机械式因果关系的论点，而是提出人类与脂类之间形成了一个复杂的“聚合体，而人和脂肪都参与其中”（42）。贝纳特给这些物质赋予了一定程度的能动性，并为“脂肪对人类意志、习惯与观点所蕴含的力量进行削弱或强化的斗争与轨迹”留出了空间（43）。

从某个层面来说，这些分析支持了科尔斯（2007：355）提出的“交互作用的”观点，从而“将注意力从脂肪代表什么，转移到脂肪能实现什么”上来。米勒和贝纳特对于科尔斯提出的脂肪“自有其表现并活跃的能力”这一观点（358）持明显赞同态度，并对脂肪在其与人类身体和文化的关系之外是如何存在进行了阐述。这一关于物质性的思考方向与最近人类学和考古学对物质文化的研究不谋而合。这一领域的许多研究者都承认这些社会结构主义观点之间的显著相关性，并同意妮可·博伊文（Nicole Boivin 2008）的观点，即物质世界的物质性并不仅仅是一个可被表达的“文本”，而是自有其属性和纬度的现实，且这一现实是不能被完全缩减为社会决定因素的。博伊文（2008：47）写道，事实上，“有许多实例表明，观念与文化理念并非先行存在，而是借助物质世界和人类的参与而形成的……人类的思想不仅仅以世界为支撑来表达自己，实际上，经常是这个世界使得人类的思想得以实现”。这表明了，物质象征与其所代表的概念之间的关系并非完全是随意结成的，而且还指代“抵御与使动的物质性”（Boivin 2004：6），在意义建构中担当着活跃的角色（Strang 2005）。那么，我们或可得出这样的结论，借用一下伊恩·霍德（Ian Hodder 2011）的巧妙用词，即躯体不仅参与到与物体的“物质纠葛”当中，也与（来源于人或并非来源于人的）物质发生纠葛，这些物质在某些层面上既可以看作躯体的一部分，又与躯体相异。

如果物质文化研究为把脂肪定义为物质实体提供了有效的途径，那么这一领域传统上物体导向的属性则使得对脂肪的研究有些不同寻常。有生命的躯体，其结构与性质几乎都不是这一领域的研究对象，而研究的重心在很大程度上局限在对人体遗骸、人造物以及自然物体等研究范围内。乔安娜·索菲尔（Joanna Sofaer 2006：67—68）就这一状态进行了探讨：“如果我们接受这样一种普遍的观点，即身体特性与物质后果是一个符号学意义的不可分维度与定义参数，而且我们认可躯体确实有这样的意义，那么我们也许会问，为什么对身体特性的探索就应该仅对物体进行，却不包括人的躯体，更不要说物体也能成为躯体，而躯体也可说是物体了。”让－皮埃尔·瓦尼耶（Jean-Pierre Warnier 2007：11n5）支持了这一观点，并指出，“我们几乎所有的动作都是倚靠或受制于我们在行为与能动中接触到的物体与物质”。当然，像脂肪这类没有最终形态的物质，与通常作为物质文化来研究的“物体”并不十分相似（Hahn and Soentgen 2010），而且一般意义上的物质也尚未在人类学中得到认可（Carsten 2004，2011）。然而，脂肪完全可以归入霍德（2012：7）对“物”的宽泛定义范围之中：它属于一类包容性的实体，能够“在物质、能量与信息的持续流动中长时间大量存在”。尽管其缺少一定的形态，但是我们想想看，“物体”这个词最初就是从“抛开”这一含义衍生出来的*，那么，脂肪就具有了最广义的客体性。进而，物体并不仅仅是有形的事物，同时也是能够拒绝或“抛开”与其相关联的主体，以确保其自我呈现的物。所以霍德会说，凡是“能够抗拒、成形、构陷与牵连的物所具有的客体性和障碍性”（13），脂肪也同样完全具备。

和所有物质一样，脂肪和油在性质与趋势上都有一种近乎“极致的富足”（Hahn and Soentgen 2010），而探讨脂肪物质性的难点之一就在于，脂肪所指向的并非是一种单一稳定的物质。人们普遍认为，脂肪拥有许多在符号学上与橄榄油绑定的特性，比如它可燃，有渗透性，还能用来去污和取暖（Meneley 2008；品相方面参看 Keane 2005；感受性方面参看 Chumneyand Harkness 2013）。而橄榄油的许多特性也在源自人、动物甚至植物的脂肪上有所体现，从而使我们认为，橄榄油是更广义的脂肪和油的极佳范本（Forth，见本书）。脂肪的物质性也因此而变得复杂而模糊，表现出了多种多样的可放之于任何社会、文化与政治界面的属性与趋向。脂肪，以及被冠以肥腻之名的所有事物，既存在于躯体的内部，亦存在于躯体的外部。

---

* 英文中的“object”作为名词时意为“物体”，作为动词时有“反对、拒绝”的意思。从词源上来讲，这个单词来源于拉丁语中的“obiectum”，字面意思就是“投向、抛出”等。——译注

《脂肪：文化与物质性》是一本着意跨学科之作。正如本书主要关注的物质一样，这部作品具有诸多形态，且拒绝被随意归类。前几章关注巴勒斯坦地区的橄榄油政治以及北卡罗来纳州传统散养猪之肥猪肉所具的魅力，随后思考了对肥胖人群长久存在偏见的物质渊源，以及在约瑟夫·博伊斯的艺术作品中，脂肪所呈现出的疗愈功能。中间两章将关注点放在了当今时代的身体领域，讲到了脂肪不仅在厌食症的具现体验中成为威胁性的动因，还在人们通过外科手术将多余的脂肪细胞在身体上进行转移方面，体现出了其生物价值。最后两章则探讨了肥胖女性定制大码服装的经历中，关于身体脂肪的体验与呈现，以及明星减肥秀中，消解脂肪的物质性是如何被夸张和评价成为清除从前自我的阴影的。

虽然本书是一部关于脂肪研究的多人成果合集，但并不能说成是一部脂肪研究作品，因为本书中对物质性加以探讨的诸多方式，在这一领域尚属罕见。[5] 尽管这些章节探讨了物质性的方方面面，却几乎都没有真正被看作物质文化研究，或许主要是因为在当前，物质文化研究领域在提到“身体”的时候，一般指的是人的遗体，而非活着的躯体所具有的实质与能力（Sofaer 2006）。本书扩展了以往人们研究脂肪的方法，对于脂肪研究及物质文化研究，乃至对身体的批判性研究都做出了一定的独到贡献，而来自各个领域的学者在面对后者时都倾向于通过肉体在文化中的表达来加以考察（Cheah 1996）。我们同意丹尼尔·米勒（Daniel Miller 2010：6）的“我们也是物”的说法，用瓦尼耶（Warnier 2001：10）的观点来说就是，由于“几乎没有任何身体机能不包含某种既有的物质性”，也就没有任何恰当的理由可以“将物质文化研究从对身体的研究分割出来，反之亦然，而这恰是当前的问题所在”。本书通过研究脂肪这种与文化之间存在既非中立亦非消极关系的物质，对研究活着的躯体通过何种途径影响并构成物质文化形态进行了探索。

如果说脂肪的物质丰富性是对随心所欲单纯想要诋毁这种物质的勇敢挑战，那么也许我们能够超越认为脂肪恶心的感受，摆脱如今人们总是透过有色眼镜看待肥胖身躯的成见。贝纳特在其 *Vibrant Matter*（Bennett 2010：12—13）中提出，人类要想获得幸福，途径之一就是“**把我们自身构成的物质性所处的地位抬高**”，那么，在接受了每个人都是由“生机勃勃、活力异常旺盛的物质”所构成的这一结论后，我们也许就能够到达这样一个状态，即“万物共有的物质性之地位皆为崇高的”。当然，为了达到这样的境界，我们就必须接受人类丰富物质性中所包含的复杂性。

（克里斯托弗·E. 福思）

第一章

巴勒斯坦的橄榄油

若橄榄树知主人之苦，油将变成泪。

——穆罕默德·达尔维什

橄榄油是一种脂肪，一种非常古老的脂肪，一种长时间以来被人们以多种形式广泛重视的脂肪。正是脂肪的物质性带来了橄榄油的种种价值，也使得它拥有了强大的符号学潜能。我之前做过一些针对橄榄油是如何由于其感官上的物质性而被赋予如此多的潜在意义的调查，本章正是基于这些调查而写成的。正如韦伯·基恩（Webb Keane 2003）所说的，在所有物质当中，橄榄油身上聚集了过多感官特性上的符号学意味，从而傲视群雄。无论在何种情况下，这些质符（qualisign）当中都有一部分变得富有深意，并成为这些符号对象本身的一种标志，其他部分则仅仅作为对象实体的一部分存在着，

但说不定哪一天也会以标志或实体的形式对橄榄油产生影响。单就橄榄油而言，它集亮度、流动性、可用于清洁、可用于密封或保存、可绝缘、可燃烧，并且与水不相溶等质符于一身。此前我就此命题所进行的研究（2008），主要关注了诸多感官特性是如何让橄榄油在泛地中海宗教中脱颖而出，成为宗教仪式中不可或缺的重要物质的。我当时曾指出，在某些特定语境中，橄榄油这种物质被赋予了神圣的意味（2008：305）。当然，在不同的时间与空间环境下，橄榄油并不具有某种普遍性的或单一的意义，但是其丰富的质符，使得橄榄油这种物质的方方面面在不同宗教语境中都变得富有意义，而这一切所带来的最终结果是，一般物质意义上的橄榄油——具备种种物质潜力，抛开它所具有的任何个别特性，在诸多不同宗教中都变得与神圣息息相关。

在这一章里，我们将会看到橄榄油是如何以其千变万化的性质和丰富的感官属性（这里主要是指橄榄油的光泽、清洁能力、密封性以及保存性）在当代巴勒斯坦的政治生活中发挥作用的。另外我还注意到，在当代著述中，橄榄油及其属性经常会向生产它的橄榄树上转移，尤其在根源性和耐用性这两方面更是如此。理论方面，我在这一章里借鉴了自己之前对于橄榄油质符的一些研究，提供了某些意义和应用，但并非取决于此。另外，我还多少有违直觉地借鉴了一些之前我在鹅肝生产上的研究内容，在那个项目里，我和我的联合作者狄波拉·希斯（Deborah Hearth）使用了动物伦理学家坦普·格兰丁（Temple Grandin）的理论——他提出了"关怀伦理"的理念并推行实践，在食品生产过程中将人类和非人类参与者视为合作生产者（Heath and Meneley 2011）。我也参考了业余民族志学者兼医学博士陶菲克·迦南（Taufik Canaan）的理论，尤其是他的著作《巴勒斯坦的伊斯兰教圣徒和庇护所》（*Mohammedan Saints and Sanctuaries in Palestine*，1927）。在他的书中，我们能看到在20世纪早期的巴勒斯坦，居民、橄榄树和圣徒之间显著存在的关怀伦理。而在1948年之后的那段时间，在巴勒斯坦民族灾难日和以色列建国以后，雅法橙一直是流离失所的巴勒斯坦难民的标志，直到20世纪80年代的头几年，民族主义者才开始用一棵橄榄树来代表作为一个整体的巴勒斯坦人民。随着20世纪90年代巴勒斯坦开始生产橄榄油出口，这种从代表巴勒斯坦人民的树上生产出来的油开始跟"巴勒斯坦农民"的形象联系在一起，而这种巴勒斯坦生产的橄榄油则演变成了能特别合饱含同情心的国外消费者口味的一种新型产品。这种新的橄榄油营销的关键就是极力展示近期巴勒斯坦橄榄树所遭受的毁坏。

地中海的橄榄油

自青铜时代起人们就种植橄榄树，而橄榄油在很长时间里都在犹太教、基督教和伊斯兰教等一神论宗教的信仰活动中起着至关重要的作用，对于这些宗教在地中海地区的信徒而言，橄榄油也是最重要的烹饪元素之一。一直以来，橄榄油都是地中海地区不同宗教信徒之间的一个统一元素，尽管这些宗教之间存在着隔阂，但橄榄油却以其丰富的物质特性流淌其间，在不同宗教群体中同时被赋予了多重意义。在穆斯林的传统中，犹太教、基督教和伊斯兰教这三种一神教的信徒都被称为 Ahl al Kitab，或叫“经书之民”，含蓄地表达了这三种宗教的同源性。在伊斯兰教中，人们提到橄榄油时会说 zayt nur Allah，即“代表圣光之油”。在基督教的宗教仪式中，橄榄油用以帮助信徒进入这个世界（洗礼）或离开这个世界（临终涂油礼）。而橄榄油对古代以色列人来说也极其重要，他们用初榨橄榄油给祭司涂油，也用它点燃耶路撒冷神殿的烛台（Porter 1993：35；see also Frankel，Avitsur，and Ayalon 1994：22)。整个地中海地区都使用橄榄油来进行祭祀、治疗、美化，随着 1948 年以色列的建立，地中海文明之前共享的橄榄油文化迅速瓦解，取而代之的是“经书之民”之间的彼此分化和到底谁拥有这片土地的争论，这甚至比旧时对圣地的直接争夺更为激烈。过了几十年，争论的焦点演变成了谁“拥有”橄榄油和橄榄树。这些本来对宗教和仪式至关重要的橄榄油与橄榄树就这样卷入了当代政治语境之中。这一章里，我将重点介绍这种古老的脂肪——世界上最早出现的商品之一，以及出产此种脂肪的树木——是如何获得政治意涵的。

无论过去还是现在，橄榄油都是巴勒斯坦的穆斯林与基督徒日常宗教活动中不可或缺的物质。橄榄树被这些宗教的信徒称为 shi jara mubaraka（受祝福之树）和 shijara an-nur（光之树）。迦南（1927）在其著作《巴勒斯坦的伊斯兰教圣徒和庇护所》中描述道，在过去，基督教和伊斯兰教圣徒的圣祠遍布巴勒斯坦各地——它们通常坐落于山丘顶部，有神圣的树木——通常是橄榄树伴于四周。在这些圣祠或教堂中，橄榄油作为许愿的贡品比其他任何物品都更为常见。迦南博士所描述的这种情景超越或说衬托出了比较正式的宗教活动及其特点，不仅穆斯林和基督徒在这方面十分相似，甚至当地犹太人也是这样做的（Tamari 2009：93—112）。迦南博士一直致力于记录巴勒斯坦农民的传统习俗，并试图建立古代巴勒斯坦人的宗教活动与现代巴勒斯坦人的宗教活动之间的联系。他的这部著作由巴勒斯坦东方学会出版，该学会的会刊跟英属巴勒斯坦托管地创立于同一时间。迦南博士作为医师与业余人种志学者的双重身份，使他注意到了英属巴勒斯坦托管地随着以色列建国，或说巴勒斯坦人所称之“巴勒斯坦灾难”* 的发生而结束使命时的诸多悲剧性讽刺事件。当时，迦南博士是耶路撒冷麻风病诊所的负责人。刚一宣布建国，以色列当局就决定保留所有犹太麻风病人，只将所有巴勒斯坦麻风病人驱逐出去，因为他们认为，尽管这些犹太人和巴勒斯坦人同是因为遭受因圣经故事而人尽皆知的同一种疫病而流离失所，但在信仰上的宗教从属关系远比这一渊源来得重要些。著名巴勒斯坦社会学家和历史学家萨利姆·塔迈里（Salim Tamari）指出，这一鲜为人知的荒谬之举，就是在当今以色列和约旦

---

* 1947 年到 1949 年间，数十万的巴勒斯坦人被从自己的故土驱离，当时的第一届以色列政府还通过了一系列法律禁止这些人回到昔日生存的地方并剥夺了他们的财产，这被看作一种对巴勒斯坦人的种族清洗。大量巴勒斯坦人成为难民，这也成为日后巴勒斯坦与以色列争端的主要原因之一。巴勒斯坦人将 1948 年 5 月 15 日称为 Nakba Day，即灾难日。——译注

河西岸被占领地区已经表现得十分明显的一系列隔离与驱逐政策开始的信号。（2009：93—94）在这一章中，我就橄榄油的物质属性加以探究，探讨究竟是怎样的属性使其在地中海地区的几大一神论宗教传统的仪式中凸显其特性的。

吸收和渗透

橄榄油，其优良的吸收能力和容易渗入如皮肤这种多孔表面的特性，使它成为能够有效地在物质和非物质世界之间传递祝福的绝佳媒介。橄榄油可以迅速地吸收气味，因此非常适合作为制作香水的底油，或用来调制油膏。在烹饪方面，橄榄油更是调和风味的佳品。迦南博士举出了许多例子，表明橄榄油是从圣徒坟墓吸收“巴拉卡”（Baraka，仁慈之力）的理想物质，因为在圣徒坟墓中橄榄油就是作为宗教誓约的一部分被赐予的。迦南博士认为，物质或物体带有的能够吸收神圣之物的力量即为“接触巫术”，这和詹姆斯·弗雷泽*的“触染律巫术”（contagious magic）的概念很相似，其魔力取决于你离神迹有多接近。它是迹象化的而不是图标化的，正如弗雷泽所谓的“交感巫术”，主要取决于相似性。然而，我也曾经说过（Meneley 2008），正是橄榄油的物质特性，尤其是它的吸收能力，使其成为输送神力的理想载体。例如，在描述橄榄油是如何用在圣徒的神殿中时，迦南博士说道，“（橄榄油既可以）用作灯油，也可以用来涂抹在人的手和脸上，让人更持久地感受到仁慈之力”（1927：94）。橄榄油能够穿透多孔表面的渗透特性，使它利于把神圣的祝福传递给个人，同时也使它可以用

---

* 詹姆斯·弗雷泽（James Frazer，1854—1941），英国著名社会人类学家，被认为是现代人类学之父。其著作《金枝》已有中文版，记录和描述了巫术与宗教信仰之间的相似性。他认为人类的信仰有三个发展阶段：先是原始巫术，后是宗教，然后是科学。——译注

于治愈疾病。因其本身接近并能吸收神圣之力，它便被人们赋予了治疗的力量；患有“asabi”（神经与精神障碍）的风湿和神经痛患者会用从圣祠带回来的橄榄油，涂抹于前额和关节处以减轻疼痛（106，112）。[1]

照　明

橄榄油在视觉上的功能之一是它可以带来光明。这在迦南博士的叙述中也有所体现（1927：8）：20世纪早期，广大基督教徒和穆斯林都要点燃橄榄油灯供奉在圣祠中，这是日常祷告的重要部分。他指出，这种油灯是在这些神圣场所中普遍存在的。为了产生光亮，橄榄油必须改变其形态。橄榄油的关键质符之一就是它的可燃性：它本来是一种流体，一种实质性的物质，在燃烧的过程中丧失了这种物质形态，转变成了光亮和烟雾。阿尔弗雷德·盖尔（Alfred Gell 1977）认为，烟雾在其变化升腾的过程中有着一种联系物质世界和非物质世界的能力。油灯中的橄榄油就是这样一种介于物质和能量、流体与光芒之间的物质，使物质实体与超然之力结合在了一起（Meneley 2008：312）。迦南还说道，尽管油灯会在墓室内壁上留下难看的污渍，但这也是宗教行为的体现，跟人们立誓发愿、燃灯焚香是一个道理，都让一个地方具有了神圣的意义，且表明此地确有神圣之人存在（1927：12，46）。[2] 这就带来了一种相互作用的影响：橄榄油因其在圣祠广泛使用而吸收了神力，而立誓、供奉橄榄油以及用橄榄油点灯等行为又证明了神圣——一位圣人或者一位长老——确实存在于此。

20世纪初，巴勒斯坦的居民都遵循着一种普世关怀的社会原则，他们相信普通人、圣徒、橄榄树以及橄榄油之间存在着互惠互利、相互尊重的关系。比如，信徒会许愿，若他们患病的孩子可以康复，或者离家已久的儿子能够从北美洲安全回家，他们将为圣祠供奉一壶橄榄油（Canaan 1927：137）。如果信徒想将饱含仁慈之力的橄榄油请回家中，那么他必须用新的橄榄油替换取走的部分，“如若不然，昭示神力的橄榄油很有可能会带来事与愿违的后果”（113）。拜访圣祠的信徒之间同样也有互动：捐赠了橄榄油灯的人可能会留下火柴，让素不相识的祈愿者也有机会点燃油灯，捐赠者也会因此种善举而受到神的祝福。甚至连橄榄油灯上点过的灯芯也有治愈的神力，女人们有时会把灯芯吞服下去，据说这样可以治疗不孕之症（112）。通过某些适当的举动，人们树立了自己的道德形象：与圣人之间建立的关系，就好像普通人与普通人之间的关系一样，并不是平白存在着的，而是需要持续的关注与照应。有时候，信徒即使没有许愿也会向圣祠供奉橄榄油，当作一个“不求回报的礼物，人们相信这样可以取悦圣明，让他们对供奉者另眼相看”（145）。虽然当时大部分信徒供奉不起橄榄油，“杀牲祭祀也能取悦圣人，因为是他们让许多贫苦之人活了下来”（172）。个人向圣者的供奉使无论个体还是社会的关怀伦理都得以实现，并使其从中受益。

不当的行为，例如在圣祠里便溺，则会受到惩罚。从圣祠拿取橄榄油而没有替换上新的橄榄油，则会被视为盗窃并受到警告，一如下面的古老寓言所讲的：“一个旅人取了圣祠中的油来炒鸡蛋，然而油一入锅就变成鲜血，旅人大惊失色并赶忙将油送了回去，那油又即刻变回了普通的橄榄油。”（Canaan 1927：255）这个故事里，神圣的橄榄油本身已经被当成了神圣的媒介。

“橄榄树在巴勒斯坦享受殊荣”，迦南博士说道（1927：108），作为来自天堂的受祝福之树（shi jara hmubaraka），“它是最为高尚的植物”（Fahr er-Razi，引自 Canaan 1927：31n5）。人们以“光之树”或“赐橄榄油予圣树之唯一神”的名义起誓（Canaan 1927：143）。这种树木时常与圣地和圣祠相关联，有时甚至橄榄树本身就成了行神迹者。这些树木也由此成了被崇敬的对象：信徒把供奉的布条系在圣祠旁的橄榄树上，这些布条因此被灌注了神力，人们要出门时摘下受了祝福的布条带在身上，旅途中就会一路得到神力的庇佑。人们相信，凡人还能借由圣祠和这些圣树接近神性。即便是出于制作木炭等实际的需要而砍伐橄榄树，这样的行为也被视为对圣人的大不敬，会招致震怒和惩罚（36）。擅自从橄榄树上摘取橄榄的行为也会带来这样的后果。迦南博士讲过这样一个寓言：一个男孩从一位圣人的橄榄树上偷窃了一些橄榄，结果天气骤变，电闪雷鸣，吓得这个孩子赶紧把橄榄扔了回去，他的母亲也立即起誓要献上贡品给圣人赔罪，这才了事。(255)

迦南博士指出，在20世纪早期，人们允诺并献上的贡品基本都用在圣祠的维护、装饰和修复上。“大部分的贡品都是非常普通和廉价的东西，就算是最贫穷的农夫也有能力供奉一些物品。”（1927：142）橄榄油因其具有可燃性，无论在当时还是现在，都被当作与圣灵交流的完美贡品。对此迦南这样写道：“没有哪种东西比橄榄油更合适作为供奉品了。不论农夫还是市民，基督徒还是穆斯林，贫民还是富人，任何一个圣所都可接受橄榄油的馈赠。”（142）在迦南所说的当时的巴勒斯坦，人们可以通过这些方式相对平等地获取圣恩和接近神灵，因为无论贫富都能获得橄榄油，是否受过教育也不会影响人们将它进献给圣祠来宣誓信仰。在迦南所说的那个时代，巴勒斯坦大多数家庭都有自己的橄榄树，用来制作橄榄油，对人们来说，这种脂肪至关重要，不仅能让人身体健康，同时也能让人获得精神上的幸福。下文诸位将会看到，随着近年来对巴勒斯坦土地的征用和人们对橄榄树的破坏，巴勒斯坦人的身心都遭受到了迫害。

润　滑

橄榄油不仅能够提供照明，在人们的日常工作甚至性爱中也起着相当的推动作用。可以说橄榄油与家庭的传宗接代和社会再生产都有着极为密切的关系。我的一位巴勒斯坦顾问，一位总是乐呵呵的快乐男士告诉我，橄榄油在性爱中非常重要，因为性爱需要能量。他接下来解释道，对于有两个妻子的男人来说，橄榄油就更要紧了，为此他与我分享了他一位朋友的逸事。与一个妻子云雨过后，他总要喝上一杯橄榄油，然后他就会从头到脚焕然一新，马上又可以提枪上阵了。我的这位顾问最后总结道，他并不知道是不是真有这么神奇，因为他自己并没有福分拥有两个妻子！接着他补充道，橄榄油倒确实被当作润滑剂，在新婚之夜由母亲亲自交给仍是处子之身的即将入洞房的女儿。然后他冲我挤了挤眼睛，表示他本人同样无从确认这种说法的真假，因为他又不是那个处子之身的女儿。作为性生活的产物，新生婴儿也接受了橄榄油的馈赠：这些小生命出生的头七天要被涂上橄榄油按摩，引导他们感受这个世界，这些小家伙在这时会被称为“涂油的人”（mazayit）。橄榄油也体现了农场主对他所饲养并赖以生存的动物的一种关怀。我的另一位顾问是个兽医，他告诉我说，农场里的母牛难产的时候，兽医会用橄榄油涂抹并按摩母牛的阴道以助其生产。橄榄油和盐的混合物（盐用来消毒，油则是用来润滑）还能缓解牲畜的肠胃问题和用于治疗外伤。我从另一位十分热爱橄榄油的顾问那里还学到了几句有关橄榄油的当地谚语：“橄榄油是家庭必备”（zayt imad al-bayt）和“橄榄油强身健体”（zayt mazamir al hasab）。由此可见，橄榄油对于健康强壮的巴勒斯坦人以及他们家庭的繁衍（生理的和社会的）都有着极其密切的关联。橄榄油在人口和动物繁殖这件事上有着如此重要的意义，而现如今，巴勒斯坦的橄榄油产业却岌岌可危。正因其如此重要，橄榄油和橄榄树才成为巴勒斯坦人抵抗以色列占领该地区过程中的核心意象，代表了人们坚定不移的信念（Sumood）。

在巴勒斯坦地区，橄榄树还常常被当地人当成家庭的一分子，年长的树就像是祖父母，而年头少些的新树则被当作家里的孩子看待，人们会像照料自己的孩子一样照顾它们。人们会饱含深情地提到自己家的橄榄树，尤其是那些活了好多年的老树，它们会被命名并在橄榄树林里专门标记出来。在一次采访中，一位对橄榄树的文化意味有着浓厚兴趣的橄榄油专家告诉我一句古老的谚语，这句谚语是以橄榄树的口吻讲述的："君若盼我多产，我必远离姊妹。"他解释道，在巴勒斯坦地区的自然条件下，如果想让橄榄树结出更多果实，需要让树与树之间保持足够的距离。而我感兴趣的并不是这句谚语在农业生产上体现出的实用价值，而是在这句谚语中，橄榄树成为谚语的主题和发语者，表达了橄榄树的自我关照。这句谚语也体现了巴勒斯坦农民与橄榄树之间的互惠互利，照顾伦理超越了物质上的功利，让人和橄榄树皆能因丰产而获得福祉。

清洁、密封、强化和保存

很多上年纪的巴勒斯坦人都深信橄榄油具有很好的清洁能力，他们喜欢每天早上喝半茶杯的橄榄油，认为这样可以清理肠道和治疗便秘。橄榄油的清洁功效不仅能通过内服实现，外用效果也很显著。巴勒斯坦地区以橄榄油制作香皂而闻名，纳布卢斯山区更是如此。巴勒斯坦人普遍对这种清洁力深信不疑，从下面这句谚语便可见一斑："用尽纳布卢斯所有香皂，也难洗去此人的污秽。"这里的污秽不仅指的是身体上的污迹，更指道德败坏。数个世纪以来，橄榄油香皂都是当地重要的贸易商品（Doumani 1995）。这种香皂甚至远渡重洋，成为英国女王伊丽莎白一世（1533—1603）最青睐的清洁用品。如今，纳布卢斯山区出产的橄榄油香皂也获得了新生：和特级初榨橄榄油一样，作为公平贸易商品出口海外。

在巴勒斯坦，橄榄油的生产和消费已经远远超出了普通的生活范畴，但我们也不能忽略，橄榄油还是巴勒斯坦餐饮结构中重要的热量与营养来源。我的一位巴勒斯坦顾问告诉我，早在现代科学界确认橄榄油的营养价值之前，橄榄油就已经被人们当作上佳的营养品食用了。前面我们也说到了，人们认为橄榄油可以强身健体。迦南博士（1927：144）通过一则小故事说明，人们认为橄榄油比价格更昂贵的纯黄油（samna）等脂肪还要好：

> 下面这个故事展现了人们相信橄榄油比融化的黄油（samneh）更具强健功效。有位已婚女士，她有一个亲生儿子和一个继子，两人都是放羊的。每天他们赶着牲畜出门放牧之前，她都会给自己的孩子——显然亲生的更受宠爱——吃面包和发酵黄油，而继子则只有些橄榄油浸的面包可嚼。吃过饭后，两人都会把手上的油往牧羊的杖子上抹（rub them on their sticks），亲生儿子的手杖很快就被象鼻虫蛀蚀一空，而继子的手杖却愈发结实起来。*

从故事里我们又一次看出，巴勒斯坦人对于橄榄油强健体魄的功效深信不疑。橄榄油对于该地区的贫困农户格外重要，因为他们一般自家都有橄榄树，能从橄榄油获取的营养远远不是那些充斥巴勒斯坦市场的以色列产廉价食用油（以及其他廉价食品）可比拟的。如果他们的橄榄树被没收、砍伐或者烧毁，同时又买不起橄榄油，巴勒斯坦人将别无选择，只能使用与带有神圣意味的橄榄油截然相反的劣质油了。一个巴勒斯坦当地人告诉我说，只要给他橄榄油和面包，他遇到什么困难都能活下来；而与他一起的其他人则在他们的终极生存菜单中加上了 za’atar——

* 从字面上看文意是这样，而其真正表达的意思是两个儿子用蘸着融化的黄油和橄榄油的手自慰（rub them on their sticks），亲生儿子的性器很快就萎靡不振，而继子则能金枪不倒。——译注

一种含有野生百里香、黄栌和芝麻的混合香料。橄榄油还有一个特性是不溶于水，这让它能在保存各种腌菜上起到至关重要的作用。橄榄油浮在水面，可以有效隔绝真菌，使其无法进入泡菜内部造成腐坏。

特性被消除

迦南博士（1927）指出，在20世纪早期，巴勒斯坦地区的圣徒和他们的墓穴有源源不断的来访者供奉橄榄油，这些地区因此声名远扬。举例来说，盖兰迪耶因当地的圣徒 Es-shaykh Imbarakeh 而闻名天下（1927：61），现在这里却变成以色列的一个检查站，将拉马拉地区从耶路撒冷分割开来。这个检查站对于约旦河西岸的巴勒斯坦人民意味着耻辱，它"窃取"了他们的时间（Peteet 2008）和丰饶的资源，并且阻止他们向耶路撒冷出售包括橄榄油在内的农产品。无独有偶，在迦南博士生活的时代，戴尔·亚辛这个地方因为有 Es-shaykh Yasin 的墓而闻名遐迩，而现在一提起这里，人们则想起1948年由梅纳赫姆·贝京（Menachem Begin）及其斯特恩帮*制造的臭名昭著的大屠杀，这场屠杀最终导致254名巴勒斯坦人死亡。用以色列历史学家易兰·帕皮（I lan Pappé 2007：90—92）的话说，这是一次对巴勒斯坦人进行的关键性的"清洗"。

这不再是韦伯主义所谓的"世界的觉醒"，而是标志着该地区易受季节性宗教活动影响的关怀伦理与以色列对巴勒斯坦人所执行的极为不道德的技术控制和官僚管制之间，更为猛烈严酷的对立已经形成。这一切所带来的结果，引用对曾经富甲一方的纳布卢斯橄榄油产区颇有研究的历史学家伯沙拉·杜马尼（Beshara Doumani 2004：10）

---

* 以色列建国之前成立的犹太复国武装组织。——译注

的话说就是，“整个社会形态的残酷而缓慢的系统性窒息”。

迦南博士丰富的民族志事例是对前文所说橄榄油之物质属性实现了其意义及应用的证明。由于实现这些意义的物质本身——巴勒斯坦橄榄油正面临着即将消失的威胁，尤其是生产橄榄油的橄榄树正遭到破坏，而这些树也恰恰是证明其拥有者们在这片土地上生存的标志。从橄榄油这种油脂所面临的现况，进而看到橄榄树的现状，乃至生养它的这片土地所面对的现实，这当中存在着贯穿始终的逻辑，因为这片土地正面临着危机。没有了橄榄油，就意味着没有了土地，更没有了生产橄榄油的橄榄树：简而言之，这就意味着巴勒斯坦人如今所处的困境。让我们把注意力从橄榄油进而放到橄榄树上，巴勒斯坦人的土地被没收，他们的橄榄树也被拔除或毒死，他们不仅失去了谋生的手段，与此同时失去的还有通过供奉橄榄油获得祝福来接近神灵的途径。这些被占领土地上的巴勒斯坦人无依无靠，他们与神、自己曾经拥有的土地、熟悉的食物乃至自己的同胞之间的联系都被斩断了。这种情况在伯利恒和拜特贾拉两个地区尤为明显。长期以来，伯利恒都是约旦河西岸地区的橄榄木工艺品雕刻中心，著名的圣地纪念品产地。橄榄木材质坚硬，经久耐用而且纹理美观，新鲜切割和雕刻的橄榄木还带有强烈的橄榄油的味道。[3] 数个世纪以来，访问巴勒斯坦地区的人们都喜欢购买橄榄木雕刻的耶稣诞生马槽、骆驼和羊的木雕，还有橄榄木做的十字架和念珠等作为他们访问这片圣地的神圣纪念。然而，在过去的 20 年间，尤其是在公元 2000 年后，伯利恒的土地被以色列大量没收，以色列人用隔离墙、通往耶路撒冷路上的检查站和各种各样的军队前哨把守这些土地，并最终把它们都变成犹太人定居点。目前，以色列已经控制了伯利恒地区 70% 以上的土地。[4] 一位木雕师告诉我说，他的土地被强制没收用以建造检查站，而在那之前他的家族已经在这里生活了 500 多年。这片土地上的一些橄榄树还在，但是他们不能去采收橄榄，因为只要靠近那个检查站，就可能被驻扎于此的以色列士兵射杀。由于土地和橄榄树被大量没收，现在几乎寻觅不到可以用来雕刻的橄榄木了。同样的，伯利恒地区出售小瓶橄榄油也有数百年的历史（这是一种古老的习俗，为的是把圣地的祝福带回家［Coleman and Elsner 1995：85]），但现在，由于这一地区的橄榄油产量急剧下降，在售的橄榄油都是杰宁（Jenin）地区一个叫扎巴伯达（Zababda）的基督教村庄产出的。伯利恒的大部分家庭曾经可以实现橄榄油自给自足，一旦土地和橄榄树被没收，就意味着他们连支持自家到下一年间收获时使用的橄榄油都不够了。那个木雕师朋友告诉我，“尽管如此，我们还是会向教堂供奉橄榄油”作为主诞堂（the Church of Nativity）的灯油，因为那里的油灯是永远不该熄灭的。对于穷人来说，失去橄榄油来源尤其致命，他们不仅失去了一种食物来源，更失去了一种重要的供奉神灵的捐赠物。因此，以色列没收巴勒斯坦土地的行为不仅对巴勒斯坦人的饮食造成了影响，而且也影响到他们通过橄榄油与神明的互动。安特万（Antwan）的家族目前拥有着巴勒斯坦地区最宝贵的橄榄油生产地，他告诉我，他的首要义务是保证他家族的橄榄油供应，其次是教堂的橄榄油供奉，再次是向社区的穷人们施舍橄榄油。向穷人施舍橄榄油这种行为被认为是一种义务，但是这种义务也因其慷慨而能获得神的祝福。这对于安特万是非常重要的，不过随着时局的发展，向穷人发放橄榄油很快也将变得举步维艰。这是因为数年前，以色列当局重新划分了他的土地，把他在吉洛非法定居点下面峡谷的土地划归了耶路撒冷，从那以后他必须从以色列军队获得特别许可才能靠近自己的橄榄树林。[5]

耐久和牢固

巴勒斯坦民族主义话语中橄榄树的某些质符，与其在 20 世纪早期体现出的亲缘关系和宗教意象也有些微的不同。在民族主义话语中，相较于橄榄油，产出油脂的橄榄树有着更为显著的意义。在这些话语中，橄榄树**耐久、长寿**且**根深蒂固**的特性超越其神圣的身份，被放在了最显要的位置。橄榄树和巴勒斯坦人之间的符号学关联是近年才被提出来的。纳赛尔·阿布法哈（Nasser Abufarha 1998）曾指出，直到1982年黎巴嫩驱逐巴勒斯坦解放组织之前，雅法（Jaffa）的橄榄树一直是这些领导抵抗运动的流亡者的关键象征。在此之后，抵抗组织将目光投向被占领的加沙地带，并将橄榄树作为巴勒斯坦民族主义的象征。这个象征标志着“坚定不移”，代表着巴勒斯坦民族植根于**自己的**土地，同时也象征了对以色列占领土地的政治抵抗。[6] 树的坚定不移在这里代表了人们反抗压迫的决心。举个例子，圣城大学（Al-Quds University）现任校长萨里·努赛贝（Sari Nusseibeh）来自耶路撒冷一个著名的古老家族，之前曾被以色列当局关押，他的一位坚持民族主义的狱友称他为“坚定的橄榄树”（Nusseibeh 2007：333）。橄榄树之耐久和牢固这两个质符，以显著的符号学元话语（metadiscourse）呈现出来，并被直接引入到了巴勒斯坦民族主义的各种话语当中。在正常环境下，橄榄树可以存活数千年。约旦河西岸地区的橄榄树都是种植在梯田上的，而这种阶梯状的地貌显然是需要大量劳动力去建造和维护的，这揭穿了犹太复国主义所谓“无主之地”的谎言。橄榄树树大根深，甚至在被砍断后仍能吐出新芽，这种顽强的生命力正象征了巴勒斯坦人扎根在这片土地上生生不息（Abufarha 1998）。巴勒斯坦灾难日过后几十年，橄榄树又再度出现在了当时被毁于一旦的巴勒斯坦村庄里（之前以色列当局在这里种植了松树），人们为橄榄树的顽强坚韧和巴勒斯坦人民的不屈不挠感到欢欣鼓舞（Pappé 2007：227—228）。橄榄树在巴勒斯坦地区出现的时间可以追溯到公元前8000年（Rosenblum 1997），因此阿布法哈（Abufarha

1998）认为，20 世纪 70 年代至 80 年代的学生运动才会用橄榄树作为运动的重要标志，他们所倡导的正是巴勒斯坦民族主义，以及复兴失落已久的巴勒斯坦民族传统。这个运动致力于寻找他们的祖先——迦南人，根据圣经记载，迦南人出现的时间比希伯来先知更早。[7]

新型橄榄油

2000 年，以色列当局关闭了约旦河西岸并且实行更为严苛的隔离政策，第二次巴勒斯坦大起义爆发了，与此同时，一种新的巴勒斯坦橄榄油也随之出现。以色列曾经有许多对技能水平要求不高的工作机会，但现在许可证、检查站和隔离墙等诸多障碍都使得大量巴勒斯坦人无法获得工作，这一情况导致巴勒斯坦地区出现了再农村化的现象（Tamari 1981）。人们没有选择，只好回到靠土地吃饭的状态以求生存。橄榄油仍然是个好选择，其耐久性再次扮演了关键属性的角色：它的保质期长久，即使在边境耽搁很长时间也不会像水果和蔬菜等农产品那样腐烂变质。之前的传统出口渠道已经不复存在，一方面巴勒斯坦迫切需要出口橄榄油，另一方面全球市场也正在寻找新的巴勒斯坦橄榄油供应渠道。约旦在数年前就对巴勒斯坦橄榄油关闭了口岸。而其出口至海湾地区的渠道也由于 1990 年伊拉克入侵科威特后大规模驱逐当地巴勒斯坦流亡群体而濒临堵塞。曾经在巴勒斯坦各个城市与安曼、大马士革和贝鲁特之间生机勃勃的贸易线路由于以色列的军事行动以及边界流通控制——以色列当局决定什么商品或人可以出入边界——而被截断。现在能够买到巴勒斯坦橄榄油的市场都在远离冲突地区的地方，如欧盟、英国、美国、加拿大、澳大利亚、新西兰和日本等等。最成功的倡议就是公平贸易巴勒斯坦的橄榄油，这些产品的宣传页里详细描述了目前巴勒斯坦农民所面临的悲惨处境。然而，即便公平贸易市场也只需要巴勒斯坦特级初榨橄榄油。一个由国际援助发起，主要由法国、西班牙和意大利专家组成的专家组一直在为巴勒斯坦提供咨询，并援助他们进行基础设施改造，改革其生产工艺以生产能符合国际标准的巴勒斯坦橄榄油。巴勒斯坦特级初榨橄榄油非常昂贵（部分原因是因为要支付以色列港口收取的五花八门的清关费用），消费者花费 15—20 美元也当然希望买到质量上乘的产品。还有一个影响因素则是，国际橄榄油理事会将酸性极低的油认定为顶尖特级初榨橄榄油，其设定的国际标准也影响了北大西洋地区对橄榄油口味的偏好。

上文中曾经提过，传统上人们会用橄榄油来对付胃肠道阻塞。讽刺的是，现在人们还用公平贸易橄榄油来“对付”军事占领所造成的贸易堵塞：虽然障碍重重，过程也谈不上顺利，但是公平交易的橄榄油还是想方设法到达了北欧、北美、日本和澳大利亚市场。这种商品得以流通，由巴勒斯坦人民所遭受的苦难而激发出的虚幻的同情起到了很大作用。**特级初榨**是一个法律上的和官方的用语，除了新型橄榄油专家之外，巴勒斯坦当地并无这种说法。判定一种橄榄油是否具有“特级初榨”的属性，需要从技术、科学和美学等多个角度加以衡量。目前，符合特级初榨与否主要依靠化学酸性测试来进行判定：从法律上来说，只有酸度不到 0.8% 的橄榄油才称得上是“特级初榨”橄榄油。

然而，橄榄油的这些变化也带来了诸多后果。为了出口特级初榨橄榄油，巴勒斯坦的橄榄油制造者必须保证其产品达到国际以及欧盟所要求的标准。在巴勒斯坦，一说到橄榄油，人们想到的多半是拜特贾拉、纳布卢斯或杰宁特产的橄榄油。但巴勒斯坦橄榄油通过公平贸易民间组织向外出口，使得橄榄油唤起的“巴勒斯坦”以及“巴勒斯坦农民”的概念失去了其应有的当地特性和个体农户特征。当人们都对生产橄榄油的重要性表现出关注，因为这体现了巴勒斯坦人着力声明本应属于自己的土地不断受到侵吞的威胁，一种符号学上的扁平化现象也随之出现。象征意义变得扁平化，是为了突出一种新的物质化形式：正是橄榄油在市场上的货币价值，使得巴勒斯坦农民得以维持生计。有了特级初榨这么一个高级标准，橄榄油可以卖到更高的价格，这对于巴勒斯坦农民来说也有着至关重要的实际意义，因为自从有了隔离墙，他们就很难从墙那边找到报酬合理的工作机会了。这导致当代巴勒斯坦橄榄油的质符发生了剧烈的转变：为了能行销海外，生产的橄榄油就必须达到特级初榨的标准，这一特性与精神世界不再有任何关联，而是一种国际公认的鉴定标准。这意味着如何判断橄榄油的价值也变得跟以前不一样了：如今，通过科技手段进行的检测以及国际化的感官测试决定着巴勒斯坦橄榄油的价值。在过去，橄榄油的价值与制作它的家庭以及它所生长的土地密切相关。我曾和我的一个巴勒斯坦朋友开玩笑说，每一个巴勒斯坦农民都认为自家产的橄榄油才是最好的橄榄油。所以在这里我们可以看到，橄榄油已经从昔日的身体记忆、口感以及给家庭膳食增添光彩的浓稠暗绿色高酸度油脂，转变成了专家与科学意见指导下、由正规感官与化学测试评测出的标准化物质。

巴勒斯坦橄榄油的市场营销策略中，尤为突出地展示了巴勒斯坦橄榄油是在被以色列占领的土地上制造出来的这一点。这些信息并不能直接从橄榄油本身的味道上体现出来，因为它们全部都是符合国际标准的。倒不如说，是消费者需要这些看似无关的信息。2006 年我曾做过一个采访，一个巴勒斯坦橄榄油制作者高高挥舞着一小瓶圣地橄榄油说道：

> 这瓶橄榄油可是非常昂贵的。昂贵是因为一个农民可能要冒着被以色列移民者射杀的危险去采摘橄榄；昂贵是因为隔离墙

将农民与自己种植橄榄树的土地强行分开；昂贵还因为我们必须冲破种种障碍才能将这些橄榄油出口。

橄榄油的宗教含义已经被巴勒斯坦橄榄油专家所消解，他们认为橄榄油“对于老一代人可能有些要紧的意义，但对我们而言却无关紧要”。把鲜血、汗水和泪水与这些橄榄油一并封装带给消费者可以理解为一种世俗的布道，意在让消费者意识到并想办法改善巴勒斯坦人面临的艰难境遇。这一切融合在一起，不仅形成了一种味觉上的独特性，也有某种政治上的独特性。消费者也许不只是“政治正确的吃货”。2008 年到 2009 年以色列轰炸加沙以后，公平贸易的巴勒斯坦橄榄油销量急剧上升。购买巴勒斯坦橄榄油也许是消费者支持巴勒斯坦人的一种表达方式，他们也许无法想象自己会像瑞秋·科里*那样站在以色列推土机前面，但他们可以以这种方式参与其中。我们也应该看到，公平贸易的特级初榨橄榄油在巴勒斯坦本地几乎没有市场，对于巴勒斯坦本地人来说，这些橄榄油不仅价格不菲，味道也单调得千篇一律。他们真正喜欢的是用自己的土地上生长出的属于自己的橄榄树结出的橄榄亲手制作的橄榄油。

结　语

橄榄油因其富含营养而被巴勒斯坦人当作身体健康、社会稳定和

* 瑞秋·科里（Rachel Corrie, 1979—2003）是美国的“国际团结运动”组织（International Solidarity Movement）的一位志愿者。2003 年 3 月 16 日，她和七名英美年轻人组成人体盾牌，试图劝阻以色列军队每日例行拆毁巴勒斯坦人住屋的行动。她手提扩音器站在以军的重型推土机前，呼吁不要摧毁一位巴勒斯坦医生（及其太太和三个小孩）的房屋。当时她还穿着一件橙色的风衣，以便以色列军人识别与看到。但迎面而来的推土机并没有停下来，她被活活辗死，时年仅 23 岁。——译注

宗教祥和的重要保障。橄榄油也是与神明互动的核心所在，其可燃性能够让人们通过点燃橄榄油灯与神发生联系。橄榄油的渗透性则让它可以与神明进行交流，圣祠里的橄榄油吸收了神性，能为在皮肤上涂抹它的信徒施加祝福。受祝福的橄榄树所产出的珍贵的橄榄油是巴勒斯坦政治、文化和宗教想象的关键部分；橄榄油的味道和香气则无时无刻不在唤起巴勒斯坦人对家庭和故土的味觉回忆。因此，以色列对巴勒斯坦土地、水源和树木的侵占，就好似三叉戟一般重重地刺入了每个巴勒斯坦人的心，乃至巴勒斯坦社会与宗教活动以及巴勒斯坦民族的最深处。海外消费者受到巴勒斯坦人民所遭受痛苦的触动而去购买和消费巴勒斯坦橄榄油，这实际上是一种奇怪的恋物癖。但是，这些弱化了橄榄油的感官特质。事实上，用于出口的公平贸易特级初榨橄榄油并不是传统意义上的巴勒斯坦橄榄油；传统的巴勒斯坦橄榄油非常浓稠，呈暗绿色，而且酸度极高。尽管国外的消费者出于休戚与共的考虑和怜悯购买了这一产品，他们的确为自己的同情心支付了高昂的价格。

与此同时，人们对橄榄油的关注转移到了橄榄树上。在这种变化之下，行销海外的巴勒斯坦橄榄油在物质性上也发生了变化，经过科技改造以后行销世界的特级初榨橄榄油，跟传统意义上的巴勒斯坦橄榄油所具有的物质属性已经没有可比性了。尽管橄榄油在感官属性上已经变得和从前不一样，但它仍旧与作为其生产者的巴勒斯坦人有着千丝万缕的联系。橄榄油生产者的世俗属性——他们的鲜血、汗水和眼泪——被橄榄油吸收渗透，就好像古时候橄榄油也曾吸收圣人和长老的神力一样。

近几年，很多人都在悼念巴勒斯坦诗人穆罕默德·达尔维什*。从

---

* 穆罕默德·达尔维什（Mahmoud Darwish，1941—2008），巴勒斯坦诗人，一生获奖无数，去世时被 BBC 称为“巴勒斯坦的民族诗人”。更有人称他以诗歌践行了政治观点，体现了伊斯兰教的政治诗人传统。——译注

他的诗中我们可以看到，以色列的占领并没有铲除巴勒斯坦人与他们的橄榄树之间深切的情感羁绊与丰富的遐想。他的一句诗——“若橄榄树知主人之苦，油将变成泪”被印在Zatoona牌橄榄油的标签上。而这一句诗似乎也在向世人说明，昔日橄榄树与主人之间的关系是何其亲密，如今这些联系都被悉数斩断，橄榄树已无从知晓巴勒斯坦人民究竟遭受了何等深重的苦难。

（安妮·梅内利）

In Taste, Lost and Found

第二章

得耶失耶：肥猪肉的真滋味

这一运动的目标就是要增加消费者对猪肉的需求，并消除人们认为猪肉是富含脂肪的蛋白质这一固有观念。

——美国猪肉生产者理事会

20世纪80年代后期，美国猪肉生产者理事会发起了推行猪肉为“另一种白肉”的运动。那么，所谓“另一种”白肉指的是什么呢？为何说它是“白肉”？它具有怎样的物质特性？还有，猪肉这种“白肉”吃起来味道如何？或许我们可以如此看待美国的这项运动，这是一项旨在让猪肉不仅在其口味，也在其他特性上凸显出价值的运动，比如猪肉清淡朴实，有益健康，作为食材也有多方面的便利性。这项运动对猪肉赞赏有加，认为它跟唾手可得的鸡胸肉简直难分伯仲。[1] 值得注意的是，这项运动还以非同寻常的方式讲到了猪肉

的物质性。猪肉的白肉性质不仅使其与鸡肉更加接近，而且还取决于人们对猪肉和肉猪的物理改良与生物改良。因为要想让猪肉真正成为白肉，必须让肉猪身形瘦长，价格高昂的里脊肉必须做到脂肪越少越好，这也是市场上最常被归为白肉的部位。

本章的许多话题都可以用这一广为人知的推广运动来概括。首先，从很多方面来说，脂肪含混不清的物质性恰恰就是猪肉生产者理事会想要广而告之的。用理事会自己的表述来说，“这一运动的目标就是要增加消费者对猪肉的需求，并消除人们认为猪肉是富含脂肪的蛋白质这一固有观念”（National Pork Council 2012）。想要将猪肉彻底变为白肉的这一意图，将关注点主要集中在了猪肉被认为是某种存在问题的东西这一根深蒂固的观念上，并将问题所在锁定在了猪肉富含脂肪上。而且，这一意图不仅关注到了猪肉作为蛋白质的传统观念，还试图通过将猪肉重新划归为白肉来解决这一问题，用（美国英语中）描述家禽的词汇来说明，脂肪并非单纯是猪和其身上（不）受人欢迎的肉之生理特征，还是一种社会的和文化的符号形式。

在这一章里，我将脂肪看作一个符号形式，还特别将注意力集中在猪肥肉的口味所表达或承载的社会文化意义上。我也提出了这样一个问题："我们如何来描述味道的物质性？"无论是约定俗成的味道，还是描述出来的味道，根本上说都被认为是一种推断出来的感受。人们对味道的理解多种多样，有时是一种表达，有时是一种评论，有时甚至是一种出于维护共餐者之间纽带的道德观点，有时还可能是展现社会差异的强有力资源。在许多有分量的评价中，卡罗琳·考斯梅尔认为，当"味道"进入了"饮食叙述"当中，就"吸引了哲学的注意"(Carolyn Korsmeyer 1999：144)。类似这样关于味道的研究（例如 Appadurai 1981；Bourdieu 1984；Korsmeyer 1999；Robertson Smith 1972［1887］；and Stoller 1989；这类例子不胜枚举）催生了诸多有趣的问题，并对食物作为一种社会文化形式的意义做了非常重要的阐释。但是，从感知层面上来说，味道也有其独特的性质，不仅能够被表述、指示，也能够被感知。而且存在于生活经验中的这些感知属性更值得我们进一步考量。把猪肥肉当成一种兼具理智与感性属性的物质符号形式来考察后，我明白了这一物质从实质符号方面所展现出来的特征。查尔斯·S. 皮尔士（Charles S. Peirce 1955）曾就质符进行过探讨，其观点也在人类学界引起了广泛关注（Fehérváry 2009；Keane 2003；Meneley 2008；Munn 1986），质符被认为是沟通表意实践在概念维度和物质维度之间的桥梁。在皮尔士的理论中，所谓特性就是最基本的经验、感觉或直接的感官特征（例如发白、发红、重量、亮度等）。这些属性都有可能传达意义，从而在体现出类似特性的不同物质形式中充当质符。因此，猪肉的多脂也潜在地表明了像油腔滑调、自命不凡、放纵无度这样的性格，同时也有谦逊、诚恳、稳重的意思。诸多不同的质符究竟是如何传达出上面任何一种具体意义来的呢？这个问题还很难回答，必须取决于实践与话语的具体语境

(Keane 2003：419)。

这些理论毋庸置疑都给予了脂肪极为重要的关注，在某种程度上，这是因为对味道的感知特性总是频频促使人们去追寻某些特定的食物，而且在追寻这些食物的过程中总会牵连到大量的社会表达。然而，这些问题仍然有待解决：味道是什么？它们各自都有显著的特点，绝不能单纯将其简化，或与消耗、进食、烹饪等模糊不清的概念等而视之，那么，我们又是如何识别这些各不相同的特性的呢？毫无疑问，味道是上述所有概念的共同维度，那么我们应该用什么样的词汇来形容味道[2]，以及味道独特的属性呢？这些都有待于我们进一步探索。

说到猪肥肉和猪肉的肥，我认为，这些脂肪的味道如何，对于我们理解人们吃猪肉时会涉及多少价值语言是至关重要的。时常会有这样的观点提出来，即脂肪的味道是如此的与众不同，但仍应作为一种“基本味”而享有和咸、甜、苦、酸以及“第五味”——鲜——等几种味道同样至关重要的地位。我会在探讨当前肉类科学时对上述观点加以阐释。不过，尽管我对这些科学评价都加以了考量，我最关注的仍然是，他们是如何揭示出猪肥肉的味道不仅具有政治经济学属性，也具有某种现象学属性的。当今美国正在发生着这样的社会运动，即力图转化猪肉的生产方式与将猪肉介绍给公众的方式，并推行不同于以往的肉品生产模式——接受同时被视为既“新颖”又“老套”的畜牧方式。如果我们仔细观察这些当代社会运动的话，就能从中分辨出上面说到的那些属性。运动中推崇的新颖的生产模式和猪的种类，通常都给予脂肪的味道很高的殊荣，认为脂肪在社会文化创新实践中担当着相当重要的角色。在这些实践中，味道被认为是一种关系到味觉和政治两方面的东西，哪怕我们对味道是什么的理解能再多一点点，或许就能够揭示出它与当今社会实践之间的广泛关系。

关乎回忆：对味道的人类学分析

在西方人的感官系统中，我们也许会说，味道是一种很矛盾的东西。味道真实可知而又转瞬即逝，却能唤起人们对于旧时岁月的怀念，与此同时，当我们通过触觉与味道的某些物质形式直接发生接触的时候，这些味道来得又是如此的真实。眼见为实；一块试金石，我们能够实实在在抓在手里，证实这个世界是实际存在的；香味会激发性欲。在这一系列关联之中味道所处的位置，及其在感官分类学中所处的夹缝地位，即味道所唤起的种种回忆。在这一章里面，我将会细细探究味道究竟是什么，或可能是什么，以及我们如何了解味道，至少要搞清楚，我们如何能够分享味道产生的丰富意涵。再现、回想、怀旧，都是与吃相关的记忆典型。更具体来说就是，在问及味道与回忆之间的关系时，味觉能够以多种方式构建出过去、现在与未来之间的交错关联，这令我十分着迷。按照卡尔·马克思曾说过的隐晦断言，“五感的形成就是整个世界时至今日的全部历史”（Karl Marx 1988：109），我对一种独特味道的历史进行了考察，以求发现味道的种种历史可能性。

人类学文献中经常会提到味道所具有的引发回忆特性。大卫·萨顿（David Sutton 2001）有一篇关于爱琴海地区饮食习惯的知名报告，就普鲁斯特力图抓住菜肴能构建和激发回忆、纪念及乡愁的能力给出了一种颇有说服力的理论与人种志例证。乔恩·霍尔茨曼（Jon Holtzman 2009）在他近年的一些文献综述中阐释道，记忆总是作为食物人种志研究的隐含潜台词存在的，而这种记忆构建过程所具有的商品化、城市化、种族形成等重大意义，通常都会把可烹饪的东西定性为社会变迁的恰当图景。他还提出了颇有争论性的观点，即菜肴与回忆在感官上的内在联系，通常都以美好回忆的感官形式出现，这是一种将粗粝寡淡的餐食所唤起的昔日的困苦、疾病以及饥饿等通通屏蔽了的感觉。

通过桃子被称为“阿芙洛狄忒的乳房”这一著名的例子，纳蒂亚·萨拉梅塔吉斯阐释了通过味道（更宽泛地说是感觉）留下记忆的典型模式。她在著作中格外强调了“历史与感觉同声共气”这一点（Nadia Seremetakis 1994：4）。但是，萨拉梅塔吉斯作品中最重要的地方在于，她对桃子的味道像什么（“有点酸还有点甜，且散发着独特的香味”；而这就是她对于桃子味道的全部描述了［1994：1］）的关注较少，而更加关注当前希腊人对“那个桃子”的怀恋之情：在希腊，这个桃子似乎已经不复存在了。桃子本身并不是因其（可能是难以形容的）味道而被认可的，桃子的缺席才是真正不寻常的地方。“缺席的桃子成为叙述本身。”（1994：2）进而，桃子的缺席成为一种回想，乃至一种回忆历史的方式。桃子的味道则依旧莫名难表。

朱迪丝·法夸尔（Judith Farquhar 2002）在关于当代中国宴会的权威论述中，描绘了大量的盛宴中，新晋富豪商人与官僚是如何以各种诗意的形式纵情于新式菜肴的。有这样一个例子，在一鸭三吃的饭局中，根茎蔬菜被雕成艺术品，让任何宴席都增色不少的白酒不限量，而桌上的菜肴竟然是各色苔藓植物和炸烤过的昆虫——享受这些食物的同一群人，“文化大革命”中正是勉强靠着这些东西为生的（2002：134）。法夸尔揭示出在一个社会倡导“致富光荣”的时候，有关转变伦理要求的记忆存在的复杂性，即当代中国人将昔日水深火热的集体记忆转化成优雅独特的样貌，以保持这份记忆。

这些人类学上的阐释对于探索脂肪的味道及其与历史和记忆的关系，都是非常重要的检验手段。在我想探讨的那段历史当中，我们将会看到，有一种关于味道的话语已经“遗失”，因而在今天被人们“追寻”、复兴和复制。而在这一阐述中格外激发起我兴趣的就是，跟法夸尔举例的优雅宴会相类似，像这样去领会味道的方式不光表现出了时间的流逝，还假设了一种轨迹；这些方式包含了一个过去，不是突然出现，而是经过偏离甚至拒绝之后，才有了我们最终看到的现在。这样的味道表达，正是评估暂时性的方式，而且——鉴于价值能诱发强烈的感受、对主体产生激励并迫使人采取行动——对这些食物相关表达的关注也能让我们理解，味道也可以创造历史。

对味道之意义的理解

相对于这些问题，有件事情很有趣，那就是我们发现亚里士多德关于感官的层次结构存在着某种矛盾性。如果味道是一种最根本的“近端感觉”，只能在人体的私密深处（在亚里士多德看来，这使得味道越发显得不够高尚，反而相当粗鄙）接触并确定其对象，那么我们对味道的见解也必将涉及不同的空间和时间。对于食物的经典味道来说恰是如此，它们的真正本质是这个世界上最基本的物质（Shapin 2010），因此当代才会有诸如奶酪里的肠道菌群跟灌木覆盖的山坡以及蓟花丛生的牧场相类似的说法。我时不时会和一些坦桑尼亚人一起吃饭，他们说起炖车前草的味道时都形容那好像植被丰富的农场一般厚重、满足和湿润，没有车前草只能吃木薯粥的话就会觉得干涩无味，跟生长木薯的空旷草原差不多无趣。仅供充饥的食物，吃起来跟饥荒之下的社会现实几无二致。确实，味道在隐喻重要记忆和唤起其他方面记忆的一般关联性——我会在后文中提到更多——表明了味道本身并不能与其显著的社会特征相挂钩。而且，食品加工者们在食物上所付出的宝贵努力也创造了历史，使我们能够找回失去的过往，并激发出新的品味。

我们再回到开始的问题：味道究竟是什么（且不论美味的猪肉究

竟有多美味）？我们会将某些暂时性的性质归结到某些味道上面——就像人类学关于味道的叙述中时不时就会出现思乡或怀旧这类说法一样，我们也会对未来产生新想法或注意到音乐流派中出现了某些古老旋律——这是否跟知觉的其他模式之暂时性是相类的呢？基于我个人在现象学上的偏好，我提出这一问题的前提，即味道并不仅仅是一种感觉，一种因各种味觉前体针对人类神经末梢形成刺激后的产物，而是一种知觉模式，或某种存在的形式。味道既构成了我们肉体与精神的一部分，也是我们生活着的世界的一部分，让我们既能看到现实，也能深入现实。因此，味道是一种能够同时实现存在且推动存在的方式，是一种存在于这个世界的方式。

有一篇名为《脂肪的味道》的综合性评论文章，总结了肉类科学家们对味道或说"味觉机制"的典型理解：

> 味觉（通俗的说法就是"味道"或"口味上的感觉"）是浸润于唾液中的味蕾的一种直接化学感受。味蕾是由味觉感知细胞组成的……迷走神经在喉咙的分支遍布于会厌、喉头和后三分之一的舌头。直鼻和后鼻气味以及味觉神经末梢传达出的不同的味觉信号会经过高级中枢的整合而得出"风味"的认知。(Dransfield 2008：38)

对脂肪味道的评估，对肉品风味的苛刻要求，都值得我们对这一化学感应过程加以关注，这是挥发性的油脂派生混合物、唾液、感觉细胞加上神经创新的通力合作。然而我们也要看到，本文在一开头就注意到，脂肪的知觉，乃至肉质的知觉，并非完全由这些机制构成：

> 消费者对脂肪的评价包含脂肪本身的不同方面（其品质和

数量)，还有顾客的感觉能力、文化背景，以及对肉类产品做出的环境判断和道德考量。(Dransfield 2008：37)

这一典型的客体—主体（我们也可以说是自然—文化）分化给相关领域的肉类科学家们提供了这样一个方法论议题，近来有大量研究提议应该对牧场放养牲畜的肉与传统养殖牲畜的肉之间截然不同的味道加以探讨。不出意料，鉴于肉品科学方案与工业化生产者之间的紧密联系，这些研究常常表现出对某些说法，如草饲牛的肉味道要比谷饲牛的肉好的不信任，要么就是将这些说法都归结为主观偏见或文化因素，如消费者的国别等。我并无意质疑生理学对化学感受所持主张的正确性，或消费者所偏好的肉中所含有的亚油酸的标准，抑或味道机制中脂肪酸转运蛋白所扮演的角色。但是，这些机制究竟是如何相互关联在一起形成味觉体验的，或为何仅仅存在这些酸、蛋白质和生理结构不只是能表现为味道感受，还能得到诸如美味、丰美而非倒胃、腻味的评价，这个问题我们仍然未能得到答案。这些关于评价和特性的问题，且不论消费者偏好中“文化背景，以及对肉类产品做出的环境判断和道德考量”所担当的角色，都表明味道在我们所生活的世界的构成当中起着至关重要的作用。

乔吉奥·阿甘本则以一种既贴切又相当古怪的讨论方式，通过举例证明在蜱虫的客观世界或说环境中，什么不是味道，而探讨了什么才会是味道（Giorgio Agamben 2004：45—47）。他的观点主要依托于生态学者雅各布·冯·约克斯库尔关于环境世界的理论。在约克斯库尔看来，这个环境世界即一堆“意义载体”，它们构成了一个完整的特征系统，与该世界中有机体的身体迷走神经相似。因而，拥有既定特征的客观环境就是不存在的，具有分散感知能力的抽象主体也是不存在的。不仅如此，约克斯库尔还把“意义载体”和身体感受之间的一致性形容为美妙的统一，“它们就像键盘上的两个音符，自然表现出了意义在颞上与超空间的和谐”（Agamben 2004：41）。

那么这跟蜱虫又有什么关系呢？约克斯库尔说道，蜱虫的客观世界具有三个意义载体：（1）哺乳动物分泌的汗液对其具有吸引力；（2）哺乳动物身体表面满是毛发让它可以黏着在上面；（3）37℃的恒定体温同时也是哺乳动物的血液温度。蜱虫的一生跟上述三个元素是联系在一起的；事实上阿甘本说的是，蜱虫就是这三者之间的联系所在。血液的味道并未体现在蜱虫客观世界的意义载体上，而这一点也并非随机观测得出的结论。事实上，约克斯库尔观察到了蜱虫并不需要得益于血液的味道才能够实现其存在的完整性，因为蜱虫会将自己附着在任何合适的表面，并吸收该表面下任何温度适宜的液体（想想暖乎乎、毛茸茸的水气球）。阿甘本就是以这一观察为基点的，但是这也让我想到了一些非常有趣的问题：味道作为这个世界的一种调剂，还能具有哪些可能性，这些可能性又意味着什么？味道的意义载体又是怎样的，我们又该如何赋予其意义呢？

在我看来，从这一视角出发的种种提问，让我们看到了很多关于刺激与反应标准模型的问题，而恰恰是刺激与反应引发了关于味知觉、关于意图揭示味道机理之肉类科学的观点与规范的种种讨论。如果味道是我们已经接受了的一个意义载体，那么它似乎就不会被简化成那样一种机械的框架。在下文中，我将详细阐述这一过程究竟是如何呈现，并通过感化、语言和记忆表达出来的。肉类科学自身也常会就这一符号化的过程给出线索，因为这个过程同时提出也记录了用来描述肉的味道的感官词汇。“滋味，”一篇知名论文中这样写道，“是焦点小组讨论最多，同时也被认为是最难描述的属性。”（Meinert，Christiansen，et al. 2008：312）论文中确实给出了相当广泛的关于味道的表达。举例来说，对于肉品样本的味道评价，在某些情况下也获得了完全相同的描述（比如“紧致的”“酸性的”），但总会有词语要么表现出对这些属性的偏爱，要么则反之（例如，小组里有一位表示“味道不错，有一点酸”，而另一位则将同一样本描述为“酸，没什么味儿”）。相反的，同样的样本也可能获得截然相对的描述（例如“非常有肉味儿”或“不怎么有肉味儿”）。我们也不能因此就简单地说味道是无法解释的，不妨更直接地考量一下对于猪肉的感官分析中所用到的词汇是些什么。下面这个表格可以看成是用感官属性描述猪肉口味的不那么非典型的例子：

	感官属性	描述	参照物
气味	油炸肉属性	炸猪肉的气味	炸猪排
	烧过的属性	烧焦猪皮的气味	全熟炸猪排
	烤果仁属性	烤果仁的气味	烤核桃仁
	乳猪肉的属性	乳猪肉的气味	融化的猪油
	酸属性	酸的气味	发酵鲜牛奶
口味	油炸肉属性	炸猪肉的口味	炸猪排
	烧过的属性	烧焦猪皮的口味	全熟炸猪排
	甜属性	甜味	蔗糖（1%）
	酸属性	酸味	柠檬酸（0.1%）
	咸属性	咸味	氯化钠溶液（0.001%）
	乳猪肉的属性	乳猪肉的口味	融化的猪油
	金属属性	金属腥味	铜币

数据来源：Meinert，Tikk，et al.（2008：252）

上面的一系列回答中也涵盖了不同的类别——“烤果仁”特性表现为闻起来像“烤果仁的气味”，参照物则是烤核桃仁——这说明了，即便想要说明尽管味道在最低程度上与知觉、对象和语言相脱节也是十分困难的。尽管肉类科学试图将味道机械化地压缩为感官对化学刺激的反应和挥发性化合物，世间万物（或说世间的诸多肉类）仍然以我们所能品尝到的和我们所能表达出其味道究竟如何的形态存在着。我曾跟一位大厨聊起她在自己的餐馆中所用鸡肉的品种，我们的对话也进一步让我认识到了语言、主体和客体在味道这件事上所表现出的同态性。她召集了一个品菜小组，小组成员都对一种有机放养土鸡表现出了偏好，说这些鸡“真的是非常有味儿”。她说：“吃起来好像有种什么味道似的。”于是我问：到底好像是什么味道？她说：“像鸡肉的味道啊！”

物质、感觉和语言都与味道息息相关，它们又是如何表现出与味道、记忆尤其是所谓猪肉具有某种不应失去的“失落之味”等论断之间的显著关联的呢？我们来看这些肉味描述语中一个非常有趣的属性：猪肉无论闻着还是吃起来都有“猪肉味”。从某种程度上说，这似乎是一种对于味道之主客体统一的卓越属性——体现了这种东西自身精华所在的味道。与此同时，这又显然并非猪肉味这类属性所必需的，似乎暗示出某种异样的或过分强烈的口味和气味。“猪油、猪油渣和某些猪肉十分显著地拥有独特的好似猪肉的或有猪肉味的滋味，”芬内马在《食品化学》中说道，“这是由猪肠道相关氨基酸的微生物转化作用中产生出的对位甲酚和异戊酸造成的。”（Fennema 1996：249）“好似猪肉的”和“有猪肉味的”等说法看似没有什么意义，也可说是语言在表达味道的复杂性时仍然存在着不恰当，但是作为一个发声群体中的社会语言学因素，这些用词也会拥有独特的含义。因此，当群体随着时间与空间发生了变化，这些表达也会产生截然不同的意思。

我对肉类科学文献和肉类科学家召集的试味小组进行了粗略的考察，发现丹麦研究者是最早（但并非唯一）征询和记录到“有猪肉味”这一特性的。丹麦肉类协会用这样的方式赞颂了本国的工业化农场，他们说道，相较于传统方式饲养的猪，百分之百有机喂养的猪所产出的排骨要更有猪肉味和金属腥气（Sϕtoft-Jensen 2007：3）。我们知道，猪肉在丹麦人的饮食中非常普遍（Buckser 1999），而且丹麦与加拿大、美国都是在世界占据领军地位的几个猪肉出口国，那么广大丹麦民众能够看到这种极有猪肉味的猪肉中所包含的进取精神也就不足为怪了。同时我们也应看到，倡导和品鉴散养 / 本地产 / 传统饲养的猪肉的行家们也越来越多地用"有猪肉味"来推崇这些猪肉的风味。英国《卫报》评论家曾对比英国手工猪肉食品店的味道，如此这般描述了某一品牌的风干猪颈肉："过咸，不够有猪肉味"或"强烈，干透，有猪肉味，还不赖"（*Guardian* 2010）。英国《泰晤士报》则赞美猪肉派"饱含猪肉的味道"，越南法式三明治里的午餐肉则因缺少"真正的越南式的浓厚的猪肉味"而名落孙山（O' Loughlin 2010）。这些实例中，"有猪肉味"都被推为真正的猪肉才有的珍贵而"有深度的"特征。

我倒不认为这些英国的猪肉倡导者所提到的"有猪肉味"跟丹麦人所说的"有猪肉味"是一个意思，然而语义总是变幻无常，我也无法明确说出其间的差异。不过重要的在于，同一种语言中引发的关于味道的感觉也能通过截然相反的方式获得平衡。在每一个实例中，猪肉味都强调了猪肉本身该有的味道，而这就是表达出此种动物身上的魅力与力量的意义载体。但是，此种魅力特性是不是一种极端的过剩，是不是这种动物在良好条件与天然环境中生长后的真实品质的确切体现呢？虽然话题可能扯得有点远了，但和我们正在探讨的也并非全无关系，我还是想说，跟种猪截然相反，雄性肉猪几乎无一例外地接受了阉割，这一点在美国的传统畜牧跟农场散养上都是完全一致的，以防这些猪的肉会生出所谓"公猪臊味"来。我接触过的消费者中只有很少的几位吃过"身体健全"的公猪的肉，而且对这股"臊味"反倒格外地偏爱，用他们的话说，此味道是"冲击性的""厚重的"或就是单纯的"有劲儿"。一个具有广泛意义的象征符号在深度和强度方面获得了评价，或许我们能够看到，这也暗示了味道是如何在不同的方面有所得失的。

皮德蒙特猪与猪肥肉：一段区域味道史

关于猪肉还有一件很有意思的事情（尤其是近几年在美国），猪肉在过去并非那么别有味道，或者说，这种味道——或许——对猪肉生产者和消费者来说并不是那么要紧。我在美国北卡罗来纳州的皮德蒙特跟当地的草场放养猪农户、厨师、食品活动家以及各种各样的食客进行了一项研究，部分工作就是考察猪肉——以及猪肥肉——的味道到底是如何更普遍地以五花八门的方式与各种典型的味道联系在一起的，还关注了那些对该地区乃至美国各地草饲猪猪肉大力拥趸的土食者*、手艺人和吃货们对于享受美食表现出的强烈而夸张的愉悦形象。

同时，像我前面说过的，那些本地食物倡导者造出来的所谓味道的魅力，以及地域优势或“某地特有的味道”（Trubek 2008；Weiss 2011），正是评估其暂时性的方法，因而对味道的关注就给我们提供了一种重要的（甚至可能是特有的）视角，来考察历史是被如何书写的。通过肥猪来书写历史，恰恰是当代美国的许多食物活动家、厨师、农户和消费者想要做的。我曾经从事过对这一食品运动参与者的人种志研究，到过北卡罗来纳州皮德蒙特的田地、农贸市场、餐馆（以及课堂和农业推广办公室），这一地区从西边的皮德蒙特三角区（包括格林斯博罗、温斯顿－塞勒姆和海波因特三个城市）一直延伸到东部海岸平原。在皮德蒙特，人们对猪肉以及这种肉猪的热爱，有着非常深厚的历史传统。我们一起来看一下：1980 年，全美国的养猪场数量曾多达 60 万，而到了 20 世纪 90 年代中期，养猪场数量

---

* 指那些热衷于食用住所附近所产食物的人。——译注

已经锐减到了20万，到21世纪初期，仅剩下不到7万了。与此同时，平均每年产出的生猪数量则从1980年的1000头飙升到了40万头。显而易见，鄂尔·巴茨（Earl Butz，尼克松和福特当美国总统时期的农业部长）在当时喊出的“要么做大，要么走人”的农业口号在养猪行业中得到了最大化的实现。集中畜牧经营（CAFO）与法人承包成为促进这一规模转换的基础。而这一进程在北卡罗来纳州得到的贯彻，无论从速度还是广度上，比美国的其他地方都要来得彻底。这里正是史密斯菲尔德食品公司——全球最大的肉类加工厂所在地。

与这场工业化运动共同进行的还有美国猪肉生产者理事会旨在推行“另一种白肉”的运动，这在本章开头就已经讲过了。这场全国性的运动（1987—2005）从很多方面来看都是极不成功的。虽然美国农业部经济研究所发现，运动的头五年里猪肉销售增长了20%，长期预测则显示，美国的猪肉消费自1910年起始终呈现出相对稳定的状态。2009年，养猪农户在美国市场上销售的生猪，平均每卖一头就要亏损20美元（美国猪肉生产者理事会，2009）。工业化生产的猪肉，跟美国20世纪70年代兴起的大工业化农业一样，都要靠税收减免和直接补贴才能得以维持（Blanchette 2010）。尽管如此，这种为了巩固规模经济而进行的纵向整合模式依然在急速运行。我在前面就已经说到了，这些工业化进程从根本上改变了生猪养殖的生态和猪肉的味道。这一进程繁育出了一种身形瘦长的生猪，实现了生猪饲养者的边际效益最大化，带动了诸如“瘦型培根”“里脊肉”（区分于变嫩过的腰肉或其他部位的猪肉）等新颖高价产品的销售，这些肉品显然不含脂肪，且代表了典型的“另一种白肉”。

发生在北卡罗来纳州的历史变迁，在诸多方面都可说是美国食品体系广泛存在争议的一个缩影。另外，这些戏剧性的变迁也引起了更多评论者的关注，他们对这一愈演愈烈的工业化进程的方方面面都加以谴责，从生猪行动受限惨无人道，到工业带来环境恶化，乃至工业化农场和处理设施中的对劳动力的罪恶剥削，无所不包（Kaminsky 2005；Kenner 2009；Morgan 1998；Niman 2009）。不光这样，批评这种工业化农业的评论者们还总是对工业化生产出的食品唉声叹气；具体到生猪和猪肉上面，就是一再谴责脂肪怎么没有了。让脂肪回归猪肉，也确实是这些倡导者们力图让现在的工业化体系转变和展示其他生产方式的（在他们看来所具有的）显著优势时所使用的手段之一。我和一位推行上述生产方式的厨师曾进行过交谈，我问他的餐馆中特别推荐的"本地猪肉"是关注了哪一方面的特质，是生猪的品种比较特别，还是说因为猪是野外散养的所以肉会更健康一些。他只说了一句："我想要的就是身上有肥肉的猪。"可别跟他提什么"另一种白肉"！在皮德蒙特当地各个农贸市场最受欢迎的一种猪肉制品是培根，一种当地畜牧业者制造的今天看来既革新又传统（即户外散养）的产品。散养场出来的猪不可避免会"身上有点肥肉"，用这样的猪肉制成的培根可不是寻常的培根，因为它本身必然也是肥的。因为这些培根实在是太肥了，以至于我每周末在市场摊位上卖肉时必须告诉每一位顾客，这种培根必须用较低的温度来烹调（160℃左右煎 15 分钟），以防肥肉在平底锅上燃烧起来。你在三角洲区域（罗利、达勒姆、教堂山等市镇）的饭馆里都能找到这种培根。

我们的摊位会有一些每周都来的顾客，他们想买的肉品里面有种被他们称为"颠覆培根"的东西。这种说法（多少有点古怪）和更多人喜闻乐见的培根（每磅 12 美元，大约是工业化生产出的培根价格的二至三倍），都使得作为猪肉——而且还是很肥的猪肉——的培根成了这一另类食品运动的标志产品。也就是说，不光是以对立于密集养殖形式散养的猪，就连用这些猪的肉做出来的带肥肉的培根都呈现出了此种转变的妙处。而且，具有独特多脂性的培根就拥有了那些人工饲育、农场散养、健康生长的生猪之产品价值的实质符号，从而消解了集中体现为以健康、白肉、精肉形象出现的工业化生产的、密集型“非人道”猪肉所具有的那些实质特性。培根和里脊分别是各自生产过程（散养或工业化养殖）的标志，其各自或肥或瘦的特点也体现在了具体的肉质形态当中。[3]

为了详细说明这种多脂肪的肉是如何（重新）出现在猪身上的，这对猪肉的味道究竟会有什么样的影响，我将通过记忆与政治经济学的现象学理论引出北卡罗来纳州的皮德蒙特历史上一个尤为著名的生猪饲养计划。这段历史讲的是一种生猪是如何凭借它超乎寻常的多脂肪而作为一个保留品种确定地实现了复兴的。在 20 世纪 90 年代初期，北卡罗来纳州农业和技术学院（格林斯博罗的一所优秀的传统黑人大学）的动物学家查克·塔尔博特正感到万分沮丧，因为集中畜牧经营的生产体系对动物和越发受其诱导的农户都产生了毁灭性的影响，他决定要找到针对这种生猪生产体系的解决之道。据他自己说，他最初的动机是源于农户已经无法承受沉重的生猪合同条款，经营不下去而产生了经济问题。在塔尔博特看来，这一问题并非源于人们对过去生活方式的怀念，而是由于食品安全和环境恶化的问题引起的。没过多久，到了 20 世纪 90 年代后几年，他又在无意中发现，**味道**也许才是能够让农户从非密集型的散养生猪上获益的因素之一。

塔尔博特告诉我说，他是在读了爱德华·贝尔的《吃的艺术》1999 年夏季刊时意识到这一点的。这期季刊的主打标题是“失落的猪肉之味”，并关注了保罗·威利斯付出的种种努力，这个人是美国爱荷华州的一位养猪户，在 20 世纪 70 年代和 80 年代爱荷华州户外散养生猪产量急剧下落的时期，他仍坚持在户外的牲口圈养猪。贝尔的文章文笔优美且表达了对美食的热爱，他尤其着力地表达了这种方式养出来的猪，肉是何等的美妙绝伦。贝尔第一次吃到威利斯家的猪肉，是在潘尼斯之家餐厅*，那是一块“木柴火上烤出来的肥厚的排骨”，这激发他踏上了爱荷华之旅。这篇文章中，贝尔还就户外散养技术做了十分详尽的调查，并比对了这种方法相较于密集养殖的优势所在，即不但生猪健康，对环境也有益——讲到这一点时，他还反复举例了集中畜牧经营会产生何等恐怖的恶臭。他对威利斯的农作技巧进行的详细阐述又联系到了这样生产出来的猪肉的味道上。正如威利斯所说：“如果什么东西味道好……我觉得这就表明了你吃的东西是健康的。让猪尽可能自然地生长，就能让它吃起来更好。”（Behr 1999：12）“这种猪肉就像我小时候吃过的猪肉的味道。”威利斯的邻居是这么说的（Behr 1999：18）。

读了贝尔的文章后，塔尔博特跟威利斯取得了联系，希望能在北卡罗来纳州推广这种生产方式，更广泛地培养市场和消费者。到如今，威利斯已经是尼曼农场的猪肉经理，这个公司经营的肉品都来自于一群依照一系列福利与环境标准饲养牲畜的农户和农场主。因此，塔尔博特给养猪户带来了机会，让他们通过尼曼农场销售自己牲畜的肉品，而让散养猪的肉产品得到了推广。这一策略还进一步获得了资金补助，并非来自于农业法案，而是烟草买断（Golden Leaf Foundation 2011）。20 世纪 90 年代初期的烟草和解资金，是提供给烟草种植户转向种植其他农作物用的。此种背景下，塔尔博特发起了“金叶计划”，针对拥有土地面积小于 10 英亩的“资源不足的”小型烟草农户，资助他们转向户外生猪散养。塔尔博特在北卡罗来纳农业与技术学院生猪饲养专业的同事向这些农民教授了户外生猪放养技术，这些农民不仅能够获得相应的设施，尼曼农场的代表还会给他们生产的猪肉进行认证。这些散养猪猪肉作为尼曼的产品出售，主要销

---

* Chez Panisse，美国加州伯克利的知名餐馆，以使用当地有机食材而闻名。——译注

往全食超市或者直接卖给厨师。

物质和制度上的一系列安排——“边缘化的”农民、来自烟草买断的资本、拥有品牌的一群高端肉品制造商，以及一所传统黑人大学教授的专业生猪饲养技术——从根本上重塑了北卡罗来纳州的散养猪猪肉市场。而且在我们看来，认识到味道在激励这些人的过程中扮演了至关重要的角色这一点尤为重要。作为这一项目的推广者之一，塔尔博特也成了一位实实在在的肉类科学家，研究颇受有品位的消费者赞誉的那些味道属性是如何通过放牧、饲养和其他行为产生的。为了找到这些品位独到的消费者和他们青睐的猪肉类型，塔尔博特的足迹踏遍了整个欧洲南部，探访了当地各种各样的生猪，用他自己的话说，这些乡村小镇的猪已经构成了人们“生活方式的一部分”，猪肉生产和供给与季节时令完全结合在一起，是慢食运动提出的“味道方舟”的完美体现。回到北卡罗来纳后，塔尔博特在奥斯萨巴岛（美国佐治亚州萨瓦纳市附近的海岛）发现了一个与世隔绝的生猪品种，跟西班牙伊比利亚黑蹄猪（pata negra）有着古老的血缘关系，佐治亚州自然资源局将其剔除了出来，因为这些猪威胁到了岛上的生态，更重要的是它们对在岛上筑巢的濒临灭绝的红海龟造成了威胁。由于奥斯萨巴猪跟塔尔博特在西班牙看到的名声在外的伊比利亚猪有着血缘关系，塔尔博特和农业与技术学院生猪饲养小组的同事对此激动万分，并十分看好通过这群传统品种的奥斯萨巴猪（得到了美国牲畜品种保护认证）可能实现的利基市场[*]。今天，尽管饲养奥斯萨巴猪的农户仍然很少，但数量已经有所上升，主要分布在美国东海岸和中西部的少部分地区。

我们也必须看到，奥斯萨巴猪——还有一些其他品种的猪，都

---

* Niche market，也译缝隙市场，是指那种仅关注某一种产品的小规模市场，旨在满足特定群体的需求。——译注

是以传统品种的身份再度复兴的——跟工业化养殖的生猪极大的不同不仅限于它们的生产技术。比方说，奥斯萨巴猪除了在血缘上跟伊比利亚猪有着古老的关联之外，这些猪能够在海岛上孤立生存400年，它们所具备的生理适应性对他们的生存能力以及物质性而言也相当重要。作为一个孤立品种，奥斯萨巴猪已经适应了小岛范围内极其有限的资源。作为一个野生猪种，它们的身形变得更小，我们称之为“孤立矮化”，并进一步进化出了进食咸水的能力。但是，让奥斯萨巴猪尤为适合制作猪肉产品的原因则是其进化出来的独特的脂肪代谢系统。这些猪进化出的“省俭基因”使得它们能够比其他的猪存储占身体更大比例的脂肪。事实上，奥斯萨巴猪比任何非家畜哺乳动物所能储存的脂肪比例都要高（Watson 2004：114）。这种非凡的能力也造成了它们更容易得Ⅱ型糖尿病，也因此引起了医学研究者对这种猪的关注。2002年，23头奥斯萨巴猪作为动物典型，在美国密苏里州哥伦比亚成为美国国家卫生研究所的研究对象，后来还“大难不死”，被捐给了塔尔博特和他在农业与技术学院的生猪饲养项目（Kaminsky 2005）。

说说肥肉的味道

那么，奥斯萨巴猪到底味道如何，它独特的脂肪又是什么滋味呢？它跟拥有同源祖先的西班牙黑毛猪的味道有何相似之处，当地甚至其他地方以类似方式饲养起来的传统品种的猪在味道上有什么类似的地方吗？提起这个美国本地猪种，总会说到传统、适应性、培育和生态环境等等，那么在这些各色复杂多样的叙述当中又是如何谈到这种味道的呢？关于这一切，我们必须对一般意义上的“失落的猪肉之味”做进一步的探讨，包括为什么要少点瘦肉多些肥肉，以及这样的猪肉不仅吃起来好味而且是回复了该有的味道等等，才能发现其中的脉络线索。我可以进一步说明，这种回复也是一种创新，而且必然会赋予猪肉一种全新的味道。

我们要如何才能了解这种味道呢？回想一下我讲到的肉类科学对味道的研究，诸如有猪肉味、有味甚至味道浓郁等本身就具有歧义的词汇，在用以描述它们所形容的味道时既可能是令人心满意足的，也可能是令人深恶痛绝的。北卡罗来纳州的散养猪猪肉消费者中也存在着一些不一致，但表达出来的意思并没怎么对相同的口味区分出正负面的评价，更多是在普遍认同某些猪肉很好吃的基础上有些微不同的看法。我合作的一些养猪户要供给北卡罗来纳州中部的很大一片区域。这片地区的人口正在显著地高速多样化（北卡罗来纳是密西西比河东岸人口增长最快的州），消费散养猪猪肉——一般都叫当地土猪肉——的群体就反映出了这种人口分化。我们都知道，这类手工“慢食”承办商一般都好像是专门给好吃的精英阶层专供的，像这种猪排骨就要 10 美元一磅。但是我们也知道，消费者的口味也是不一样的，这就会影响到他们到底会买什么。大体上来说，皮德蒙特三角区是一片衰落的老工业区，这里的城镇工人群体从前都是从事纺织业、木工行业的，在记忆中人们都会将其与拉美和亚裔廉价劳工相关联；与之相反，三角洲地区则是高科技企业的中心地带，大型制药厂、软件公司等，周边邻近地区的学术研究中心也促进了这一区域的发展。在我认识的农户当中，有些人在这两个地区都有顾客，且大家会觉得三角洲地区的顾客会更热情一些，总是迫不及待地想要尝试一些新产品，付钱也很痛快。一个肉牛农户是这么说的：“三年前我刚开始做牛肉加工，有一次我给自己留了一块牛腩肉排，想着这样的部位估计是卖不出去的。可在达勒姆农贸市场，至少有 15 个人问我要买牛腩肉排！从那之后我自己没吃着过这个部位的肉。”有个面向三角洲地区客户的养猪户说的几乎跟上面如出一辙，他告诉我说："要是我知道怎么让一头猪身上长四大整块五花肉，那我可就发大财了。"（这和培根所表现的是同一种情况。）这些消费者不光去农贸市场买肉，还希望跟农户建立更好的个人关系，并了解更多跟"传统"相关的信息。截然相反的是，皮德蒙特三角区的消费者似乎对新事物就没那么积极了，让他们心甘情愿为散养猪猪肉的高成本付出相应的高价也很困难。所以，当地格林斯博罗农贸市场卖得最好的还是小包装的牛绞肉和早餐香肠。

不仅如此，这两组不同的消费者都认为自己很喜欢散养猪猪肉的独特味道，我从人种志角度所进行的调研发现，人们对味道的看法五花八门。我做的消费者调查显示，三角洲地区的顾客对他们青睐的散养猪猪肉的味道是这么说的：

> "味道真是不一样，相比那些批量生产出来的肉制品就是好吃！"
>
> "这猪肉吃起来才是真的猪肉，可不像什么'另一种白肉'。"
>
> "这味道——太美味了，跟我吃过的任何培根都截然不同。"
>
> "这个味道比我以前买过的任何猪肉制品都要好得多。而且能知道自己吃的东西是从哪儿来的，无论动物本身还是它生长的环境，人们都用心对待了，这一点我很喜欢。我愿意为自己所看重的东西花钱。"
>
> "这肉吃起来妙不可言——但我说的不光是肉本身好吃，而且我意识到这样生产猪肉无论对地球、对人还是对这些动物，都是很负责任的。"

皮德蒙特三角区的消费者们就很少会提到"道德消费"这样的词了，他们更倾向于赞赏散养猪猪肉的味道让他们回想起了消逝的过往。

“这种猪肉就跟我小时候吃过的最好的肉是一个味道，那是自家放养在外面的猪。”“这种猪肉是最好吃的，我爷爷以前在佛罗里达有农场的时候吃的就是这种猪肉，那时候猪都是散养的。”著名炭炉烤肉大师埃德·米歇尔在他的罗利餐馆（直到最近还在）供应散养猪猪肉，关于味道的溢美之词大概是这样的：

> 这猪肉让我震惊了。它的味道让我想起了小时候吃过的烤肉，多汁，味足。我知道这就是我爷爷吃了一辈子的那种猪肉。我知道这就是几乎所有人都投身工业化之后，我们曾经失去的那种昔日的猪肉味道。（Edge 2005：54）

简而言之，这种味道既是失而复得的旧事物，又是创新的新产物，但都是与众不同的猪肉之味。这样特别的猪肉就是“负责任的农业”饲养方法与非工业性、非商业性的绝佳体现；而且，农民们也给皮德蒙特三角区的消费者贴上了标签，像这些人说的，这是“像我爷爷养的猪的味道”，能让人想起某个特定的时间和空间，以及亲人和个人的经历。

我在前面曾讨论过培根的象征地位，这些或怀旧或新颖的味道都跟猪的脂肪交织在一起。也就是说，当消费者和厨师都对这种既“新鲜”又“老派”的散养猪猪肉表示赞美的时候，他们已经不可避免地被使这些赞美成立的脂肪所吸引了。请注意，米歇尔说到自己热爱的猪肉是“多汁的”，这肥肥的猪肉就是“我爷爷吃了一辈子的那种猪肉”。如果说味道是一种评判意义载体的方法，那么猪肉的诸多意义都是由脂肪来承载的。回到我最初的观点就是，脂肪展现出了具有歧义的实质符号，因为它同时证实了一种传统的、被遗忘的经验，这种经验植根于血缘和失落的过往，以及创新、优越和环境伦理实践。

结　语

我想简单说两个例子（其实前面也都讲过，见 Weiss 2011，2012），都试图对传统猪肉的味道加以叙述，这种味道进一步细分了失而复得之味的二元互补关系。美国牲畜品种保护组织（与慢食运动和厨师协会合作）对传统品种产出肉类设立了评估机制和味道准则，以提倡“复兴美国食品传统”（RAFT Alliance 2013）。此种复兴和传统的表达并不新奇，但我们应该想到某个有趣评估所带来的结果。查克·塔尔博特，以及《纽约时报》的彼得·卡明斯基，组织了一个专业的味道鉴定组，来对吃橡果的奥斯萨巴猪猪肉的味道进行评估整理。橡果又是一种跟奥斯萨巴猪的历史渊源密切相关的特征，它们的伊比利亚远亲在腿肉长成合格的 jamon iberico de belota（即伊比利亚橡果火腿肉，belota 是西班牙语“橡果”的意思）之前也是吃橡果的。鉴定组注意到，“林育”奥斯萨巴猪比吃谷物长大的猪有“更加深厚的、层次分明的风味”。他们还提到了在很大程度上被（猪肉工业标准）称作“异味”的味道，在肉类科学中这类味道被冠上了“黑火鸡肉”的名称。为了调和这种显而易见的差异（猪肉太好吃了，说起来就成了太过分、太有味；食品味道行业用的这些术语可真“够味儿”），查克·塔尔博特和其他人（2006：189—190）认为，“在利基市场上，也许需要‘按口味’分类，以区分普遍感觉上的不同”。人们应该用新的方式对过去那种橡果饲养猪猪肉的味道加以介绍，甚至将其作为一种新的味道。

另一个例子则跟味道没有那么多直接的联系，而是跟如何烹调类似既创新又怀旧的猪肉类型相关。“复兴食品传统”运动也同样使人们对于用各色曾经让人讨厌、今天却变得十分有趣的猪肉部位做菜重新燃起了兴趣。猪浑身是宝的烹饪观念也是慢食运动所提出的口号的一部分，而且在皮德蒙特各处供应散养猪猪肉菜品的餐馆里表现得尤为显著（Weiss 2012）。当地厨师不总满足于供应上好的卡罗莱纳传统烤肉，他们也会做烤猪尾、脆皮油封五花肉、猪头肉冻等菜式来展示自己的烹饪技巧和招引顾客。尤其是猪头肉冻，会带来很多矛盾的体验。过去北卡罗来纳州有一种“腌汁”（现在有些地方还在吃），这种煮过猪肉后的肉汤凝成冻的切块，一般都会让人回想起过去艰苦时期的食物，对于体力活的农民们来说，里面只有一点点肉——一般是在早餐时吃的——却饱含了非常充足的热量。支持慢食运动的厨师和消费者们也推崇绝不浪费任何一个部位的烹调理念，所以对这种食物所体现出来的节约精神大加赞赏。然而，这些人自身的消费经验——以及对于猪头肉冻味道的经验——却几乎跟艰苦年代搭不上边，甚至跟对于昔日进餐记忆的怀念也没有半点关系。大多数人只是说这些菜肴才是他们认为的“真正的食物”，即注重食材真实性才能烹饪出来的菜肴。

在我看来，这一差异十分明显，且在很大程度上符合专业品鉴小组就传统猪肉所给出的判断。也就是说，这些食物是一种复兴的体现、过往的再现（对于过去确实吃过这些食物的人来说偶尔是这样，也并非绝对），同时也是预制和供给上的创新技术以及对这些味道的推广。两个例子中，一度失落的过往得到了恢复，不仅真实地得以表现，而且还有对于过去形态的明确评价——其复杂性、个性乃至“真实性”——这些都成为塑造今天乃至明天的素材。我们之所以要了解味道作为一种感觉形式，跟记忆有着不同于其他感觉的联系，就是为了发现过去、现在和未来之间交错复杂的关系。由此看来，味道也是一种塑造世界的方式，一种评判过去从而面向当下的形式，一种能让我们通过了解过去而掌握未来的方式。通过这些感知方式来创造历史，要求我们必须领会这个世界的感官特征，以及我们所处的位置，因为这一感官特征不仅仅是刺激和反应，也承载了意义载体且彼此协调共存。味道无处不在，味道也因我们而存在。我们能够品尝味道，也被味道深深吸引。散养猪猪肉的独特风味揭示出了味道给我们带来一种潜在的不同以往的可能性，在历史进程中发现线索。无论“太过”还是“真实可靠”的猪肉味，都是这些可能性的标志性体现。而无论里脊肉、五花肉还是培根肉也都如此，每一种都体现了它形成的独特生产过程的实质符号。在这一点上，它们也展现了味道的其他历史可能性，因为感觉意义会将各不相同的劳工、生态、动物福利和农业上的状况更广泛地彻底显现出来。这样，通过标志形式展现出来的实质符号就能使感觉与政治经济结合在一起。人们记忆中的味道能够失而复得，既是传统也是创新，而且还与时间、空间牢牢绑定，同时也是独一无二的。散养猪猪肉的充实潜能——改变生活又格外肥美——充分显示出，饲养生猪、将我们自己变成这些猪肉的消费者，乃至我们通过这些味道来感受自己生活着的世界，就是这些味道在这个时时变化着的世界中所坚持的意义。

（布拉德·韦思）

第三章

在文化与物质性之间：关于脂肪的刻板印象

在每个英语母语者的文化传统中，脂肪恐惧已经深深地扎下了根，而且常常隐遁于无形。

——安妮·布伦利

如今，人们对于健康和漂亮益发痴迷，而这种痴迷总是会牵涉到“过度肥胖”，这一章将从这样一个或许与直觉相悖的问题说开去：为什么对脂肪等复杂物质的历史反思总是会受到我们当前对于胖瘦成见的局限呢？在英文中，“fat”这个单词不仅是一个用来形容肥胖体格的形容词，同时也是一个意指既存在于体内也存在于体外的一种物质的名词。脂肪以各种各样的形态被用于我们日常生活的方方面面，如滋补、烹饪、加热、康复、密封以及保存。脂肪千变万化的特性，尤其是其能够轻而易举地从固态变为液态甚至变为气态

(Meneley 2008)，极大地刺激了人类的想象力，总能带来更加强烈的跨越时间和空间的符号和隐喻。由于脂肪和油在各种语境中都会与生育力、生命力、增长或转化等观念相关联，它们带上了这些概念中所包含的矛盾性特征。它们也因此成了既令人心驰神迷，也让人害怕嫌弃的有争议的物质。过去人们对身体里含有“过量”脂肪的看法一直摇摆不定，这一事实促使我们去考察，脂肪和油的物质性是如何时不时对关于肥胖的文化观念产生影响的。这一章就是从历史的角度去关注并试图理解，被我们称为“脂肪”的这种东西究竟是什么。在不同的时间与空间中，还有什么被当成了脂肪，处在什么样的位置上？不仅如此，这一章还提出疑问：从文化角度上看，究竟是什么构成了脂肪，使其能够在我们的文化中引起诸多积极或消极的强烈反响？这些特性是如何被动地与“肥胖”人群被赋予的物质、精神以及道德特征发生共鸣，从而使它们变得与肥胖人格密不可分的？

为了探讨这些问题，这一章探究了经典文本与圣经文本中出现的对脂肪的看法，这些文本与当代文本的关联并不像人们想象的那么稀薄。现代世界中，视觉所见越来越成为构成完美身材典范的中心要素，我认为，无论是视觉还是美学都不足以解释肥胖人格的某些负面形象形成的原因，而这些负面形象是一直以来就以各种形式在西方世界中流传着的。但这并不是说，在古代这些形态与比例上的问题就无关紧要，也不是说人们对脂肪能够强化或“糟蹋”身体这一点视而不见。相反，这一章里想要说明，在不同的历史时期，人们对于臃肿肥胖的诸多负面成见，恰是由将脂肪视为具有特定属性与特质的物质实体的观念填充甚至塑造出来的。举个例子，想想胖人们经常被描述为大汗淋漓、一身臭味、肥油滚滚的形象，就好像他们的肉体已经腐烂败坏了一般；要么再想想，人们总是认定既然胖人们在心智和身体上都十分软弱，那他们也必然肌肉无力、意志力薄弱。也有人会想到，在过去的数个世纪中，胖子总是会与笨拙、愚蠢挂钩，仿佛他们的精神活动也因其肉体的不敏感而变得迟钝了似的。从近代早期开始，胖人堕落、软弱、愚蠢的固有成见就已经广为存在，其观念的源头可追溯至古典时代和希伯来圣经。所以，要想弄清楚这些具体形象的含义，我们就必须越过表象看本质。为了理解这三种对于胖人长久以来的偏见，这一章主张脂肪的物质属性——尤指其油性、柔性以及钝觉性——在激发这种物质产生与人类身体及其物质世界相关的某些反响中，扮演了重要的角色。

珍妮特·卡斯滕（Janet Carsten 2004：110）曾指出，一直以来人类学家都习惯性地假定物质概念与人格观念之间存在着密切的联系，但是这样一来，他们就夸大了认为物质和人“先天即是流动和变化着的”非西方概念，与强调永恒性和人之局限性的西方观念之间的差别。我们会发现，古典时代的人们相信，养分在人的身体中形成不同的混合物，并分化成鲜血、精液、奶水等以划分雄性与雌性的躯体，而脂肪变化无常、无形甚至可分离，则被视作这些混合物的副产品。最重要的是，身体的肥胖特性获得的含义与人们通常在自然界观察到的情形相类，它揭示出身体极大地受到了来自于更广阔环境的影响。就算我们今天对这个词汇的理解很大程度上受到来自于美学和医学观点的限制，这里对脂肪的纵向研究试图就这种物质在历史上是如何在不同层次上被感知的问题窥其一二。我们将会发现，脂肪存在于（或提取自）动物和植物之中，也蕴含在人皮肤之下，我们甚至还能从土壤及其产出物中发现渗出的脂肪，这意味着人、动物、植物以及土地本身之间曾广泛存在着整体上的联系。由于脂肪的诸多形态（无论“凝结”成固体还是液化成油或油脂）在概念上的不确定性，本章分析追踪了人们是如何理解与该物质相关的种种属性的，从而揭示人们对脂肪的理解是多么的反复无常、含混不清。要明确的是，人们对脂肪和肥胖的许多观念都具有积极的意涵，但由于本章内容的核心关注点是脂肪成见如何形成实质，后面探讨的部分将会突出强调脂肪模糊与负面的属性。本章也没有提到完整性的问题。一般来说物质会显现出一系列明显的和隐藏或意料之外的属性与趋势（Hahn and Soentgen 2010），但脂肪这种物质实在是太过丰富，无法在一个章节中就面面俱到。所以，本章也只能触及这一复杂现象的冰山一角。[1]

要想以这种方式来研究胖人性格，就必须化解结构主义的身体理论与近代物质性研究之间的矛盾。越来越多的人类学家和考古学家坚称，物质世界的物质性并不是单纯用“文本”就能表达得了的，妮可·博伊文（Nicole Boivin 2008）对此表示了赞同，并在著作中意味深长地表示，我们必须战胜将实物描画成文化和语言之单纯道具的死板僵化的社会结构主义。物质的某些感官特质因为与现有研究之间的特殊关系而被绑定在了一起，并在认为部分特质相较其他占优的价值体系内得到流通。与其说这些物质特性以任何直接的方式**决定了**文化，不如说无论在何种五花八门的语境还是不同的时代中，它们“始终存在着，且随时都可以形成现实的因素”（Keane 2005：194）。伊恩·霍德用“共鸣”这个词来形容“在特定历史语境中，各个领域都在一个非隐晦的层次上体现出了一致性”的过程（Ian Hodder 2012：126）。本章通过研究油性、柔性与钝觉性在物质与社会观点之间摇摆不定，以及它们贯通于植物、动物和人类世界之中的方式，探索了脂肪的特性如何能带来“一系列成为标志的可能性”（Meneley 2008：305），从而在今天以多种方式引起共鸣。但是，人们已经对脂肪有所认知，其特性似乎促成了——但并未真正决定了——人们在不同的历史时期看待肥胖人群时所带有的某些矛盾性。现在，如果有充足的证据表明“人类能对物质文化加以透彻思考”（Hodder 2012：35），那么好好把脂肪的问题想清楚就是一次历史重构的实践和一种对某些长期的文化成见之物质来源加以识别的尝试。

油　性

远古时代，有许多不尽相同的东西都被描述为肥肥的，但这并不总是由于它们看起来丰满臃肿或肉质丰厚，而是由于它们更多的是从触觉而非视觉上给人以一种油腻腻的质感。正是这种油腻多脂的感觉形成了类比的基础，这样的类比经常在对动物、植物与人类的表达中引发共鸣。由此，脂肪的油腻程度给这种物质带来了一系列潜在的含义，这些含义也许能将其导致的模棱两可的反应以清晰的方式阐释出来。以前的人们从植物和动物身上提取脂肪，并将之用于各种各样的艺术、烹调和仪式活动中。脂肪不光可以用作食物，用于宗教仪式和丧葬活动，还广泛应用于照明、密封、润滑、抛光、接合、上光，以及用作香水的基底，用于制作药膏和化妆品等（Evershed，Mottram，and Dudd 1997）。脂肪的油性特质也显示了相应的可燃性与发光性。石器时代的人们使用的石制油灯就是用脂肪做燃料的，从此人们在晚上也能进行活动了，绘制岩画、制作工具以及其他文化活动都相继出现（Beaune 2000）。通过燃烧脂肪来实现照明还显示出了脂肪的另一特性：脂肪似乎能够通过氧化的过程转化为烟雾和光明（Meneley 2008）。通过一种与炼金术极为相似的过程，脂肪能够由一种“粗鲁”或“愚笨”的物质——人们一直以来都是这么形容脂肪的（见下文）——转变成一种微妙甚至超然的东西。如果说脂肪好似因此而象征了光明与生机，则是因为人们认为这般特性是这种油乎乎的物质所固有的。看来脂肪不仅仅是代表了这种力量，更重要的是其本身就拥有这强大的一切（Bille and Sørensen 2007）。

因此，脂肪是一种本质上变化不定且模糊不清的物质，一种能够摇摆于固体与液体之间，且能够在物质与“精神”之间切换的存在。这也许就是脂肪和油会在过去被视作近乎拥有魔力的一个原因吧。有些人相信自己能够通过观察盘子中的油与水如何相融合来进行占卜（即水象占卜），或者通过在光滑表面上涂抹油脂后长时间注视其光泽来预测未来，亦即水晶球占卜（Bilu 1981；Daiches 1913）。希伯来人通常用 šemen 来指代油，一般都是指压榨出来的橄榄油，这也是他们膳食的主要部分，他们将其视为上帝的恩赐。在这里，油即喻示着生命、丰饶与纯洁。当人们把油涂抹在脸上、其他皮肤上和头发上，它所带来的光泽让这些地方显得熠熠生辉；但油也具有渗透性，这一特点使得人们也认为它能够改变物品或人的性格与状态。被油渗透的物质会因此而得到提升或变脏，这也在一定程度上解释了油为什么会让人们对其产生模糊的认识，因为渗入了油脂之后，人的状况一定会在某些方面要么得到强化，要么受到抑制。因此在以色列，给高阶祭司或国王涂油有时候促进了他们地位的变化，但在其他语境中，油可能造成的污染也许会置他们于危险的境地。通过研究《利未记》（11：33—38）中提到的纯粹性，我们可以发现，当犹太人中的爱色尼派信徒与不洁的东西发生接触时，他们会认为油和其他液体就是污染的传送者。所以他们避免与任何油发生接触，并小心翼翼地保持肌肤干燥（Baumgarten 1994；Ringgren 2006；Sommer 2009）。

古希腊人则认为他们的农作物和牲畜所蕴含的巨大能量，一部分就蕴藏在脂肪之中，因此他们相信这些能量也能够传达到人类的身躯。人们给竞技者的身体涂抹橄榄油，就是因为它也许能够给竞技者带来更多的力量，也会软化肌肤，让其散发出黝黑的色泽，从而显现明亮的光彩，使之看起来有如神的雕塑（Lee 2009；Sansone 1992；Vernant 1991）。但是对希腊人来说，涂抹在身体表面的油与躯体本身的脂肪和汗水之间还隐含着某些关联。要保持强健的躯体，就必须为皮肤补充分泌出来或被洗掉的油脂——对于竞技者来说，把多余的油和汗水从皮肤上刮掉又不重新涂油无异于掠夺了身体的精气一般。这就是为什么人们会认为梦见刮泥刀，却没有同时梦见油瓶是不吉利的原因，因为刮泥刀这种东西“只会去除人的汗渍，却不会给身体留下任何东西”（Artemidorus 1990：67）。* 这种相信油能够使丧失的活力得到恢复的观点都来自于个人的体验，非竞技者也表示，经过了一段时间的疲

---

* Artemidorus，译为阿特米多鲁斯，活动于公元前 2 世纪前后。古希腊占卜家和释梦家。出生于以弗所（今属土耳其）。著有《解梦》一书，主要辑录前人著作而成，有助于后世了解古代迷信、神话和宗教礼仪。——译注

态后把油和水抹到身上会有一种活力恢复了的感觉（Aristotle 1953；Theophrastus 2003）。古代记载中关于油与汗水的这种隐含的关联，使得理查德·B. 奥尼恩斯*不由推测，沐浴之后为身体涂油的主要功能是“补充生命与力量的原料，让其通过毛孔进入到身体里，而这种物质也正是通过毛孔排汗而散发出去的”（Richard B. Onians 1951：210）。

我们必须对人体与非人体脂肪之间的紧密联系与一致性进行进一步的考问。亚里士多德不仅对容易蒸发的水性液体与很难跟固体区别开来的油性物质进行了区分，他还把身体的生命力比作一盏油灯，灯火一点点燃尽了盘中的灯油。这种将人的生命比作油灯的比喻不仅在数个文化中都反复出现，更在西方世界存在了长达两千年之久。亚里士多德还主张说，油性液体存在于所有物质当中，无论是有机物还是无机物，而且油还塑造了这些事物的独特形状或稠度，并决定了它们能以何种方式被点燃。在这种非常宽泛的认识中，脂肪类物质几乎造就了整个世界。斯蒂文·康纳（Steven Connor）则列举出了脂肪为何会被认为是生命本身的更多的原因。“人们相信身体里的脂肪有着带来光明的能量，而非像血肉骨骼一样会化成灰，这也许就是让人认为脂肪蕴含着生命之力的强有力原因。”（2004：190）

农学作者基本上都坚信这样的观点，至少在耕地的“肥力”这一点上是适用的。西方历史中很早就用肥沃（肥，fat）或贫瘠（瘦，thin）来描述土地，这一再与描述其是松散还是坚实、湿润还是干燥等表达同时出现。许多希腊人都曾对“肥沃的”与“贫瘠的”土壤加以区分，亚里士多德学派的泰奥弗拉斯托斯（Theophrastus 1916）也是其

---

* 理查德·B. 奥尼恩斯（1899—1986），伟大的古典文学家，曾任伦敦大学拉丁语教授，他的作品《欧洲思想起源：身体、精神、灵魂、世界、时间与命运》（*The Origins of European Thought: About the Body, the Mind, the Soul, the World, Time and Fate* , Cambridge UP, 1951）在欧洲古典文化研究上具有里程碑的意义。——译注

中之一，他所推行的分类法在罗马人中得到了广泛传播，而此种分类方法则在西方世界中一直沿用到了19世纪。古罗马作家瓦罗（Varro）曾写道，农民最先需要确定的就是一片土地是“贫瘠的、肥厚的还是平庸的”，因为这片土地上能种植什么正是取决于此（1978：32）。由于肥沃的土地有着经验丰富的农夫一眼就能识别出来的独特质地与密度，所以判断土地质量如何最可靠的方法就是去触摸它。维吉尔（Virgil）坚持认为，土壤是否肥沃（piguis）很好判断，因为“用手揉搓它的时候它绝不会碎掉，而是会像树脂一样黏糊糊地粘在手指头上”（1978：132—133）。由于土壤带来的这种触觉感受使人联想到了油或脂类的那种既黏稠又柔滑的感觉，用这类东西来描述土地绝非单纯的比喻，而是由于肥沃的土地本身就含有某些显而易见的油性物质，而且还具有某种通过其他途径就能看出的膨胀趋势。当你取走一把泥土检测其油性，再将其填回地上的原处时必须十分注意：“如果土超出了原有容量，就像发酵了一样，这必定意味着这里的土壤肥力十足；如果量变得填不满了，说明这土地肥力稀薄；如果刚好能够填满，则说明其质量平平。”（Columella 1968：121）这是由于土壤肥沃而带来的“增加”并不仅仅与土地产量挂钩，还与这种物质的内在趋向相关联。

农民把土壤那种黏稠油腻的质感看作其肥沃程度的切实证据，也并不是古代人凭空臆想出来的。最近关于中世纪时期土壤成分的研究就揭示出了过去用于给耕地施肥的粪肥中所含脂肪酸或脂类的生物指标（Bull et al. 1999；Simpson et al. 1999）。此种认知并非仅在希腊和罗马文化中出现过。希伯来人也广泛注意到了土壤中所含有的油性物质，在他们看来，能够种植大量农作物，养活许多牲畜，就意味着一片土地蕴含脂肪（见《创世记》45：18）。[2] 在希伯来文化中，脂肪用来比喻一个事物最好的部分，尤其是丰收后精挑细选的水果，以及长出这些水果的肥沃土地（Münderlein 1980）。《创世记》第41章中记载法老曾经梦到肥壮的母牛以及饱满的麦穗，这被西方世界一而再再而三地引用，用以表现脂肪与丰富之间的关联。这一比喻似乎还与沃土的物质特性联系在了一起。有争论说，圣经中反复说到“流淌着奶（halab）和蜜的土地”，如果用带辅音的希伯来语（hlb）去读，就能够更准确地将其还原为“流淌着脂肪（hēlebh）与蜂蜜的土地”（Dershowitz 2010）。《以赛亚书》第34章第6—7节甚至还提出，可以用动物脂肪来改善不够肥沃的土壤。在一次面对暴力的义行当中，耶和华称自己的剑“饱嗜脂肪”，滴着宰杀了无数动物的鲜血，所以当那血滴落大地，“土壤（才会）变得肥得流油”。脂肪如此丰盈而诗意地强化了土壤，并从中满溢而出，让万物都荫其丰沃，无论农作物还是动物，甚至人类都陶醉在涌动的脂肪之中不能自拔。某部死海古卷中还预言，有一天，所有的躯体都会与土地一起以繁茂的姿态膨胀起来：“一切拥有土地者都将享受与血肉之躯所欢喜的万物共同增加脂肪的喜悦。”（Martínez and Tigchelaar 1999：343）可以说，无论从农作物丰产还是躯体增大方面，富含油这一属性都使得人们对于增长的概念有了极为具体的理解。

诚然，在希伯来文化中，并非所有脂肪都是供人类消耗的，尤其是献祭仪式所使用的脂肪——因为在这类仪式中有象征着生命的物质流动于神界和人界之间——动物身上最好的部分（即脂肪）是献给耶和华的，正如耶和华将牲畜与蔬菜最肥的部分给了人类一般（Marx 2005：87）。因此才有“所有脂肪皆属于主”这样的训诫（《利未记》3：16），主要指的就是包裹在肾脏外面的板油，肾脏这一器官长期以来就被认为与生殖器乃至生育、性欲相联系（Kellermann 1995）。也许是因为这种板油实在是太过美味——且促使人们过度纵欲——希伯来人是不得食用这种脂肪的：“在你们一切的住处，脂油和血都不可吃，这要成为你们世世代代永远的定例。”（《利未记》3：17）土地、动物和人本身的各色脂肪太过纷繁杂乱地交融在一起，使得几个世纪后，《巴比伦法典》中还特意讲到了有位阿摩拉拉比*，他坚信自己能够通过斋戒，用自己身体的脂肪来代替传统的动物祭品进行祭祀："现在我已进入斋戒，如此一来我的脂油与血变少了。愿我的脂油与血减少并奉献于你能令你愉悦，因为我已将这一切贡献于祭坛之上，而你必将与我和解。"（Neusner 2005：Chapter 2，Folio 17A）

希腊人、罗马人和希伯来人都对油脂的丰厚特质怀有敬意，但这并不能让我们因此就忽略了脂肪的其他属性，而且，并非所有属性都是有积极意义的。别忘了，能够让土壤变得肥沃的物质，同时也多是腐坏物以及粪便，尽管这些东西能够带来有益的结果，但人们对其本身的态度却从来都是含糊不清的。科鲁迈拉**（Columella 1968）就曾将"最上乘的土壤"描述为"肥的"（pinguis），原因正是来自其油性以及其中有机物死亡与腐烂而带来的"腐性"（putris）（110—111）。所以说，肥沃的土壤能够带来生命，恰恰是因为它含有油腻与腐烂的物质，从而才会有"丰糜"（Tétart 2004）这种说法，它所形容的就是介于死亡与再生之间的有机过程。

通过可控的纽带来保持肥胖与肥沃之间的关系，就是一种适度，但这一纽带中出现了过多的脂肪时就会短路。因此，尽管科鲁迈拉对脂肪与腐殖质褒奖有加，但他依然警告说，歉收的土地也会变得益发贫瘠，"最肥美丰沃的土壤也必会为过度增长（luxuria）所累"。为了证明这一观点，他还着重就土地与躯体做了类比："必须有……大量混合物填充于这些彼此不同的端点之间，我们的躯体亦必须如此，我

---

* 阿摩拉（Amora）指的是犹太律法学者，原文所说的某位"Rabbi Sheshet"可能指的是 Rav Sheshet，第三代法典编纂者，曾多次对宗教法典提出质疑，其导师是谁尚不明确。——译注

** 科鲁迈拉（4—70），来自加的斯。著有 12 卷《论农业》，主要以散文体写成，只有卷十以六音步的格律写成。他还有一部篇幅较为短小的有关农业的小册子，其中《论树林》一卷仍存于世。——译注

们的健康依赖于冷和热、干和湿、松和紧之间都能保持良好的或者说平衡的比例。”（1968：306—307）科鲁迈拉通过这些差异，尤其是热土与冻土的差异，表达了他对躯体的体液模型的坚持，在希波克拉底学派先例的基础上，这一观点也造就了整个 17 世纪的欧洲医学观念（Winiwarter 2000）。农学与医学领域的观点互通性不只体现在农学简单地借鉴了医学的理念，还体现在两个领域都有深入的发展。正如农学作者参考了医学家的洞见，希波克拉底学派也通过观察植物而推衍出了大量关于人类营养学的知识（Schiefsky 2005）。

在动物的身体里，如果存在极为大量的脂肪，则脂肪与多产性的联系就会出现断裂。亚里士多德指出，肥胖的动物身上“本该转化为精子与卵子的血液，转换成了软硬不同的脂肪”（2001：26），如果发生在人身上，则意味着肥胖的男性和女性“比不那么胖的人生育力要低，原因就在于身体营养太好时，‘调和’残余的环节就会变成转化为脂肪的环节”（Aristotle 1943：87）。因此，脂肪是被当成由血液和有助造血的养分调和而来的产物，但若说血液正常情况下应该转化成男性精子和女性乳汁的话，身体出现了大量的脂肪则会给生育力带来负面的影响。脂肪与其他身体所必需的成分一样，兼具着为生命带来活力的载体与应被“排泄”出去的冗余物的双重身份，因为它本身是身体分泌出来的物质，也可说是一种无用的废弃物。显而易见，此种观点具有文化上的特殊性。在非洲文化中，肥胖被有意刻画成了一种储存生命力与生育力的途径，西方世界则与此截然相反，人们更接受这样的观点，即产生脂肪与产生精子是不能共存的。这一观点促使埃希提耶*宣称，“在我们的文化中，脂肪被认为是本该投入到性行为当中的

---

* 埃希提耶（Françoise Héritier-Augé，1933— ），法国人类学家与女性主义者，结构主义运动的重要人物，列维－施特劳斯的继承者。著有《阳性 / 阴性》《两姐妹和她们的母亲：乱伦人类学》等作品。——译注

偏差产物”（Héretier-Augé 1991：507）。西方人认为脂肪是血液的一种特别调和物，因此它一直都因本应是哪种物质之争议而饱受困扰。

经典文献基本上都能够佐证埃希提耶所提出的观点，但在个别方面也有所不同。从医学上来讲，脂肪是女性躯体湿润的最显著标志之一。希波克拉底（1957）曾有著名言论称，赛西亚的女性身体富含大量的脂肪与极高的水分，这使得她们的子宫很难吸附男人的精子（1957：125—127），不过这也许指的是脂肪大量堆积所造成的阻塞，而非脂肪本身的性质所致（Hippocrates 1959：171）。古代知识的集大成者老普林尼*相信应该参考树木和土地来看待人的躯体，他把位于肌肉与皮肤中间的脂肪描述为“液态的树汁”（1947：96）。同理，脂肪过量也会带来不育与腐烂：“无论雌雄，一切肥胖的动物都更有可能不孕不育；过度肥胖者更易迅速衰老。”（Pliny 1983：567）老普林尼认为植物与动物在构造上保持着这样一个共同点，即二者都会“由于水分过大，有些甚至因为过度肥胖，而消化不良和生病，比方说，所有由于脂肪含量过高而产生树脂的植物都会转化成火炬木，当根部都开始积聚脂肪时就会像动物一样由于沉积过多的脂肪而死”（1971：153）。

在公元5世纪的雅典教育理论中，将农作物与思维进行类比是司空见惯的常用手法（Kronenberg 2009），当由思维延伸到身体上时，他们还创造了一系列的修辞，这些用法扩散到整个欧洲，一直使用到近代。科鲁迈拉所说的“luxuria”或“过度增长”，就是某些土地过肥的结果，这些土地中的有机物增殖过度，如不清除掉就会造成土地失去产能。这个单词本是用来形容可能因有机过剩而造成腐烂和损失的，却被人们更多地用来形容古罗马出现个人堕落与社会腐败的根本

---

* 加伊乌斯·普林尼·塞坤杜斯（Gaius Plinius Secundus，23—79），常被称为老普林尼或大普林尼，古罗马作家、博物学者、军人、政治家，以《自然史》（一译《博物志》）一书留名后世。——译注

原因（Gowers 1996）。油腻的特质不仅有助于解释农业为何丰产，也可能引起更加负面的结果：节制与生育被过度种植、腐烂变质、无法繁育所取代。无论是土地还是身体，发生腐烂变质都体现出富余到了极致的状态。对身体——尤其是对待女性身体——的此种态度至少贯穿了整个中世纪，并继续存在于西方文化观念之中（Bynum 1995）。

柔 性

那么，在这样的语境与事实情境下，脂肪与油腻东西的积极内涵就成了可被反转的。或许正是因为这种反转，罗马人虽然继承了希腊人用油擦拭肌肤的传统，却总是觉得这种行为既奢侈又娇气，并对其保持某种不信任的态度（Bowie 1993）。除了油性，脂肪的其他属性也与文化相关。存在于身体内部的油滑黏腻的脂肪，能够让软组织更加具有柔性，填充可能会显得不雅观的凹处，并钝化骨骼的锐利边缘。消抹掉人类骨骼最明显的特征——想起人终有一死难免会让人不太舒服，或许这就是在各种文化中，不同程度的丰满体态都会成为健康、年轻、富有活力象征的缘由。但是我们也会看到，脂肪的柔性能力并未停留在简单的触觉感受上，而是与其他形式的柔性形成了类比关系，在人们看来，这种关系在某些方面恰是造成臃肿的原因或因此产生的后果。这种柔性某些程度上依附于跟女性相关的品质，因为人们总是认为女性要比男性冰冷、丰满和潮湿（Dean-Jones 1994），另外此种柔性也代表了一般意义上的有机体的衰败和腐烂。这种由女性特质向腐败性的滑移就是脂肪在西方文化中显示出的柔性的共通特征（Bynum 1995；Tétart 2004）。

与脂肪之油性一样，有时候脂肪之柔性也因不同的物质环境而随之改变，人们相信，气候和地域能够明确地塑造人的身体和性格。由于空间上的限制，我们无法对古代臃肿与潮湿之间的关联进行全面的讨论，希波克拉底派作者便坚持认为，生活在肥沃湿润土地上的人们更倾向于在身体和性格上体现出类似的特征。这类特征通常都含有道德意义。“在那些土地丰饶、柔软且灌溉充分的地方，居民都是肉乎乎、病恹恹、潮嗒嗒、懒洋洋的，而且基本上都胆小怯懦。”（Hippocrates 1957：137）这种或可说是地貌学观点的看法促成了相互支持的性质网，在这些交错的性质中，肥胖与身体的和认知的特性缠在了一起。这些人除了有“迟缓”和“贪睡”的倾向，还缺少“硬实”和“绷紧”的关节，而这一点正是把男人与女人区分开来、战士与农民区分开来、希腊人与亚洲人区分开来的要素之一（Kuriyama 1999：142）。相反，这些人会在其生活方式和人格特征上表现出一种完全的散漫性，从而使其与懈怠、娇气、腐败挂上钩。这正是希腊语的“奢华”（tryphē）一词所暗示的柔性，而这个词来源于与古希腊和罗马文化中为公众所倡导的“强硬”的刚毅典范截然相反的接纳、屈服之意（Dench 1998；Foucault 1990）。因而，希罗多德才敢于宣称：“柔软的土地养育柔软的男人；同一方水土永远无法同时生长出曼妙的果实和英勇的战士。”（Herodotus 1969：301）埃及和小亚细亚的肥胖统治者们的种种事迹（Athenaeus 1933）给人们对“女性化的”奢华进行道德评判提供了策略，并将其归为亚洲社会的特征，而亚洲社会的道德与物质柔性在这里则扮演了与想当然地存在于罗马文明的德行与坚定形成鲜明对比的角色（Dalby 2000）。

和湿润感一样，脂肪的触觉属性及其带来的性别差异，在构建柔软物质的道德类别上担当了十分重要的角色。栗山茂久*（Shigehisa

---

* 栗山茂久教授是哈佛大学科学史博士，目前任教于哈佛大学东亚系与科学史系，专攻比较医学史，著有《身体的语言及古希腊医学和中医之比较》（*The Expressiveness of the Body and the Divergence of Greek and Chinese Medicine*）。——译注

Kuriyama 1999）认为，希波克拉底时代到盖伦*时代之间兴起的有关肌肉强健的理论增强了这种关于坚硬和绷紧的文化效度，使得肌肉与决断力之间产生了关联，就是从那时起，此种理论造就了我们对于自我的西方式认知。作为一种同时具有柔软和松弛等特性的物质，从古希腊时代起，脂肪就站在了肌肉与肌腱在道德上与物质上的“另一面”，无论是直接认为坚实紧凑的躯体要超越柔软的躯体，还是抽象地形容性格柔弱缺乏意志力时，此种对立都有所体现。毫无疑问，此种设想是有着非常重要的外在特征的：根据古老的面相学观点，赘肉，尤其是既柔软又松垮的赘肉，充分展现了一个人的性格特征。人体青铜像体现出了面相学对脂肪、强壮和均衡的假定，雕塑家正是对这些假定大加践行利用，表达出了被人们广泛接受的观念，即人类卓越品质的深层理念是通过男性躯体的外在特征呈现出来的（Stewart 1990）。当然，脂肪从来都不是一个简单的美学或外观问题。同样的逻辑也迫使希腊罗马观察者们将肥沃的土地与柔软的性格联系在一起——以及将动物和人类的体格与性格特征做比较——并为把跟肥胖人群相关的所有属性结合在一起提供了强有力的方法。

比方说，肥胖的躯体曾经确确实实地为人所赞许，但在古典文学中也被描述为生理上的与精神上的软弱，无法在外界刺激与内在欲望面前保持坚实或强硬的姿态。另外，我们在下文中还会看到，这些肥胖的躯体还被看成是愚笨无知的，就好像是皮肤下的脂肪层让人变得神智与情感都迟钝了似的。进而，所有这些属性都使得其所属的个体要么成了一类“渺小的”看似驯良或愚笨的生命形态（就跟家畜差不多），要么就成为那些为了被消费而存在的一群，从象征意义上来说，女性就

* 盖伦（Galen，129—200），被称为“帕伽马的盖伦”，古希腊医学家与哲学家，积极承继希波克拉底的理论，并通过解剖动物来研究人体各部分的作用，在哲学和语言学方面也有著述。——译注

属于这个群体（从古典时代开始，性欲就被描述成一种饥饿，正如女性被比作食物一样），或从字面上来说，这个群体则包含家畜或被捕猎的动物，两种情况皆是如此。不管怎么说，**人类得到的**来自于肥沃土地和被养肥的动物的馈赠，是基于这样一个事实，即作物与牲畜就是要被消费或**吃掉**的，因此也必须在某种程度上为人所掌控，无论是被人圈养、收获、捕猎或屠宰。这就是人们认为庞大身躯就意味着拥有财富、地位和幸福这一传统观念的由来，更是把某些个体或群体说成是“吞噬”他人或借由他人“喂肥自己”的食肉动物这种大众化趋势的源头。

尽管如此，脂肪代表权势的印象却是极不稳定的，甚至被反转了过来。根据古典食欲模型，消费行为能够轻而易举地从对感官愉悦的适度享受滑向屈从于欲望的荒淫无度。不仅如此，人对消费过程能有多大程度的控制也令人质疑——就像动物会被喂肥一样——因为不同的状况下产生的属性也会有很大的差异。瓦罗*认为家禽依附于脂肪这一点毋庸置疑：“它们被关进温暖、狭窄而黑暗的环境，因为它们活动身体并见光就会让它们摆脱脂肪的奴役（quod motusearum et lux pinguitudinisvindicta）。”（Varro 1934：481—482）脂肪的统御性因人们对阉割的猜疑而进一步复杂化。农民都知道，雄性家畜在被阉割后很容易长肥，因而其肉也变得更加软嫩可口，性情据说也越发温和了（Vialles 1994）。

“亚洲”宫廷中被人深恶痛绝的阉人群体就是证明这一说法的绝佳例子，但是，即便没有明确其是否被阉割，道德家们总是会对那些仿

---

* 马库斯·特伦提乌斯·瓦罗（Marcus Terentius Varro，前116—前27），古罗马学者和作家，有数十部著作，涵盖语言、文学、艺术、神话等诸多方面，以渊博学识受到当时和中世纪学者的崇敬。遗憾的是这些作品大多失传，仅有一部完整作品流传到现在，就是其晚年所著的《论农业》，这是研究古罗马农业生产乃至当时的文化生活与民俗的重要著述。——译注

效更温和牲畜的人表示轻蔑。柏拉图（Plato 1980：196）曾提出疑问，在一个基本需求都能够得到满足、无须付出任何努力就能获得一切的社会中，人会是怎样的："每个人都被养肥了过一辈子，像头奶牛一样吗？"在他看来，这些人已经可以被更强壮有力的种群消灭了："一种懒惰、软弱，而且肥胖的动物总是会被另一种充分拥有勇气与力量的动物所践踏，这是完全恰当的。"（197）斯多葛学派通过对奢侈的激烈批评扩展了这些观点，认为奢侈才是把人变成卑贱野兽的威胁所在。赛内卡*描述荒淫放纵的肥胖者晚睡晚起、从不运动，就像被喂肥了好被杀掉的禽鸟一样，区别不过是——跟那些被人抓来的动物不同——他们自己就是造成其"绵软无力的身躯承载了太多的肉体"的元凶（1979：412—413）。普鲁塔克**也因而对斯巴达式的集体伙食大加赞赏，这种方法让人们无法"靠着昂贵的沙发坐在昂贵的桌子前，接受佣人和厨子的伺候，像贪婪的动物一样在黑暗中越吃越肥，屈服于一切欲望和进食过度，从而糟蹋了自己的人格和身体"（1914：233）。

古典时代，甚至后来的西方文化中，人们一直为无法摆脱这种低劣的动物本能所困扰。诚然，有条理甚至强制性地摄入和吸收可以食用的东西会带来增肥的结果，这一过程时刻提醒着人们：人类同样也是可以被比自己更强的角色食用或"吞噬"的，字面或引申意义上皆是如此。脂肪的柔性因此也水到渠成地扩展出了一系列道德特性，及与其相关的其他特质，由此臃肿肥胖成了社会特权的模糊标志，因所处情境不同而或为人赞扬，或遭人诋毁。因为生活条件好而**长肥**能够

---

* 赛内卡（Lucius Annaeus Seneca，前 4—公元 65），古罗马时代斯多葛学派哲学家、政治家和剧作家，曾任罗马帝国皇帝尼禄的导师和顾问，后因被认为参与了谋杀尼禄的皮索尼安阴谋，而被尼禄命令自杀，最终割断自己数根血管流血而死。——译注

** 普鲁塔克（Plutarch，约 46 — 125），古罗马时代的希腊作家，著有《希腊罗马名人传》（也叫《比较列传》，多用一个希腊人物与一个古罗马人物做比较，如亚历山大大帝与恺撒），据考证，莎士比亚的不少戏剧都取材于此。本书有中译本。——译注

显示其手段、地位和权力，甚至还能暗示出弱肉强食的场景，一个人在某种程度上有能力“吞噬”与其力量相当的其他人。但是，这一意象也会受到来自另一种可能说法的影响，即这样的人会屈从于更大的胃口而放弃对自我的掌控，从而带来一种权力关系的内部转换，最终造成某种**自我育肥**的结果，而这样的结果同样是卑劣和有失尊严的。像猪和羊那样被喂肥，可以说是盲目被动的结果，跟注定任人宰割的牲口，或几百年后为满足男性性欲而变得肥胖的女性一样，是具有相似性的（Forth 2012a，2012b）。

钝觉性

脂肪除了与油性和柔性有诸多联系外，从古典时代起就被看成一种能扰乱人的感知与思考的迟钝无知的物质。亚里士多德认为，血液本身是缺乏感知能力的，而对（像脂肪一样）由血液调和而来的任何东西，他则推测说：“如果浑身上下都变成了脂肪，则躯体就会完全失去感知。”（Aristotle 2001：26）古罗马人也有类似的看法。老普林尼解释说，“油滑的脂肪无知无觉，因为它既无动脉也无静脉”，他还声称，大多数肥胖的动物多多少少都很迟钝：“（瓦罗）曾有记载说正因如此，猪在活着的时候就会遭老鼠啃咬。”正是由于此，“执政官卢修斯·阿珀隆尼乌斯的儿子通过手术去除了身上的脂肪，将其身躯从失控的体重中解放出来”。公元3世纪作家伊里安*记述了赫拉克利亚的僭主迪奥尼修斯的故事，这位统治者的一贯暴食与奢侈导致他体重严重超标，甚至到了呼吸困难的地步，出于羞愧，他在处理政事的时

---

* 克劳狄乌斯·埃利亚努斯（Claudius Aelianus，175—235），通常被人们称为伊里安（Aelian），精通希腊语，著有《论动物的特性》《历史杂记》《乡村书信集》等。——译注

候干脆坐在一个箱子后面，只把脸露出来说话。他的医生们建议，在他睡熟后用长长的针插进他的肋骨间和胃里，好发现究竟要穿过多厚的脂肪层才能到达肌肉部分。之所以出此主意是因为，他的脂肪“十分迟钝，仿佛不属于他身体的一部分一般”，所以只有当针头碰到“尚未被过剩的脂肪所改变”的部分时这位僭主才有可能醒来（Aelian 1997：291）。迪奥尼修斯的脂肪是可以被切除的，因为严格来说，这是一种过剩，并不像肢体或器官那样是与身体紧密连接在一起的。

与其油性和柔性等特性一起，脂肪的钝觉性不费吹灰之力就已扩展到了被这种迟钝物质所累的个体的性格方面。如果说脂肪的柔性意味着过度屈从，那么其无知觉的愚笨则体现出某种对刺激都感觉不到的绝缘性。因而，脂肪的钝觉性让我们意识到了脂肪作为一个物体的状态，正如霍德尔所说（Hodder 2012：7），该物体起到了障碍物的作用，因此也可说它是在“设置障碍”。在公元前 4 世纪的《面相学》* 中——这部专著并非是由亚里士多德创作的——感觉迟钝与那些“从肚脐到胸的距离比从胸到颈的距离要长”的身体有很密切的关系。因为前面这种体型的人“既暴饮暴食，又麻木迟钝：暴饮暴食是因为他们胃容量大，能装下更多的食物；麻木迟钝则是因为相较于容纳食物的空间，感觉的空间更加狭窄，所以感官就会因食物供给的过量或短缺而受到牵制”（1936：118—119）。由于感官所在的身体部位受到挤压，这些人的情感能力，甚至感受力本身都被削弱了（Martin 1995）。钝觉性还与被驯养动物的特性相结合，这些动物被驯养以供人消费，人们通过控制其饮食和行动而有意将其养肥。身体的笨重、

* 《面相学》（*Physiognomics*）是古希腊关于相面术的专著，过去普遍认为是亚里士多德所作，并被当成《亚里士多德作品集》的一部分，后被认为是其他人在公元前 300 年左右创作的，但书中对于面相关系的系统论述却并未被后来此方面的研究者们所接受。——译注

行动的迟缓与思维的愚拙呆滞相映成趣：腹部体积较大的动物通常比那些该部分较小的动物要“笨一点”（Pliny 1983：559）。人们常说拳击手要长肥肉，就是因为脂肪能让他们不会把对手攻击过来的力量照单全收，而且也从来没有人会认为拳击手是人类当中最聪明的群体。

因而，脂肪的钝觉性似乎能够使人认知迟钝以及行动迟滞，关于这两者的笑话和俗语广为传播，形成了人们对肥胖人群持久的刻板印象。尽管有些时候，古罗马人也会将肥胖视作财富与地位的象征而对其推崇有加（Smith 1997；Varner 2004），但是他们也认为，智慧与肥胖是相互排斥的。有种常见的说别人蠢笨的表达方式，就是拿智慧女神开玩笑，说此人有个“肥肥的弥涅尔瓦”*（crassaMinerva 或 pinguiMinerva），由此亦可见肥胖与智慧之间存在着不可逾越的鸿沟（Plaza 2006）。医学家盖伦甚至声称，极端肥胖的人个个都愚钝迟缓是人尽皆知的常识，还引用常见的说法以支撑自己的观点：“几乎人人皆这般唱诵，恰因其是万物之至真之理，即所谓肚大无脑是也。”（Galen，转引自 Drysdall 2005：133）如果钝觉性可以从字面意思引申到比喻层面，并从形容动物引申到形容人的话，那么它也与脂肪的其他特性并无二致了。这就是为何那些肥沃土地上生养的软弱怯懦的居民被认为“头脑迟钝，既不精明也不敏锐”的原因（Hippocrates 1957：137）。奢华生活可能会致人肥胖——并由此引发精神与身体上的柔弱，也同样会吸引钝觉性随之产生。公元 1 世纪时的罗马诗人佩尔西乌斯**对周遭种种离谱的奢侈现象深恶痛绝，他在描述一个极端堕落的男人时用“麻木不仁”来形

* 弥涅尔瓦（Minerva）也译为密涅瓦，罗马神话中的智慧女神，并主管战争、艺术、贸易，与希腊神话中的雅典娜（Athena）相对应。她是从众神之王朱庇特（Jupiter）的头部生出来的，出生即带有武器。——译注

** 佩尔西乌斯（Persius，34—62），罗马诗人和讽刺作家，其作品带有明显的斯多葛学派特点，在中世纪的欧洲十分风靡。——译注

容，因为“他的心已经被肥油蒙蔽”（fibris increvit opimum pingue），仿佛这种物质已经渗入他内脏的最深处（Plaza 2006：94）。

所有这些看法都并非为希腊文化所独有，希伯来人也对脂肪能够让人变得麻木迟钝这一特性十分关注。在圣经文献中，hēlebh 这类词在用于描述人的身体时带有负面含义，说到那些比较富裕的人时尤为如此，他们对“肥的东西”的享受可能引申出傲慢、自私或财政破产等含义（Berquist 2002；Kottek 1996；Ringgren 2006）。有钱人的一个基本特质就是不敏感，他们不会对穷人表现出怜悯，自身的富有使他们表现得既无情又迟钝，且不论实际上有多臃肿肥胖，他们还得承受脂肪带来的病痛之扰：“他们闭塞了怜悯的心（字面意思则是：他们被自己的脂油［hēlebh］所封闭）；/ 口里说出 / 骄傲的话”（《圣经·旧约》中的《诗篇》，Psalms 17：10）。大量的圣经启示中，脂肪都是头脑迟缓或“愚笨”的同义词，也是富人身上最常表现出来的特性：“他们的心麻木（taphash：反应慢或愚蠢）如同脂油（hēlebh）”（Psalms 119：70；Brown，Driver，and Briggs 1974）。这些人会变得顽固执拗，心也越来越冰冷无情，而心也通常被认为是灵魂的居所。《申命记》第 32 章 15 节中，摩西当众吟诵了以色列人的神所说的话，解释了雅各在获得了富饶的土地之后，又是如何沾沾自喜起来，并最终背叛了上帝的：“雅各吃饱喝足；/ 但耶书仑 * （即以色列人）肥胖（šemen）了，就踢跳。你肥胖（šemen）了，你粗壮了，你饱满了！”** 尽管富足奢侈的生活让这些人的身躯变得外形古怪荒诞，但希

* 耶书仑（Jeshuran，或 Jeshurun，都来自于希伯来语的音译），希伯来诗歌中用来指以色列人，有象征“正直之人”之意，中文圣经中有时被译为“上主的子民”。——译注

** 作者引《申命记》来源于 1989 年出版的新标准修订版（NRSV），并无完全对应的中译，故选用国内通行的“新译本”，并参考了冯象译本。本段其他圣经译文亦来自于中文新译本。——译注

伯来传统更加注重变得肥硕后所产生的精神与感知后果。

结论

一经纳入到早期基督教教义中，希伯来语中“蒙脂的心”的概念以及古代希腊罗马文化中柔性总是与腐败、柔弱共存的观念都被融入到了西方的想象中。关于麻木、颓废、心不在焉或愚蠢的人这一古老主题的百般面貌从中世纪开始一直留存了下来。最早的记录出现于1250年，英语中出现了“fathead”（fetthed，即傻瓜）这样的绰号，充分体现了这一主题的核心含义，与此同时出现的俗语也促进了这一刻板形象的传播：“a belly full of gluttony will never study willingly”，“a gross belly does not produce a refined mind”*，等等（Strauss 1994：1：18）。有几位研究者认为，在中世纪时期，就算肥胖并不总是意味着暴饮暴食，也常常被看作愚蠢的首要征兆。因此，现代西方社会也继承了古典时代的这一观点，即脂肪是生命力与生育力的象征，当二者过量出现时，就会产生与其本身相反的效果。那么苏珊·希尔说的就很有道理了，即与其说脂肪对身体而言确实是一种好的物质或形态，不如说在近代世界中脂肪“生成了概念上的二元界限与功能，就像个文化魔手，与生命和死亡同时发生关联”（Susan Hill 2011：13）。

脂肪在特性上最惹人关注的地方在于这些特质在西方历史上所唤起的一系列刻板印象。我们来看看面相学这个例子，这是一门古老的关于肉体的学科，跟颅相学这门伪科学一样，尽管不被医学专家们所认可，但直到20世纪时一直都盛行于美国民众之中（Griffith

---

* 两句俗语说的都是类似“脑满肠肥不学无术”之意。——译注

2004)。玛丽·奥姆斯特德·斯坦顿*的书在20世纪20年代仍有新版出现，她直截了当地指出脂肪组织的性质与肥胖个体的性格特征息息相关。肌肉和脂肪是“两类组织，（它们）造就和体现了两种截然不同乃至相反的性格特征”（Mary Olmsted Stanton 1890：75）。肌肉显示出了意志的力量，“脂肪则是屈服的，既无反抗之力，也不能克服困难”（93）。斯坦顿还从脂肪组织的属性推导出了一系列的性格特点，尤其突出了自私自利和缺乏同情心这两点。她警告读者勿要试图寻找此类特征的任何迹象，同时还声称，“极度肥胖通常就意味着非常自私，因为脂肪是一种本质就很**消极**的组织，且未被赋予**感觉或敏感性**”（262）。她还说胖子只会单纯地“忙于让自己舒服，无暇顾及他人，而且太过笨重庞大，自然没法**活跃于**那些友爱与仁善的活动中，而这些活动是必须要个体付出努力的”（262）。那么，回到我们现代人痴迷于苗条的话头上来（Stearns 1997），肥胖人格的观点与脂肪物质的肉体性产生了共鸣，甚至能随着语境产生与时俱进的变化。

脂肪的油性、柔性和钝觉性这三种特性在西方文化中经历了数个世纪的“符号学编制与稳固”后，被牢牢地绑定在了一起（Keane 2005：195）。一部分编制以一个关于实质、质地与密度的层级结构为中心，该结构不稳定却兼具适应性与耐久性，不声不响地调节出了给社会环境及身居其中的人们定性的方法。现代社会对肥胖人格的刻板印象中充满了来自于近代的概念实质，以至直到今天，脂肪的特性似乎仍是其在我们的语言与文化中留下独特印记的原因（Forth 2012b）。我们的文化中存在着对肥胖身躯根深蒂固的抵触，有意无意地解释或

* 面相学方面两部广泛传播的作品 *How to Read Faces*（2 vols.）（19世纪末）与 *The Encyclopedia of Face and Form Reading*（20世纪初）都是由她创作的。——译注

验证了我们当前的种种疑虑，但前述的任何部分都无意对此做出揭示。想要从古典时代中发现我们现今所面临困扰之预兆的愿望，与意图将我们当下的关注点与久远的过去彻底割裂开来的欲望，同样都没那么容易实现，这就好像在说人们对脂肪的偏见不是带有鲜明的现代特征，就是纯粹来源于视觉一样。更确切地说，过去的典型与当前的应用存在着一种持续的辩证逻辑，而在那些过去已经被遗忘以及再度浮出水面和被人们旧事重提以服务于新的目的的种种元素之间，也有此种逻辑存在。如果说当代人们对于臃肿肥胖的焦虑心态更多地反映了我们的社会在现代所发生的种种变化，那么由这些心态也可看出，某些更加古早的观念影响直到今天仍以微妙的方式在社会中传播，我们至今仍受到这些观念的影响。我们当然要对这些观念是如何在时间的流逝中不断地传播和改造进行更为深入的研究，但安妮·布伦利已经就此给出了颇有说服力的结论："在每个英语母语者的文化传统中，脂肪恐惧已经深深地扎下了根，而且常常隐遁于无形。"（Anne Brumley 2010：126）

（克里斯托弗·E. 福思）

Joseph Beuys

第四章

约瑟夫·博伊斯：脂肪的巫术师

在艺术上我更关注的是物质的转化，而非传统美学角度对美好事物的理解。如果创造性与物质的转化、变革以及发展相关联的话，则其应是放之万物而皆准的，而不仅仅局限于艺术方面……那么，浴缸里的脂肪就好像是隐藏于万事万物背后的造物的手。这里我说的是人类学意义上的创造性，而非仅限于艺术家的创造性。这是一种与现实而非手工制品之间的关系。

——约瑟夫·博伊斯

人类学家提姆·英戈尔德在一篇颇为激进的文章中声称（Tim Ingold 2007），钻研于社会生活实质性的研究者们对物的实质性给予了过高的关注，却未能对物质本身有更为深入的理解。英戈尔德由詹姆斯·吉布森关于视知觉的作品（James Gibson 1979）得到启发，他对于当人类沉浸在始终处于转化和再生状态的物质

世界中时，什么才算得上是深层生态位进行了描绘。[1] 英戈尔德坚称，物质是后来出现的，而非始终存在着（2007：14）。人类沉浸在一片“物质的海洋”中，一个始终有“混合与升华、凝聚与扩散、蒸发与沉淀等种种过程”存在（7）的持续变化着的世界中；在这样一个世界里，生命的基本元素——水、雨、太阳、日照、火，甚至还有空气——同时也都担当着必要媒介的重任（7—14）。他认为，人在物质转化的过程中自有其一席之地，同理，昆虫和植物等其他生物也都有着各自的作用。因此在英戈尔德看来，物质绝不是现代思潮所想象的那样没有生命的东西，而是活跃在有序世界中的构成要素，在这个世界中，一切生命有机体都交织其中。人们尝试通过社会分析来思考人类与无生命物质之间千丝万缕的联系，这一思想领域已经发展得十分宽泛且益发复杂，而前面说的所谓对“物质”而非“物质性”的辩护似乎对这些思想太过不屑一顾了（可参见 Bennett 2010；Hodder 2012）。将物质作为人、动物及生物生活世界的动力从而加以重视，这一强烈愿望创造了一个激动人心的平台，让我们可以对物质跨越时空界限在日常美学和宇宙学领域所引起的种种反响加以反思。

本章将就英戈尔德所提出的关于那位不可思议的战后德国雕塑家约瑟夫·博伊斯的作品展开讨论。长时间以来，博伊斯都被看成当代艺术世界中一位具有争议性的人物，在某些人眼中，他就是个招摇撞骗的杂耍艺人（Buchloh 2001），而另一些人则坚信他是一位颇有远见卓识的巫术师（Kuspit 1995；Walters 2010）。但我认为，无论在他人看来博伊斯的形象究竟为何，他在雕刻过程中对于物质的运用表现出了某种对物质实质及其与更广泛生态进程关系的普遍关注。正如英戈尔德所说的，物质的属性即体现了它们在自然与社会环境中流动、混合、突变所发生的一切，而博伊斯也同样参与到了“实质的转化”当中：通过艺术作品参与到了物质所能让我们了解的关于人生、自然生态及其生发出来的能量的一切当中。

在很多作品中，博伊斯都用到了脂肪以及毛毡。他尤其视脂肪为炼金术中一种极具魔力的物质，是能够转化为**终极物质**（ultima materia）的**原初物质**（prima materia）原型，“用帕拉塞尔苏斯[*]的话来说，就是能够净化人之生命的‘生灵’的**原始精华**（quintaessentia）”，表达了转化与新生之意（Kuspit 1984：350）。这个章节将会把脂肪作为博伊斯美学中的关键元素，梳理出艺术家是如何通过不同方式，专注于物质之间的共振力，以塑成一种现代世界的

---

* 帕拉塞尔苏斯（Paracelsus），中世纪的瑞士医生、炼金术士和占星师。他认为原初物质生成了四大元素，继而生成了三原素，即水银、硫磺和盐，世间万物都是由其而来的。他把医学与炼金术结合在了一起，是医疗化学史上的先锋人物。——译注

博伊斯的艺术作品。博伊斯视脂肪为一种极具魔力的物质，可以表达“转化”与“新生”之意。他的许多作品都用到了脂肪以及毛毡

生态与精神疗愈形式的。在回顾这些主题的同时，本章还将进一步对博伊斯的诸多作品展开探讨，比如《油脂》（*Tallow*），在这个作品中，博伊斯选择了明斯特市城区中某个“病态的”地点，堆铸出了20吨重的一大块动物脂肪，楔形空间的“阴面”位于一条地下通道的坡道下方；还比如《脂肪椅子》（*Fat Chair*），这是博伊斯最久负盛名的组合艺术作品，表达了关于混乱的观点。[2]

无论人们对博伊斯抱持何种感情——似乎无论爱憎这位艺术家都能激起人们内心强烈的情感——毫无疑问他都是第二次世界大战后欧洲艺术的代表人物之一。研究博伊斯及其作品的著作数量众多，但仍难将其归入到任何特定的艺术流派或艺术运动中去。纵观其一生，博伊斯涉足了诸多媒体形式，从绘画到雕塑，不一而足。但是，他的作品和马塞尔·杜尚一样[3]，都被认为是20世纪对艺术的目的进行反思的主要突破点。博伊斯的艺术创作与哲学理念是如此具有特异性和典范性，以至于文学哲学家格雷戈里·乌尔姆（Gregory Ulmer 1984：21）甚至将他比作行为艺术界的“德里达”。除了德国，他的作品最为知名的地方就是美国了，他还于1973年在美国做了名为“西方人的能源计划”（Energy Plan for Western Man）的巡回演讲[4]，并在1974年举行了他最引人注目的为期一周的行为艺术展：“荒原狼：我爱美国，美国爱我”（Coyote：I Like America and America Likes Me）。这一行为艺术是在纽约的雷内·布洛克美术馆（Réne Block Gallery）展示的，期间博伊斯将自己和一只荒原狼锁在同一个笼子里待了足足三天。[5] 1979年，纽约古根海姆美术馆又举行了颇具争议的博伊斯回顾展。[6]

1962年到1965年间，博伊斯曾作为新达达主义艺术运动浪潮中的激浪派（Fluxus）艺术家活跃着，与他并肩作战的还有乔治·马西努斯、约翰·凯奇、白南准、大野洋子以及艾伦·卡普洛等，但他最终还是断绝了与他们的往来，因为他坚持认为激浪艺术并无意促使这个世界产生真正的变革（Taylor 2012：20）。他还曾和一个松散的先锋艺术组织有过往来，这些艺术家的作品被意大利艺术评论家杰尔马诺·塞伦提（Germano Celent）定义为“arte povera”（字面意思即“贫穷艺术”），并推崇其是一个革命性的艺术流派，因为他们敢于在20世纪60年代末到70年代初政治气氛趋于白热化的意大利，意欲打破艺术与生活之间的壁垒。这一群体喜欢在其集成艺术与行为艺术中表现自然世界的奇妙天性、物质属性，并将拾得艺术品*应用于其中，但博伊斯的视野却已实现了超越，放到了更远的地方。当时的他也忙于对当代艺术界、思想与社会组织的现代理性体系展开批评，但他对于艺术创作的观点则明确地是从19世纪德国的浪漫主义诗人与作家（比如歌德和席勒）那里得来的，甚至受到了德国理想主义哲学及其他更加特异的唯灵论、巫术和秘教的影响，早期纯理论的炼金术即在此列。

不少学者都指出，博伊斯受鲁道夫·斯坦纳**的“人智学”影响颇深。[7] 比如大卫·亚当斯就注意到，“博伊斯将人智学对精神品质或自然界中物质与动植物的活动的理解运用到其艺术作品当中——其作品并非表现这些活动的象征意义，而是将其组合成有意义的符号直接展现出来”（David Adams 1998：198）。宗教哲学家马克·泰勒也明确表示，斯坦纳确实是“促使（博伊斯）在神学、萨满教和炼

* 拾得艺术品（found object），或叫现成物，指的是一些已具备非艺术功能的物品，不伪装其形态，但通常会加以改装，而成为一件艺术品，杜尚用小便池和颜料创作的《喷泉》就是这类艺术品的代表；集成艺术（assemblage）是指有三维元素与特定底物共同构成的艺术或媒体形式，通常都会用现成物进行创作，但并不限于此。——译注

** 鲁道夫·斯坦纳（Rudolf Steiner，1861—1925），奥地利哲学家、建筑家和教育家，创立了人智学（anthroposophy），这一学说认为存在一个客观、理智上可理解的精神世界，研究人智学即探索通往精神领域的知识途径。——译注

金术上展开探索，同时也深入探究哲学、基督教义及艺术”的那个人（Mark Taylor 2012：29）。从 20 世纪 80 年代起，博伊斯的声誉几经起伏，但到了近些年，他再次成为一系列重要评论的对象（可参见 Foster 2011；Mesch and Michely 2007；Novero 2010；Taylor 2012；Thompson 2011；Walters 2010）以及诸多国际重要展览的主角。[8] 正如泰勒（Taylor 2012：14）所说，在这个现实本身变得越发虚拟化的历史时期，许多艺术家都回归到愈加实质性的媒体上来：对艺术是如何将我们与人类及社会生活中更贴近精神的层面、与我们越发碎片化的生活世界中有形与无形领域的边界重新连接起来，加以反思。

尽管博伊斯对物质世界与包括脂肪在内的物质基本属性所具有的转化天性抱有极大的兴趣，他恐怕对于在欧洲和其他地方，脂肪疗愈力的广泛的民族志属性及其在宇宙论领域的象征意义并不十分熟悉。令人诧异的是，尽管当今时代脂肪负面意义高涨且总会引起人们的厌恶（Forth 2012），但在许多其他文化语境中，脂肪通常被视为一种有疗效并且对人意义非凡的物质。举例来说，欧洲历史上对于脂肪的看法就发生过非常巨大的变化。文化历史学家克里斯托弗·福思从尤为微妙的角度出发，详细列举了现代欧洲对脂肪看法的历史渊源，并由此发掘出了一系列关于肥胖身躯和脂肪物质的意涵。另外，他还注意到，在古代欧洲的文本当中，脂肪被与生育能力联系在了一起，并被看成是与人和自然界的生存、生命力及力量相关的东西（2012：87）。尽管脂肪和脂肪物质能够提高生活质量的这些说法，与近代早期以来其他更加模棱两可的观点此起彼伏，福思还是通过文献证明了脂肪——甚至是人的脂肪——直到 19 世纪时还作为治疗用药被人们广泛使用着。

福思提出的脂肪意义不断变化的文化史，其坚实基础就是近期出现在人类学和考古学（Boivin 2008），以及关注于事物和实质的意义是如何嵌入并与物质世界的物理属性挂钩的符号学（Keane 2005；Meneley 2008）中关于物质性的研究。福思认为，脂肪和油都是“无论质地上还是概念上皆滑溜溜的东西”（201：92），但同时他也表示，这种滑溜溜的感觉在一定程度上来源于脂肪的物理属性：它们能够轻而易举地改变其形状，从而在文化与历史文本中拥有新的含义。而且我前面就说过了，博伊斯的艺术实践与哲学中也密切体现出了脂肪的物质属性。

有些时候，博伊斯会称自己的艺术是一种“人类学的”表达。后面我会讲到，在艺术对于更广泛的人类境况究竟有何影响的辩论中，他正是用这个词语表达了自己艺术实践的批判性。但是，一方面博伊斯确实不拘一格地采用了一系列物质材料如延展性材料，以及有助于此种批判性表达的方案；另一方面他却对脂肪转化属性的任何更广义的跨文化民族志研究并无多少兴趣。最后一节我还会对澳大利亚传统原住民社群中认为脂肪具有治疗和无与伦比的力量这一现实进行详细考察。但我并不是要转而谈到民族志这个话题上去，而是单纯地希望能够借此讲到与人类生活当中对于脂肪的运用相关的事实。我认为，这些事例不仅与博伊斯作品中所表达的对脂肪的看法有着不可思议的相似之处，而且对于我们回过头来重新把关注点集中在脂肪更普遍的物质属性上来意义非凡，这些物质属性能让我们对死亡与重生、繁殖与腐烂，甚至人类精神的升华都有更为深刻的理解：这些答案将是能够跨越时空与文化语境的隔阂，放之四海而皆准的。[9]

源　起

我是在进行各种几乎与艺术史或艺术批评毫无关系的研究项目中一点点迷恋上约瑟夫·博伊斯的。多年来我一直在创作一部意大利中部小城卡拉拉的大理石采集区里人和地域的景观实录，并深深倾心于大理石的现象学研究，而非以脂肪为对象的研究（Leitch 1996，2010）。但是，在这项研究的头一阶段，大概是在 1986 年到 1989 年期间，我对一种非常独特的地方特产——“lardo di Colonnata”（科隆纳塔熏肉）产生了浓厚的兴趣，这是一种某个小山村里生产的熏制肥猪肉，产地坐落在穿越卡拉拉三个主要大理石谷的一条狭窄蜿蜒的山间道路尽头。从前每年 8 月末最炎热的三天都会为这种土特产举行专门的庆典，成千上万的人涌入不起眼的科隆纳塔村，畅享油油的盐腌肥猪肉，幸运的话还可以配上一片生洋葱就着面包一块儿吃。正是这种沉浸于脂肪曼妙之味的纯粹的味觉狂欢，以及对这种显然是穷人食物甚至饱受蔑视的食材所表达的敬意，深深地勾起了我对这种熏肉的兴趣，而这种食物中的脂肪在当代美国人的饮食中已经几可与毒药相提并论了（Klein 1996；Rozin 1998）。

后来我又发现，肥猪肉不光在大理石工人们的饮食中扮演着卡路里关键来源的“无产阶级果腹宝”（Mintz 1979）的角色——至少过去是这样，同时也被看作一种强力疗愈剂，对任何小病小灾，无论肚子疼还是背痛，都能药到病除。有个外号叫“小鬼”（Ometto）的饭店老板和熏肉师傅，简直是这种食物方面的万事通。照他说的，如果有谁找屠户去买这种熏肉，“大家都会觉得他家里肯定有人生病了”（Leitch 2000：107）。后来，我继续收集整理科隆纳塔熏肉成为慢食运动 * 中所提到的代表性“濒危食品”之一（Leitch 2003）的种种信息，而恰恰就是在写这份研究报告的过程中，我第一次接触到了约瑟夫·博伊斯的作品。当时让我感到诧异的是，无论是在多么简短的对

---

* 慢食运动（Slow Food）是 1986 年最早由意大利人卡尔洛·佩特里尼提出的与快餐相对抗的概念，希望维护单个生态区的果蔬、饲养等农业活动，供给当地饮食文化，提倡小规模生产流程和保留当地饮食传统，反对大型商业化生产和单一种植等。——译注

话、多么独立的社会语境下，当我和卡拉拉的学者与雕塑家们讨论起我正在进行的肥猪肉研究时，他们都一而再再而三地向我提起博伊斯这个人来。究竟是什么原因使得博伊斯和脂肪会让人产生如此大的反响呢？

尽管博伊斯使用了诸多不同的材料进行创作——毛毡、蜡、橡胶、或死或活的动物、血、铜、蜂蜜，还有骨头——脂肪显然是他使用过的最有争议和引人误解的材料之一。诚然，博伊斯本人经常表示，他对于观者会对他在作品中使用脂肪产生如此巨大的反应感到很震惊。博伊斯放弃灰泥或石膏，而选择脂肪作为造型的介质，部分是由于脂肪具有千变万化的属性——脂肪能够随着冷热变化而改变自身的形态——以及它颇具象征意义的特性：它让人们感觉到，心灵上的温暖与无论赤裸裸还是无形的现实都是相关联的。脂肪不仅在博伊斯对特异材料的想象中扮演着极为关键的角色，将自然与人类世界中形态的发展与物质相关联，同时也是他最青睐的用以转喻人的身体和境况的物质：这是“他用以克服‘纳粹武装之躯’和治愈现代性带来的伤痕的解药”（Chametzky 2010：163）。

从这方面来说，博伊斯在脂肪具有疗愈力上的主张也与他自己的人生经历有关——神话般的过往、心理历程和现实经历。众所周知，博伊斯编造了一个自己如何成为艺术家的故事：1943 年冬，他驾驶的斯图卡俯冲轰炸机坠毁在克里米亚半岛某处，他在这场事故中几乎丧命。[10] 按照博伊斯自己的说法，他很快获得了当地人的救助，这些鞑靼人用动物油脂涂抹他严重烧伤的身体，并用毛毡把他包裹起来。在 1979 年古根海姆博伊斯回顾展的展览手册中，他回忆起这次事故时如此这般说道：

> 要是没有鞑靼人，我根本活不到今天……事故发生后，德

国的救援队已经放弃搜索了，是他们把我从雪中救了出来。当时我还是昏迷状态，差不多过了12天才完全清醒，随后回到了一所德国战地医院……我能想起来的最后一件事就是我来不及跳机逃生了，那时候再跳已经不够让降落伞打开了。那也就是飞机着地前两秒钟的事情……我的战友被带子困住，一瞬间就炸成了灰烬——后来几乎没有找到他的任何遗骸。而我恐怕是从挡风玻璃那里飞了出来，因为它在飞机着地的一瞬间以相同的速度反方向弹出，所以尽管我的头骨和脸颊都严重受伤，但正是这一点救了我的命。接着，机尾整个翻了过来，把我完全埋到了雪里。这就是为什么鞑靼人过了好几天才找到我的原因。我还记得有人对我说"Voda"（水），还有他们帐篷的毡子，以及芝士、油脂和牛奶浓郁刺鼻的味道。他们把我的身体涂满脂肪帮我恢复体温，还用毛毡把我裹起来起到隔温的效果。（引自 Tisdall 1979：16）

正如博伊斯的一位最为尖锐的批评家本杰明·布赫洛*（Benjamin Buchloh 2001）最早指出的，不管这个故事到底是纯属虚构，还是仅仅作为一个做了些许润色的真实的战时事故，博伊斯对于这一事件的描述都不可否认地成了这位艺术家在纳粹恐怖统治及其毁灭性后果之下重获新生的强有力的创生故事。布赫洛还指出，这是一段文化记忆被消灭、"给每个生存在这段时期的人及其后代留下精神障碍与空白以及严重心理创伤"的历史（2001：203）。无论是否有意而为之，这段不寻常的经历"成了博伊斯艺术世界中的'材料'"（Taylor 2012：21）。正是这段传奇——彼得·尼斯比特称之为"故事"，在后来的许多年中对博伊斯在欧洲内外所受到的种种评论持续产生着影响。[11]

* 本杰明·布赫洛，德国艺术史家，艺术评论家。

博伊斯的早期经历、他的家庭背景以及他对身体政治更为广泛的代际关注中，曾一再浮现出他与脂肪之间的密切联系，这一切或许鲜有人知。博伊斯生于1921年，从小在克莱沃（克利夫斯）长大，这个偏远的小镇位于德国境内的莱茵河下游地区，毗邻荷兰边界。这个镇子是“一块微妙地附属于一个日耳曼与新教国家的凯尔特血统聚居的保守天主教飞地”（Moffit 1988：127），保留和遵循着中世纪的种种神秘传统。博伊斯的双亲是虔诚的天主教徒，他们的儿子一直接受的也是严格的宗教教育，而后来他恰恰背叛了这一切。博伊斯的传记作者施塔赫豪斯（Stachelhaus 1987）曾说，莱茵河下游地势平坦而宽阔，到处流传着凯尔特神话和中世纪国王们的传说，这些都在博伊斯的性格中打下了深刻的印记，且无疑使他因此而毕生都痴迷于凯尔特神话体系，并造就了他独特的基督教观念。博伊斯在小的时候就热爱大自然，在笔记本上记录下了他对树木、草坪和各种药草的观察，而且坚持收集植物标本，还在他父母的房子里辟出了一个小小的动物园兼实验室（Stachelhaus 1987：12）。施塔赫豪斯还指出，有趣的是，联想到后来博伊斯在他的行为艺术中对于装扮的热爱，他在青少年时期就“扮成牧羊人，拿着曲柄牧羊棍驱赶想象中的羊群——牧羊棍在他后来的某次行为艺术中转换成了欧亚人的手杖（Eurasian Staff）”（1987：12）。

1933年纳粹党上台没多久，博伊斯不顾其虔诚天主教家庭的阻拦，和许许多多同龄人一样加入了希特勒青年团。高中毕业后，他应征入伍并成为纳粹德国空军的一员，驾驶在今天已变得臭名昭著的斯图卡俯冲轰炸机，他受过五次伤，1943年冬天遭受了最严重的创伤。战争过去之后，他的双亲希望他能从事更加平凡的工作，而不是去搞什么艺术。博伊斯曾回忆说，“当我结束当战争囚犯的时日从监狱里出来……（我的）父母都非常希望我——这简直是太肤浅了——能到克利夫斯当地的猪油工厂去上班。因为克利夫斯有当时最大的黄油、人造黄油和猪油工厂之一”（Chametzky 2010：189）。可以说，恰是脂肪证实了博伊斯与其家庭，以及与莱茵河下游山谷丰饶的自然和文化之间复杂且着实矛盾的关联，他一直奋力逃避过去身体上与精神上所受的创伤亦与此相关。

还有一点让人觉得十分有趣的是，在战争年代的德国饮食中，无论何种形态的脂肪都被认为具有极高的价值，并因此受到严格的管控：艺术史学家莫妮卡·瓦格纳（Monika Wagner）曾指出，脂肪是一种“满载着历史”（Chametzky 2010：190）且具有多重内涵与关联性的物品。一方面，瓦格纳注意到，脂肪与个人健康、愉悦和生活质量有着非常密切的关联，战争时期的纳粹统治者甚至还搞出了个“脂肪计划”以将油脂发放到受饥饿困扰的人民与军队中。[12]除了这些对于脂肪的积极利用，战后出现更多的则是对脂肪的消极看法。有些作者讲到，无论脂肪还是毛毡都与奥斯维辛的集体创伤紧密相关：脂肪作为当时国家杀人装置出产的副产品之一，据说被从毒气室被害者的体内提取出来，用于制造肥皂，剪下来的头发则被运到工厂去制成毛毡。但是，尽管历史学家吉恩·雷（Gene Ray 2001）十分令人信服地坚称，博伊斯用到的许多物品，尤其是其中的脂肪和毛毡，明确指向了奥斯维辛的经历，但他也承认博伊斯从未真正确认存在这种关联。而且，博伊斯坚决否认他的作品可以简单地给出符号化的解读，他在 1968 年的时候曾声明说：“我不想解读，因为这让我做的东西好像具有象征意义似的，而它们并非如此。”（Foster 2011：54）

彼得·查梅茨基（Peter Chametzky）曾在一篇回顾德国 20 世纪主要艺术运动的优秀文章中这样描述博伊斯在 1964 年的某次艺术行动，这次行动或有助于我们进一步理解他的立场，至少能让我们对于纳粹时代留下的集体创伤这一问题有更清楚的认识。这次艺术行动是在激浪派团体于亚琛大学举办的新艺术节上进行的，时间特地安排在了1944年7月20日刺杀希特勒行动的20周年纪念日。博伊斯和另一位行为艺术家巴仁·布洛克（Bazon Brock）都参与了这一行动。博伊斯若无其事地站在一边，在热盘子上让罗摩牌*人造黄油缓缓融化，布洛克则开始播放1943年戈培尔在德国兵败斯大林格勒后录制的恶名昭彰的演说，演说中这位宣传部长用那句“你们想打一场全面战争吗？”劝诫诸位听众应为那个已经越发渺茫的目标献身。戈培尔的声音回荡在整个剧场之中，布洛克倒立着对观众们呼喊：“你们想过一个全面人生吗？”这一行为显然太过具有煽动性了，现场有些右翼的学生蜂拥到舞台上对着博伊斯的鼻子就是一拳。后来流传的一张照片拍到了受伤的博伊斯，鼻子流着血，左手擎着受难十字架雕刻，右手高高举起，保持着“既仿佛是祝福又好似行纳粹礼的奇妙姿势”(Chametzky 2010：183)。查梅茨基巧妙地表示说，这恰恰说明“博伊斯不仅通过隐喻，还通过物质和遭受公众伤害依然坚持表演的行为，将个人经历结合到其作品当中去，将他自己与他的艺术放到了受害者的那一边”(184)。[13] 博伊斯似乎是要说明，就像他自己通过脂肪和毛毡这些物质从喻义和现实两方面都得到了治愈一样，这个世界也能够通过他的艺术而抚平创伤。

脂肪的挑衅

无论何种形态的脂肪——液态的还是固态的，柔软的还是坚硬

---

* 罗摩牌（Rama）是联合利华旗下的人造黄油与植物黄油品牌，20世纪初在德国非常常见。——译注

的——都毫无疑问是日常语境中一种富有争议性的物质。油滑的脂肪能够在各种情况下对行动与转化产生促进作用。加热后，它们会产生其他物质，比如烟雾。脂肪还会散发出味道。它们通过转移味道来刺激人的食欲；它们油腻的性质不断化合、重组，并与其他物质发生反应，从而产生无穷无尽不同的美味之感。要想限制脂肪可没那么容易，它们总是能够以令人意想不到的方式从其容器中渗出。它们会洒出来，还会留下痕迹，形成污渍。脂肪能够润滑细无声，却也能发出自己的动静。它们能微微嘶鸣，能滋滋作响，也能噼里啪啦四散飞溅。不光这样，脂肪还总是会与过剩和浪费扯上关系，被人们认为毫无美感，好像它就该被修饰、切除或铲掉。因而，脂肪总是能轻而易举地让人立刻心生厌恶。

举例来说的话，想想 1979 年纽约古根海姆美术馆举行的一次重要的博伊斯回顾展。詹妮特·丹托（Janet Danto 1979）曾在一篇以描述博伊斯某件颇具争议的作品为开头的评论中说道：

> 《浴缸》，一个放在台子上的仅够孩童使用的白色金属浴缸，外侧表面还随机贴了许多创可贴，揭开了德裔艺术家约瑟夫·博伊斯在古根海姆美术馆的第一次重要回顾展。靠近看，这件作品中的浴缸底部还有一层浅浅的液体。液体表面漂浮着一盏纱布包裹着的油灯，被一根线牵着，一直连到浴缸的另一头，仿佛蝌蚪的尾巴。那灯油呈多块状，黄乎乎的，看着就像泡在残余羊水中的流产胎儿似的。看到这个浴缸的人们有两种反应——厌恶和惊奇，因为这个不堪入目、毫无美感的装置居然堂而皇之地出现在这纽约艺术世界的大雅之堂。

丹托评论的关键在于，脂肪显然是种废物，在这高雅的艺术场所里根本不该有其一席之地，而他也绝不是唯一一个对博伊斯装置中出现脂肪表现出极端反感的观者。但是，在这次展览的手册里，策展人卡罗琳·提斯道尔（Caroline Tisdall）则表达了截然不同的看法。她认为，《浴缸》是一件开创性的作品：

> 他孩童时代就在（这个）浴缸中洗澡，通过雕塑般的附加物——创可贴和浸透脂肪的纱布，浴缸具有了引申意涵。创可贴象征着创伤，由于脂肪的实体性较弱，博伊斯用其隐喻精神性以及从一个状态到另一个状态之间的过渡。在不同的温度条件下，脂肪既能作为固体，又具有液体形态，既可保持一定的形状，也能流动于无形……它象征着变化、转换与实质——与生产的过程相类。（Tisdall 1979：10）

博伊斯对这一表述给予了肯定，并补充说：

> 我创作这件作品的动机在于回忆我的起点……这件作品如同是自传的关键点：一件来自于外部世界的物品，一样带有精神能量的固体物质。你可以叫它物质，在艺术上我更关注的是物质的转化，而非传统美学角度对美好事物的理解。如果创造性与物质的转化、变革以及发展相关联的话，则其应是放之万物而皆准的，而不仅仅局限于艺术方面……与物质相接触就意味着更广义的艺术和一般人类活动与行为，对我而言，这就是这样物品的意义所在。它显示了与水——即流动的生命——或热等基本元素的初次接触。有些人会说“博伊斯真是疯了，他的洗澡水肯定是太烫了”云云，这些老套的说辞存在着很深的成见，甚至无意识地道出了某些真相。那么，浴缸里的脂肪就好像是隐藏于万事万物

背后的造物的手。这里我说的是人类学意义上的创造性，而非仅限于艺术家的创造性。这是一种与现实而非手工制品之间的关系。（Tisdall 1979：10）

博伊斯说他的作品关注的是“现实而非手工制品”究竟是什么意思呢？为了解开这个问题，我们必须先讨论一下他说过的艺术的扩展概念有何含义。

许多研究者都曾指出，博伊斯明确地竭力反对传统美学观念中对于艺术是什么或应该是什么的定义。在博伊斯看来，艺术并不“仅仅是视觉呈现的”（Harlan 2004：14），而是有一个更广泛的治疗和康复性的目的：它关系到现代社会中意义的丧失和感官的消弭（Borer 1997）。而且它不仅与当时刚刚过去的纳粹时代造成的创伤以及随后冷战中欧洲出现的分裂状况相关联，还与现代资本主义社会的性质与人类的一般生存状况中产生的更为普遍性的创伤有着一定的关系。博伊斯说，艺术的功能就是治愈，但是为了能够实现艺术家所坚信的疗愈效果，有必要回归那些基本的、被人遗忘的知识与事物：“要专注于那些存在着却又并非始终可见或为人所知的事物，并非因为其不可被发现，而是因为我们的注意力放到了别的地方。”（Foster 2011：55）博伊斯十分乐意发现日常生活中的各种材料和物质，如蜂蜜、蜂蜡和铜等，他认为这些物质天然具有精神要素。[14] 他不光在其装置中使用那些显然属于不具美感之列的物质，还让野兔或郊狼参与到他的行为艺术当中。我们前面已经了解了，这些物品通常都是被人丢弃的东西：种种社会残渣，如纱布和绷带、旧纸板箱、破浴缸、白骨，以及脂肪和毛毡等其他极为常见的物质，博伊斯坚信这些东西拥有非凡的特性，能够以炼金术般的方式对人类社会某种程度的转化产生影响。[15]

比如在1979年博伊斯回顾展的手册中，策展人对一再出现在这位艺术家诸多作品中的脂肪和毛毡如此评论道：

> **脂肪**渗透到其他物质当中去，缓缓被吸收并形成浸润效果；**毛毡**则会吸收任何其接触到的东西——脂肪、灰尘、水甚或声音——并因此快速与其所在的环境融为一体。与滤纸不同的是，毛毡并不会让这些东西穿过它，而是使其浸入深处，变得越发紧实厚重，所以更像是一个高效的绝缘体。脂肪是扩张性的，并能渗入周边环境中。毛毡是诱引性的，将其周围的一切吸入其中。（Tisdall 1979：74）

脂肪和毛毡显然是作为“具有移情作用的”物品与其周遭环境交融在了一起（Kuspit 1984：351）。在博伊斯看来，脂肪蕴含着伟大的自然之力、运动以及能量的奔流起伏，这一切都与其艺术概念紧密相关。而其变化无常的特质——能在接触其他物质或与其进行活动时改变形状，不但能液化、固化，甚至还能汽化——体现了关于人类创造力的观点——“在想象中行动”（Borer 1997：21）。

博伊斯解释说：

> 我只是试图影响物质。我将物质置于特定的构造当中，这里的物质指的就是脂肪。脂肪，其本身即代表了温暖，因为它在植物有机生长以及种子形成的过程中通过保暖过程生发出来。脂肪是可塑的富有弹性的聚合，但仍与液体状态十分接近，因为任何来自外界的温暖，甚至仅仅是手掌、血液的温度，都会让其变回到油的形态。而此种易被重塑的敏感性只需要温度就可激发，甚至不需要任何物理接触。我们也可以把黏土变得又有弹性又温

> 暖，轻触一下就能够在上面留下清晰的指纹。但我想要的是一种更为强大的弹性，我想要通过这种物质的巨大弹性以试图表达最基本意义上的雕塑的真正本质。(Harlan 2004：47)

20世纪60年代早期起，博伊斯就将这些物质用于雕塑，有“堆满脂肪的角落”系列（1960—1962）和“充满毛毡的角落”系列（1961—1963）等作品，还有他更加广为人知的《脂肪椅子》(1964)。博伊斯自己说，当他最开始用到这些东西，尤其是脂肪的时候，观众们的反应让他非常惊讶：

> [然后] 当我把第一堆脂肪铺开——它们就只有这么大——到一个角落里，人群立即勃然大怒（笑）。是的，你会发现，我还挺幸运的，要不就是很狡猾，要不就是见识精辟。我多多少少都想要通过这些堆满脂肪的角落来煽动起某些东西，催生出某些反响。你看，效果还是不错的。但是接下来，我并没有坐下来说：看这儿有什么！堆满脂肪的角落。相反，我直接更进了一步，试图明确表达脂肪角落的重要意义：为什么是充满脂肪的角落，又到底为什么是角落，为什么还要这样那样对待脂肪，为什么不是简简单单的一堆脂肪？（Harlan 2004：47）

博伊斯用脂肪和其他素材创作的作品专门用以唤起人们去思考，雕塑究竟能够做什么。其意图在于引起观者的内在体验。故而，这位艺术家并非想要就其艺术进行概念性的或口头的对话，而是试图与观众进行一种“能量的对话”：在这种对话中，他试图通过图像和其他行动，将自然界的能量及其与人类心灵深处的互动传达出来（Adams 1992：26；Adriani，Konnertz，and Thomas 1979：257）。博伊斯想要通过运用脂肪等非美学的物质，既激发起人们的议论，也阐明其雕塑理念。

这一理念以其最为简单的模式表达了这样一个观点，即人类与自然界中发生的一切转化过程都潜在关系到秩序与混乱、温暖与寒冷、待定状态与确定状态之间的恒久运动。博伊斯发现，脂肪和毛毡都是表达这些观点的理想物质：

> 比如脂肪，对我来说就是一个伟大的发现……我能通过调控冷或热而对其施加影响……由此，我就能将脂肪的性质从混乱不定的状态转化为一种非常稳定的形态。通过这种方式，脂肪经历了由极为混乱的状态到最终进入几何形态环境中的运动。所以我就拥有了三种不同的力量，而这恰是雕塑的意义所在。这是一种超越了混乱、运动与形式的力量。待定能量就在这三种元素——形式、运动和混乱——之中，而我正是由此得出了我关于雕塑以及作为意志力、思想力、感受力的人类心理学的所有理念：我还发现了它——足以理解社会问题的模式。（Taylor 2012：41—42）

那么，以《堆满脂肪的角落》为例，博伊斯通过将可塑性最强的物质——脂肪——放置在极为有限与狭隘的空间——一个直角转角——当中，探索了物质的转化。《脂肪椅子》则对混乱的概念玩弄了一番。在这一作品中，脂肪以粗糙的三角楔形放在一把椅子上，其与人类变革过程更为基本的连接通过德语单词“Stuhl”的双关含义得以体现，这个词既有“椅子”又有“排泄物 / 粪便”的意思。通过博伊斯对这件作品的描述，我们也能感受到博伊斯具有相当的幽默感[16]：

> **《脂肪椅子》**中的脂肪并不像**《堆满脂肪的角落》**中的那样具有几何性，却保留了某些混乱特质。楔子的边缘就像是透视

脂肪本质的横断面。我将其放在一张椅子上就是为了强调这一点，因为这里的椅子代表了一种人体解剖学，涉及消化和排泄热量的过程、性器官和有趣的化学变化，从心理上与人的意志力相关联。德语里有个双关语笑话，因为"**Stuhl**"（椅子）这个词也是表达粪便（stool）的委婉方式，而这种东西也是一种具有随机性的废弃物和矿化物质，恰恰体现出了脂肪的横切面的质地。(Tisdall 1979：72)

《脂肪椅子》中的脂肪是混乱的物质性体现，也是形式得以从能量储备浮现出来的物质体现。泰勒（Taylor 2012：38）就注意到，由此可以理解，脂肪体现了雕塑对博伊斯的意义所在。对博伊斯来说，雕塑不再是一件物品，而是代表了成形——Gestaltung [17] ——以及创造的过程。

这也是博伊斯接受艺术的人类学定义——即"人人皆为艺术家"的观念——的原因所在（1986：39)。但是，尽管编造了这一概念，博伊斯绝不是说人人都应该成为画家、音乐家或雕塑家之类的艺术家，而是说全人类都有创造的能力：这是能够实现自身及其当下所处社会环境的转化的能力。博伊斯说，"人人皆为艺术家"这一口号"指的是对社会实体进行重塑，在这个社会实体中，每个个体既能够也必须参与其中，只有这样我们才能尽快带来转变"（1986：39)。因此在博伊斯看来，社会本身可以跟其他任何物质一样被视作赋形过程的主体，且社会生活能够并且应该作为实验、转化和自愈的所在。博伊斯总结说："万事万物，皆为雕塑。"（1986：57)

最终，博伊斯认为自己是一名萨满式的艺术家——以治疗为天职，他称之为"社会雕塑"的基本原则就成了任何健康生活方式的治疗方法、基础和先决条件。然而，其他学者也注意到，博伊斯也在其作品中明显表现出他并无意复兴任何本义上的巫术活动。他自己是这样解释的：

> 我想做的显然并不是回归这些早期文化活动，而是强调转化及物质的观点。这恰恰就是萨满要造成变化与发展时所做的：萨满的天职就是治疗……所以萨满教既是过去的一个标志，也暗示了历史发展的可能性……当人们说萨满活动是一种返祖和非理性的活动，也有人会反驳说当代科学家的某些态度同样过时和老掉牙，因为我们从现在起应该在我们与物质的关系的发展进程中踏上新的台阶……所以当我以一种巫术师形象出现或是提到这种形象的时候，我这样做的目的就是为了强调我其他更加重要的信念，以及找出一种对物质产生影响的截然不同的方法。比方说，在大学这类地方，每个人都表现得如此理性，巫术师在这种环境里就显得尤为必要了。(Tisdall 1979：23)

不仅如此，博伊斯的很多作品都体现出了对现代生活中“创伤点”的关注，并意图施以象征性的治疗。[18] 有些还涉及如何使用脂肪。举个例子，1977 年，作为对某个召集若干知名雕塑家在德国明斯特市指定地点创造雕塑活动的回应，博伊斯创造了《油脂》这件作品。在这件作品中，博伊斯找出了一个“伤痕”——城市中一个“病态的”或“疼痛的”点——并发现了一种提斯道尔所称之现代“建筑上的愚蠢”：大学里通往新建礼堂的地下通道中的一段，只有光秃秃的混凝土构筑的狭长的锐角楔形，积满了灰尘。博伊斯为制作《油脂》付出了巨大的努力。为了展现其疗愈观点，博伊斯严格依照这处空间的尺寸造了一个巨大的模子，长宽分别就足有 16 米和 5 米，他在模子里倒入了 20 吨融开的羊油和牛脂混合液。所有这一切都是在明斯特市郊的一座水泥厂里完成的，在这里，博伊斯不分昼夜地工作，把一桶又一桶的油脂倒进胶合板模具当中，巨量融化的油脂倒进模具给底部造成了巨大的压力，使得下方爆裂开来，博伊斯不得不对其进行加固。等这些东西在里面冷却了几个月之后，博伊斯又对其进行另一个“暖化过程”，用金属线将油脂楔子分割成了不同截面。接着他把这些大油脂楔子运到威斯特伐利亚美术馆的院子里，它们最终就以这种好似“雄伟冰山”的样子展示在了那里（Tisdall 1979：253）。提斯道尔称博伊斯奋力创作《油脂》就是“利用荒谬的艺术创造来说教和挑拨的绝佳范例，是对冷漠无情的环境的批判，并将其转化成了充满温暖能量的生存装置：脂肪储备”(253)。

博伊斯在摆弄物质的力量的同时，对于物质世界的生物性和人类创造力的过程有了新的思路。实际上，在艺术史学家唐纳德·库斯比（Donald Kuspit）看来，博伊斯的作品具有一种独特的性质，使其“无法作为艺术被归类”（1984：347)。当说到自己第一次在达姆施塔特美术馆的陈列柜中看到博伊斯的展品的经历时，他说道，博伊斯的作品在他看来具有一种原始的，几乎是原初的控制力：比外来的“高雅文化”更加具有人种志意味。在这空间高挑、灯光流露出几分忧郁的辉煌空间中，这位艺术家的作品让库斯比想起了人类意识中的艺术之力，换言之即“何为艺术”之力（347)。他这样写道：

> 眼前所见仿若生活的遗骸，看似是从某些古怪经历中挖出的文物，博伊斯的展品看起来既熟悉又陌生，既充满人性又好似天外来客的手笔。它们既是审美的存在，又不可思议地隐秘，因为它们一看就像是某种可能经历的残余和诱饵。(347)

请记住库斯比所提到的博伊斯艺术作为“某种可能经历的诱饵”的人

类学力量，在接下来的部分，我会让一个初看似乎离题万里的话题成为迥然相异的充满想象力的世界：澳大利亚原住民的世界观中脂肪的含义。本章开头我就暗示过，我讲这件事并不是单纯地要给脂肪的意义披上一件充满异国情调的民族志外衣，而是想要说明，博伊斯恐怕并非唯一一个认为脂肪是拥有转化之力的非凡物质的人。我们已经看到，博伊斯是从一系列现代早期和前现代欧洲渊源中获得了灵感而生成其观念的，但有点疑问的是，博伊斯对于我将要谈到的事例并不熟悉。然而有意思的是，博伊斯坚持认为有必要理解物质世界的能量本质以及脂肪等物质的潜能，才能从整体和世俗层面得出精神转化的观点，而这一观点与我们将要讲到的完全不谋而合。我希望这个例子能够让我们回过头来，对更加笼统地思考物质有多重要进行更加广泛的探讨：我们能够从物质以及“物质的活性”中学到什么（Bennett 2010）——非人造的物质和材料对社会环境产生影响的能力——以及按照博伊斯的逻辑，我们可能遗忘了的，想避免的和未见到的。

脂肪的生命

许多研究者都曾指出，脂肪在澳大利亚北部和中部的传统原住民社群当中具有特别的文化意蕴（Devitt 1991；McDonald 2003；Redmond 2001；Redmond 2007；White 2001）。在澳大利亚原住民的日常生活中，脂肪的诸多实际用途与其他地方并无二致，但是它也承载了高度的象征意义。脂肪不仅是一种关系到健康与体态美的颇受人们喜爱的食物，也被认为是能量的来源，同时还被赋予了灵力和诸如喜悦、力量、多产等积极的含义，甚至包含危险之意（White 2001）。比方说，托尼·雷德蒙德（Tony Redmond 2001；2007）在讲到北金伯利的恩加林因族人（Ngarinyin）时就指出，脂肪富含的热量及其浓郁的口感和让肉变得易于吞咽等特点，使得“肥美得当”这种说法成为恩加林因人对食物的至高赞誉。的确，渔猎在很大程度上要受制于季节因素，不同的物种在特定的季节会变得“肥美”。新生婴儿的肥胖程度也与其体力挂钩，爱打牌的人甚至把伞蜥的板油带在身上，认为这样能交好运。这些关于脂肪美味以及特定脂肪拥有独特功效的观点，与许多别的原住民群体中的观念如出一辙；比方说，生活在澳大利亚北部阿纳姆地的雍古族人（Yolngu）就是通过不同的食物源在不同时节变得“djukurrmirr”（富含脂肪）来区分季节变迁的。在雨季到来前的月份里，白花花的绿海龟脂就变得尤为珍贵，这也是捕捉肥硕的牡蛎和魔鬼鱼的好时候（Jennifer Deger，July 1，2013，个人采访）。

另外，雷德蒙德还坚称，至少在恩加林因人的世界里，脂肪物质的驱动力并不仅仅来自脂肪的味道或功能。它还关系到更加深层的种种想象，人们想象一个由先祖流传下来的物质与能量构成的世界，脂肪蕴含在土地、人的身躯、动植物当中，并转化成其他东西。比如，在恩加林因人的想象中，宝石和其他晶石或“油滑的石头”都是先祖身体里的脂肪凝结而成的。人的身体里也有类似的“石头”，经由伟大的医师之手，这些石头能够变得非常柔韧，并在身体内转移，根据媒介的变化而呈现出不同的软硬度。这些油滑的石头也塑造了恩加林因人居住区的特征：世界原本是胶状的一团，源生于此的万第纳（Wanjina），或者说先祖的本源，穿行于其中，种种特征方得以塑造出来。

不出意料，现存的澳大利亚原住民和其他诸多社群一样，由传统的饮食结构转而变得过度摄取精加工食物、糖分和饱和脂肪后，都饱受过度肥胖、心脏病和其他现代病的困扰。确如希瑟·麦克唐纳德（Heather McDonald 2003）所指出的那样，这其中有些问题也许会让人在某种程度上无从分辨好的脂肪——粗脂肪——与家畜提炼的脂肪及植物油之间的区别。但是，如果我们看看澳大利亚原住民传统饮食结构的研究结果就会发现，与过多摄入脂肪会造成有害影响的现代西方观念截然相反，至少在过去，尽管对个别人来说脂肪太过生猛，但经常食用动物脂肪被认为是非常有益的。[19]

关于澳大利亚原住民传统饮食结构的许多文献都记录了这样的观点，即脂肪是一种非常强大的祖传秘药，不但能够给人带来愉悦的心情，维护良好的社会关系，还能让人身体健康且保持洁净(McDonald 2003)。[20] 麦克唐纳德举例说道，东金伯利的某些地方，吉纳族人（Gija）和雅鲁族人（Yaru）的生理观念中，脂肪在胃里溶化，和身体里的血液或气息等物质一起，流淌在人体的管道系统内。因此脂肪不仅给每个人进行活动提供了能量，让皮肤变得圆润丰满，使人不致枯竭而亡，同时也是人通过排泄和出汗流失了其他脂肪与液体后的有效补充。所以，从袋鼠或巨蜥等澳洲本土动物身上获取到的脂肪曾经——现今也如此——被广泛用作舒缓皮肤和治疗疹癣疮疡的外用药膏，也就没什么稀奇的了。但是，当我们更宽泛地对脂肪是如何作为一种有益物质而得以广泛流通的加以讨论时，我认为我们有必要讲讲当代的一个极具戏剧性的实例。

20 世纪 80 年代末，人类学家詹妮弗·比德尔（Jennifer Biddle）在澳大利亚中部荒漠对瓦尔皮里族（Warlpori）女性手工艺创作进行实地调研时生了一大片疖子——金黄色葡萄球菌，当地人称之为“瘟基尼”(winjini)，这令她疼痛难忍。瓦尔皮里人看待瘟基尼，和雷德蒙德笔下的金伯利人看待“油滑的石头”有着相似之处，他们认为瘟基尼在人体内部和自然环境中都存在，而且在不同的国家有着不同的特点；比德尔所感染的瘟基尼跟植物和刺有关，因为瘟基尼就是从这些物质生发出来的。比德尔认为，对瓦尔皮里人来说，疖子并非一种现代病，而有着独特的历史和属于自己的故事，而且还与强大的先祖之力有关。

比德尔对这段经历生动的描述让人看了颇受启发。她这样写道：

> 很多年前我第一次染上**瘟基尼**，背上的第一个疖子让我的后背火烧火燎般疼痛，它要破开之前一跳一跳地胀痛，就好像高压锅快要爆炸了似的。后来，我的姨妈姑婶们轮流整夜陪着我，在我身边唱歌，揉我的瘟基尼、胸腹和大腿，一遍又一遍地涂抹特制的 **marparnijaku**——虽然用橄榄油或商店买的起酥油会更好，但有时候用的还是鸸鹋和 / 或袋鼠的油、脂肪，而且抹得**越多越好**——这些油跟他们在仪式中往自己身上涂抹并画满符号的油是一样的……这是一种刻印、变体，是将肉身之躯带入到先祖亘古不变的肉体构成的世界，带入到土地、身躯和画布中。(2008：98)

通过这份原始叙述，比德尔进而对瘟基尼和绘画之间的关系做了进一步的分析，指出我们不应将注意力局限在图案的具体内容上。她认为，认识到这种艺术形式也是绘画技术的体现也同样重要，画布要预先上料打底这一点尤为如此。与先往身上涂油才能在仪式上涂画赭石颜料一样，画布也要先用油料打底使之平整，然后才能在上面绘制符号。画布和人的皮肤差不多，表面都布满了细小孔洞——这是先祖与人类产生接触的区域——同理我们发现，正是脂肪或油使先祖的能量得以传递给人类：这种能量又一次反映了这样的观念，即自然是有生命的，有感知的，它是一种可塑的力量 / 事物，并对人类、动物和先祖的干涉以千姿百态的方式予以回应。

结　语

我在本章中关注了生命的物质性以及人们对于脂肪（和其他物质）

的种种看法，那么我们能从这些当中学到什么呢？我还着力说明了博伊斯等艺术家在其作品中用到的那些物质所具有的重要性，这些与上述问题在更广泛意义上又有何关系呢？尽管博伊斯的灵感是来自完全不同的考量，但我发现，博伊斯在谈到脂肪时，与某些民族志资料里记录的澳大利亚原住民传统宇宙观中脂肪流动的观念呈现出惊人的不谋而合。我们从中可以看到，脂肪拥有各种各样的象征意义，与其物质属性和日常生活中的实际用途有着深刻的关联，但是却催生出了另外的不那么寻常的想象中的变化，展现了关于世界的更为深层的本体概念，在这个活生生的世界中，人类与先祖、动植物都参与到了创世的过程之中。这一例子也让我们注意到，脂肪更为普遍和由来已久的种种含义，及其“滑溜溜”的特性，使其拥有了丰富的意涵——它们与肥沃和腐烂，与转化和复兴，与出生、死亡和精神超越之间的种种关联——并日趋显现出来，在时间与空间中蔓延（Forth 2012）。

博伊斯本人的宇宙观也与本章开头探讨的内容相呼应：英戈尔德呼吁，我们在进行社会分析时不应仅仅以物体为依照，还应对实体的重要属性有所关照。当博伊斯说，让他感兴趣的是“现实而非手工制品”时，他做出了一个明确的区分，即对不同实体的区分，比如脂肪和艺术作品。英戈尔德描绘了一个运转中的世界——在这里，物质世界中各种物质混合、凝聚、散开，处于不断成形、再生和转化进程中——博伊斯也同样做了质变的想象，他所想象的是“灵性炼金术”，脂肪等物质始终处在持续的成形和变体进程中。恰如英戈尔德坚持认为人类与自然及其补充之间的关系具有主体间性的天然属性，博伊斯也从一个截然不同且颇为独到的角度表达了同样的观点，即若非涉及探讨物质性和人类与物质之间的纠缠，人类的表达是毫无可能的。

很多学者都将博伊斯的作品总结为“思想是可塑的”，但博伊斯却说，即便是“思想”也只能通过人类身体及其感知器官得以表达。某次与哈兰（Harlan）进行访谈时，博伊斯再次就这一话题发表了意见：

> 的确，人作为一个个体时，是绝无任何可能向其他人表达自己的，只能通过某种物质途径。比如我说话，就必须要用到我的咽喉、骨头、声波，还必须要有空气的存在。而你得有耳膜，否则根本听不见我在说什么。只有将其刻印到某种特定的物质上，人才能表达自己的意图……换句话说，人与人之间信息的传递如果脱离了物质性，将是无法想象的。(Harlan 2004：56)

显而易见，物质性在博伊斯看来至关重要。且不论他对脂肪和其他物体是何等迷恋，他让我们认识到，当艺术家将我们带到与生命的基本元素更为深刻的关系中时，从更普遍的意义上来看我们能通过他们获得什么。加斯顿·巴什拉告诉我们，诗歌意象得自于物质，“它们通过来自基本元素的‘物质想象’得以显现出来”(Gaston Bachelard 1983：11)。巴什拉还主张说，物质的幻想“嵌于其客体之中；将实体的内里雕凿成客体”(113)。那么，我们也可以认为，尤其是约瑟夫·博伊斯的作品——以及通常意义上的雕塑——可以看成此种幻想的有力示范：这是对我们“心之所向”(Bachelard 2002)，以及全人类共同与物质发生关联的具体表现。

（艾莉森·利奇）

第五章

厌食症患者的真实体验：脂肪的物质性和隐喻

> 我认为……嗯……厌食症的症状和影响，体现了它的物理形态什么的，所以它才被当成一种疾病……对，就是这么回事；低体重是一种病，但脑子里的想法都是我自己的。
>
> ——克劳丁，厌食症患者，2008 年

“对变胖的恐惧和身体轮廓软弱脱相”（2007 年世界卫生组织：F50.0）是神经性功能厌食症的一部分诊断标准（见美国精神病学会 1994 年版）。这也是“厌食症一定伴有低体重”（Palmer 2005：2）的原因，是其与暴食症*相区分的地方。在多个学科领域里，厌食症经常

* 暴食症（bulimia nervosa）属于进食障碍的一种，全称为“神经性贪食症”，表现为不可控地多食、暴食，是一种饮食行为障碍的疾病。和厌食症一样，患者极度害怕变得肥胖。但二者临床表征不同，诊断方法也不同。——译注

被视为一种为了实现“苗条身材”而采取的极端方式（Bordo 1993），即采用绝食的方法期望自己可以达到瘦身的终极目标。笔者对英国一间接纳因饮食失调而住院的病人的病房（2007—2008 年）和亲厌食症网站（2005—2013 年）进行了人类学田野调查[1]，借助人种志参与观察法与半结构式访谈，本章从肥胖而不是瘦身的角度来探讨厌食症。我想通过追索被调查对象关于脂肪之物质性和隐喻的经验，来获得一个全新的角度审视这种我们通常认为和**瘦**息息相关的疾病，借此摸清厌食症对于厌食症患者究竟意味着什么。

这一章来自我对英国的饮食失调者住院病房和亲厌食症网站进行的人类学田野调查所获得的认知，在他们当中，瘦并不是一个关键考量因素。我动笔以后，通过反复的更宽泛更复杂的讨论，揭示出厌食症的确和身体有关系，但它并不仅仅是关乎身体的。这表明，为了提高对厌食症体验的理解，我们有必要不仅把这种疾病看作一种过度追求苗条的行为，而且要深入了解"'身体痴迷症'的肥胖恐惧和身体形象认知错位才是拒绝进食背后的主要驱动力"(Katzman and Lee 1997：386—387)。在田野调查期间，我接触的很多受访者都谈到了脂肪——以及进食、食物和厌食症。因此，通过将注意力转向脂肪，注意到厌食症患者是如何谈论它，因它而痛苦，将它概念化，甚至拼命逃避它以后，本章发出了这样的疑问：如果厌食症不是由于瘦引起的，那么，如果可能的话，是不是脂肪和厌食症之间存在着某种深层关系？

在欧美文化中，对于脂肪的指责和非议是显而易见的。普遍的观点认为，脂肪既是"可鄙的"(Kent 2001)——意味着脂肪是一种"从身体内部生发出的危险"(Kristeva 1982：71)，又是一种外在的"无关紧要的……多余的东西，一种肉体的腐坏"(Klein 2001：27)。学者们也论证过，"肥胖的身体通常被人认为是内在灵魂品质的一种外在表现"(LeBesco and Braziel 2001：3)，而它代表了从懒惰到好色，从贪吃过量到暴饮暴食(Braziel and LeBesco 2001；Farrell 2011；Gilman 2010；LeBesco 2004；Rasmussen 2012；Throsby 2012)。这些著作都仔细地考察并试图验证，此类零散的观点从根本上重新对肥胖的具体表现做了理论化的梳理(例如 Murray 2005a)。我将从另一个角度对这些有价值的讨论做一些补充阐释，不是从那些没有被社会框定为肥胖人群的角度，而是从厌食症患者的角度来思考脂肪是如何存在，如何被想象，如何被抽象化的，对于后者而言，脂肪显然有许多含义。我将探讨这些含义是如何发生作用和"干涉"(Haraway 2008)更广泛的文化建构的，以及对于厌食症甚至绝食性厌食症患者来说，诸如像过量这样的象征意味是如何从脂肪中脱离出来又重新链接回去的。

将胖和瘦从文化结构中提取出来进行分析并不是要试图把厌食症从文化语境中剥离。相反，这是为了厘清厌食症和文化之间错综复杂的关系，特别是表达情感方面的空间、模式以及语境都赋予了厌食症自身一种价值——它有什么用和它看起来是什么样子。厌食症和表现出脂肪主观性与概念化的人格之间存在着某种联系，而这个联系就是关键所在。在这一章中，我们将探寻绝食是如何逐渐形成一种疾病的，这种疾病被很多受访者称为“朋友”（Lavis 2011，2013）。这种与厌食症之间的友谊已经浮现出了社会人格；病人们认为厌食症为他们指明了道路，找到了逃离周遭世界的出口。这种认知是脂肪的物质属性与患者厌食症和社会性的主观思想混杂而成的。一种暂时的二元性就这样形成了，人体脂肪既直观地证明了厌食症可能造成的人格缺失，又在当下以令人意想不到的方式采取了行动。在人类学调查中，我还十分注重乔治·马库斯所号召的“遵循隐喻”（George Marcus 1998：92），以期探寻脂肪、厌食症和人格之间的碰撞与冲突。

我们把角度放在“厌食症患者视角”上（Gooldin 2008）——即厌食症患者自身的经验、价值以及主观性等——想和近期出现的一些不再局限于关注厌食症患者瘦弱这一点的著作（比如 Warin 2010）做一些探讨。不过，就算一些受访者认为厌食症很重要，甚至积极地去保持自己的症状，我们也不能因此就忽略了许多厌食症患者所经受的痛苦和矛盾，也不能因此而否认厌食症是一种危险的疾病——正如约翰·埃文斯在其回忆录中所写到的，厌食症是“阴暗而危险的，它在你身体里苏醒，折磨你直到你只剩下一具空壳”（John Evans 2011：19）。然而，尽管我承认厌食症会带来巨大的痛苦，甚至改变了一些受访者的行为模式和价值观（见 Tan，Hope，and Stewart 2003），我仍然不认为他们的身体经验已经完全被疾病所控制——即所谓“厌食症说了算”（Tan 2003）。因此，本章所探讨的是“最最重要的”（Hayes-Conroy and Hayes-Conroy 2010：1275），即受访者表达中的脂肪。如此这般，这些讨论也显示了这些病人的厌食症体验，对他们来说，这种疾病（虽然令人痛苦）可能也是他们在这个世界上的一种生存之道。

本章的前半部分将探讨个人与厌食症之间的关系，全面考量了罹患厌食症的人为什么会觉得身体是胖还是瘦非常重要，抑或非常令人恐惧。受访者对于厌食症的“来”和“去”，亦即厌食症“保有”人格并保护着自己，都有特别明显的感觉。为了不单单把脂肪当成一个视觉参数，而是全面考量其物质性是如何进入受访者的主观思想中的，本章的中段有一个专注于食物中脂肪物质属性的小插叙。对于受访者而言，脂肪有时是令人倒胃口的、迟钝和静态的，比如在甜甜圈里。其他时候，脂肪又是移动的、到处渗漏的，比如融化的黄油。本章的后半部分则会通过探寻厌食症对身体各部分产生的影响，以发现受访者是如何用脂肪的这些物质属性来转喻厌食症的人格概念的。对于受访者而言，身体脂肪的增加不仅会让他们更容易受到周遭世界的攻击，也会导致他们以不良甚至有害的方式去侵扰周遭世界。

第一部分　脂肪作证：进食、关联以及“他人勿近”

为了探讨出现在厌食症受访者表述里的脂肪，我们会跳过有关身材的顾虑和盘中的油腻食物，先从厌食症患者的生活经验开始。首先我们来说一个特定的时刻，即**正患有厌食症**。对于厌食症而言，脂肪是一种潜在的存在，为了理解潜在的脂肪所带来的恐惧，我们有必要先把注意力放在厌食症与厌食症患者的关系上。在住院病人和亲厌食症网站网友中，大量受访者都把厌食症描述为一种给身心带来痛苦的疾病，“恐怖的”和“地狱般的”这两个词出现的频率很高。同时，也有不少受访者把厌食症描述为“一个朋友”，他们通过不进食主动维护和“照顾”“这位朋友”。举例来说，塔拉[2]，这位30多岁的女士罹患厌食症20年，她在访问中提到，“很长时间以来（厌食症）都是我的朋友”。这种说法之前已被认同，即患者“会高度重视进食障碍症的核心特征”（National Collaborating Centre for Mental Health 2004：6.5.5），并且这种重视与患者本人的主观意识相连；因此，从人类学访谈（Warin 2006）到心理学访谈（Colton and Pistrang 2004；Serpell et al. 1999），我们经常能见到厌食症患者把厌食症描述为自己的一个朋友，这种情况在厌食症患者的回忆录中也很普遍。比如英国电视名人妮琪·格雷厄姆*就曾写道，“厌食症是我最好的朋友，我唯一的朋友”（Nikki Grahame 2009：309；Hornbacher 1998，2008）。而约翰·埃文斯（2011）更是在自己的回忆录中把他和厌食症的关系比喻为“一段婚姻”。

在我的田野调查过程中，受访者被问及为什么会觉得厌食症是“一个朋友”时会给出各种各样的回答，多数给出的回答是因为感觉厌食症对他们而言是“有帮助的”。在医院接受我访问的劳瑞说：“（厌食症）是朋友，绝对是朋友。它一直陪着我……而且它帮助我……明白吗？它确确实实在帮我。”同样，另一个受访者仙妮丝也说：

> 说起厌食症，我能想到的头一件事就是它对我来说好像一个朋友。就好像是……我不知道……嗯，对，对我来说它更像一个人，而不是一种病。它更像一个朋友，亲密的朋友，而不是我得了一

* 妮琪·格雷厄姆（Nikki Grahame），英国电视真人秀明星，1982年出生，因2006年参演英国真人秀节目《老大哥》出名，后主持《妮琪公主脱口秀》，深受观众喜爱。其童年时深受进食障碍和厌食症的困扰，12岁时几乎因病致死。——译注

种病。因为它每次出现时我都处在最低谷，那时的我非常沮丧，然后它就出现了，帮我挺过了那段时日。它总是陪着我，不论有多艰难，它都不离不弃。它总是会伸出援手，拯救我于水火。

仙妮丝的叙述让我们看到，厌食症好像一个积极的人一样对他们“伸出援手”，许多其他患者也都出现过类似的情况，感觉厌食症在掌控着全局。我通过亲厌食症网站接触到另一个受访者珠梅拉，她在受访时提道：“提起厌食症患者，我可以说这些人绝对不是为了让自己看起来好像模特或者电影明星，而只是简简单单地希望能够掌控自己的生活。”在受访人接受采访的过程中，他们都提到了当他们感觉需要帮助的时候，厌食症是如何与他们分担或替他们抵挡这些苦难的。厌食症可以为患者提供控制力这一特点在之前的大量研究中已有表明，这是一种“功能性应对策略，通过该策略，控制饮食就成为一种面对眼前压力并对其施加控制的方法”（Eivors et al. 2003：96）。就这一点而言，“利用厌食症避免处理其他问题”（Cockell，Geller，and Linden 2002：77）的意味就显得十分突出。然而，这些研究没有提及，正是患者把控制权交给厌食症，通过这一过程厌食症实际上获得了控制权，这使得患者和厌食症之间产生了如此亲密的友谊。此外，对于厌食症的现有研究大多倾向于认为内在主体意识的控制权转变跟外在的绝食行为对情绪的抑制有关。这就将研究方向导向了“进食障碍患者的情感生活是如何围绕着食物、体重和身材”展开的（Treasure 2012：430；Espeset et al. 2012；Kyriacou，Easter，and Tchanturia 2009）。然而，情绪抑制和无条件保护确实出现在了受访者的描述当中，厌食症所给予的“帮助”也表现出了一些关联性和空间性——既有外在的帮助，也有内在的帮助，而且这种帮助既是社会的，也是个人的。

有一个受访者凯特，谈到了许多其他厌食症患者提到的观点，那就是把厌食症当作“只属于我自己的空间”。对她来说，这种疾病既是一条逃避的途径——只要到了那里她就“什么都不用想”，也是一个她与外部世界之间的挡箭牌，替她阻挡外界的冲击。或者像波拉在接受采访中说的那样，“厌食症会让别人无法靠近你”，对照另一受访者米里亚姆的陈述——“与厌食症待在一起时，我从未感到孤独”一起看，这种说法就颇具启发性了。心理学文献将厌食症称为一种“情绪上的疾病”（Treasure，Smith，and Crane 2007：73），在这里它变成了保护患者的外在的他者，保护着他们不受外部世界的侵入。就它为患者提供的庇护、平静和舒缓来说，厌食症与人类学家艾伦·科林（Ellen Corin）提出的人类个体从精神错乱中恢复时所谓的“积极的退缩”状态十分相似。她认为这是一种“心理皮肤*和社会皮肤**相平行”的现象（2007：283）。就凯特这个例子，厌食症既是一种心理皮肤也是一种社会皮肤；她觉得它是“安全的”，她的描述也告诉我们厌食症是如何“保护我的安全”的。还有一个受访者，卡莉，在描述厌食症是如何帮助她对付困难时说：“因为有它在这儿（对付困难），我就不用去面对（困难）了。”我们注意到“施以援手”和“朋友”这两个元素，在整篇讨论里经常同时出现；厌食症一方面为患者提供了一条逃避的通路，另一方面它也会取代患者，现身于这个世界。这是一种确实的存在，而且我们有必要理解这其中的矛盾性。对于患者而言，厌食症是一个带来安全感的存在，同时也是一种

---

* 心理皮肤（psychic skin）指真实皮肤在心灵上的映射，它是一个心理容器，它控制人的情绪，使心理反应和情感都有一个适度的边界。——译注

** 社会皮肤（social skin）指社会生活中人将概念或身份标志当作自己在社会中的一种“皮肤”，代表着这个人在社会中的定位，包含着这个社会定位会相应具有的特点、观点等标志化符号，约束着个人在社会中的行为模式，并随之提供保护。——译注

逃避现实，甚或说是“被逃避”的手段。需要注意的是，我们在寻找的是支撑厌食症患者与厌食症之间纽带的原动力，而不是要无视他们所承受的恐惧与痛苦。克劳丁在描述厌食症是如何让她获得片刻平静并忘掉所有生活中遭遇的烦恼时说：“你就坐在那里，（厌食症）就那么来了，你什么都感觉不到了。然后我也会瞪着眼躺在床上什么都不做，或者睡很长时间。我就是要什么都不想，然后你就会真的变得浑浑噩噩的。”然而，当她描述厌食症给她和她的家人带来多少痛苦的时候，挂在她脸上的笑容消失了。在受访期间，克劳丁总会一再地用拳头击打自己的头部并抓挠自己的脸。

因此，在我注意到厌食症带给患者明显的痛苦的同时，我明白了厌食症与受访病患的所谓友谊既是来自病患的自我意识，也是一种主观的反应，因为厌食症对于患者而言，既是一个“他者”，也是其固有人格的一部分。在厌食症患者看来，厌食症是“熬过每一天”（Tucker 2010：526）不可或缺的。虽然跟“有帮助的”有些矛盾，厌食症协调和缓冲了受访者与周围环境的关系，为他们提供了进退其中、与之互动或逃离的通路。经此重塑和构建出来的每一天，使得厌食症**本身**或**经由**厌食症演化出了某种特定的人格。因此，受访者的绝食行为不仅“维持”了厌食症的人格形象，也使得这个人格形象呈现了出来（Curtin and Heldke 1992）。受访者的叙述也表明了他们与厌食症的“主体间的融合”（Jackson 2002：340）。凯特在她的访问中说：“厌食症是我的。它是我一个人的。我就是觉得我不想和你分享这个，而且你知道，它是我的……它就是我。这就是我做事的方式。静静地，一个人。”她也提道：“我不想敞开我的心扉，因为我不想别人了解这个……了解我，明白我的意思吗？如果我不告诉别人它（厌食症）的存在的话，他们也就不会了解我。”很明显，凯特关于保护自己和保护厌食症的话其实都指向的是一个行为，而这两个目标的达成（在她看来）都依赖于持续地绝食。利拉在受访中这样说，“嗯，（厌食症）帮了你，所以你也要帮它”，这里她所说的帮助，就是指绝食。在受访者的叙述中，厌食症既表现为绝食这个行为本身，从前面患者对于他们和这种疾病之间的友谊以及人格的说法也能很清楚地看出，厌食症也是通过绝食**维持**存在的“实体”；对于受访者而言，厌食症的存在依赖于绝食，但也比绝食本身更加重要。我在其他文章中（Lavis 2013）详细阐述过这种约翰·埃文斯在回忆录里叙述的通过绝食来“和厌食症保持亲密关系”（2011：83）的情况。而当前讨论的关键则是脂肪在这个环节里的位置和作用。人为了生存必须进食，而只有继续活着才能保持厌食症的状态，所以对于这些患者来说，又要活下去又要绝食，厌食症真是一个不靠谱的朋友。它的存在必须被反复验证，特别是进食之后，你需要检查你吃下的每一口“危险”的食物都没有把你的厌食症赶走。受访者通常通过自己消瘦的身型来对此进行评估。

米拉在受访中描述了她的“身体巡视”，用手套住自己的胳膊和腿仔细测量。通过“确认自己身体粗细”的动作，米拉就能确认自己的厌食症还在，还能在她需要的时候给她提供逃避和接触这个世界的通道。米里亚姆也在受访时说过类似的话：

> 要是你的身体变重了，那种感觉就好像……“你又做了什么错事？你昨天做了什么？到底哪里出了问题？你为什么要增重？为什么？为什么你要这么做？到底发生了什么事？怎么会……为什么，为什么……为什么要增重？你有毛病吗？你是不是脑子进水了？你不需要增重！你现在体重上升了，你知道吗？你放弃了，你这个软弱可悲的懦夫！”所以……你知道，你必须坚强起来，你必须继续下去，坚持下去。

米里亚姆的这番陈述让我们注意到在某一时刻，胖和瘦会显得对于患者厌食症的主体意识非常重要。瘦并不是最终目标，瘦是厌食症存续并能为自己提供友谊和庇护的重要标志，而进食对他们来说则会破坏这种平衡。伊娃就在接受采访时说过："我反正是从来没考虑过减肥，我根本不想减肥。我只是觉得如果我要是比前一天吃的东西多我就会长分量……这跟减肥一点儿关系也没有，完全是因为我吃东西的话就变胖！"《精神失常诊断与统计手册 第四卷》（美国精神病学会 1994 年版）把这种"对于增重和变胖的强烈恐惧"作为诊断神经性厌食症的重要依据之一，人们也普遍认识到，对于厌食症患者来说，"体重增加可能是一种令人恐慌的体验，不仅在精神上，肉体上也是如此"（Treasure and Ward 1997：107）。而上文所陈述的那些关于"厌食症人格"及其与患者之间的关联性，让我们重新开始审视导致产生"体重增加恐慌"的原因究竟是什么。如果消瘦表明存在，而变胖代表消失，任何通过触摸或称重察觉到的增重对厌食症患者都意味着对自己的厌食症"照顾不周"，都意味着失败。妮娜在受访时说："如果我吃东西，我就会觉得自己变胖了，我令人恶心，我很肮脏，我是个失败者。"同样地，珠梅拉也描述了自己对变胖的恐惧，"你都能看到那些可怕的肥肉爬满了你的全身"。

与其说胖和瘦对正处于厌食症或经历了厌食症的患者来说很重要，不如说胖与瘦才是绝食的原始驱动力，这与认为厌食症患者意在维持消瘦状态，因此胖就意味着失败的通常的"厌食症主体的外在表现"（Allen 2008）是不同的。对于他们来说，胖和瘦是一个标示厌食症存在与否的可量化参数。因此，虽然很明显厌食症不是针对身体的，而是以自我绝食的方式**通过**身体来维持的，但在这种情况下，"身体胖瘦"虽不是重点也已变得十分重要了。因为这一非此即彼的状态似乎只能通过厌食症患者的身体视觉性来进行界定。莎曼珊·穆雷曾经对肥胖的“高度视觉性”进行过研究，发现跟厌食症一样，人们对肥胖经常只关注其视觉性，完全无视它的现实属性。然而，我理解人的身体是有关联性的——它们“通过社会互动实现边界”（Haraway 1991：201），并且要承受别人的目光——这里体现出来的视觉性非常有趣。很明显受访者们对身体的自我审视更加重要一些，亲厌食症网站上的绝食贴士里就有“给自己录像，当你想吃东西的时候就拿出来看看，看看你已经胖成了什么样子”这样的句子，有力地证明了这一观点。这种审视所监控的并非视觉性本身。不仅如此，视觉性还被拉进来用以证明自我与世界相互碰撞的主观观念。

我的许多受访者都会在被家人、朋友或医生告知“你看起来好多了”之后深感痛苦。阿比盖尔这样说：“他们是多么的愚蠢啊，难道他们不知道他们所谓的‘好多了’就是意味着我胖了吗？”她提醒我说道，胖了就意味着“孤独”。对阿比盖尔这样的受访者来说，胖了就意味着双重损失——既损失了与厌食症的友谊，又损失了这种友谊所能带来的人格，那么很显然，变胖就意味着失去保护。特别是我的那些因饮食障碍而住院的受访者，他们因为接受强制进食治疗而体重不断增加，厌食症症状也在不断消退，他们对我说他们已经失去了“社会皮肤”，不知如何与社会和周遭环境接触（Corin 2007：283）。进食不仅仅导致厌食症创造的“安全空间”消失了，一同消失的还有“站在”患者与周遭的现实世界之间的厌食症本身。因此，“觉得自己变胖了”对于许多厌食症患者来说不仅仅描绘出了一种他们不想要的视觉上的肉体变化，也表示他们真真切切地感受到自己变得脆弱了。米歇尔在接受采访中说：“关于我的厌食症有一点需要说的就是，生活和这个世界对我来说太过沉重了。厌食症可以帮我简化选择，它真的帮我控制我自己。”“太过沉重”是她表示自己在治疗过程中感到厌食症正在离她而去时一再使用的词汇。与许多其他的受访者一样，米歇尔也告诉我，她感觉其他人的声音、思想和感情开始不受控制地“涌向”她。对此米歇尔问我：“你怎么看‘好吧，那不是我的问题，那是其他人的问题，那不是我能控制的’？我控制不了经济，我就连这个医院里发生的事情也控制不了——这是别人的事情，我控制不了。”显然，从米歇尔的话中我们可以看到，上文所述的厌食症对患者自身情绪的控制与患者对他人情绪的体验产生了某些共鸣，这种情况在其他心理文献中也有提及（Kyriacou，Easter，and Tchanturia 2009；Warren and Cooper 2011）。另外，米歇尔的叙述也表明对于厌食症患者来说，社交才是更可怕的体验。当厌食症不再充当患者与外界的缓冲角色时，患者会感到与其他人的距离过近，无所适从。宝拉和一些其他的受访者用“令人窒息”来形容这种感觉。这个词让我们得以知晓，胖不仅是衡量社交过程的一个指数，也是社交过程的一部分。为了理解这一点，更重要的是理解厌食症患者与社交之间的关系并不是单向性的，我们需要开始思考脂肪的物质性。通过探讨脂肪是“难以区分的；作为一种物质存在于皮肤之下，既是皮肤本身，又是皮肤的构成物”（Colls 2007：358），可以帮助我们了解为什么对厌食症患者而言脂肪是损失的证明和脆弱的诱因，却会出其不意地在厌食症中出现。因此在进入后半部分探讨脂肪的物质性和厌食症以及当厌食症患者因增重而失去厌食症时所出现的人格之间的关系之前，我们将通过下面这段插叙先来思考一下脂肪的物质性。

插叙：盘子和身体、借代和实质之间

我在英国进行田野调查时，在进食障碍者医院里见到许多装满一口一粒独立包装黄油的盒子，上面写着关于住院生活、个人抗争和“变胖”才能生存之类的鼓励词句。而现实是，为了逃避这种临床用食物，患者们的奇思妙想让人大开眼界。他们把黄油抹在头发上、椅子下或者衣服上，只要能够避免摄入甚至接触黄油，厌食症患者什么都干得出来。这种逃避行为在这家医院随处可见。每周三晚上，伴着昏黄的灯光，烹饪小组的活动开始了。有几位病人在快要出院前参加了这个小组，他们是根据治疗建议来到这里的，在职业治疗师*的指导下进行烹饪。每位病人各自准备、采购食材并烹饪自己的菜肴，然后在当周的烹饪小组活动上把准备好的食物拿到食堂隔壁的一个小屋里，与其他组员一起聚餐。这些职业治疗师和参与者们热情地让我加入他们，我们在很多个周三夜晚一起活动，一同聊天、欣赏音乐，分享彼此的黑色幽默。然而，在此起彼伏的欢声笑语间，烹饪小组的成员们在触碰食物时都会显得极端痛苦。他们中的一些人会捏着餐具的边缘，以使食物显得离自己尽量远，哪怕一丁点儿土豆泥或大米布丁从餐勺中滑落都会吓得他们蹦起来三尺高。另外一些人则会频繁地洗手，不仅接触食物的时候会洗手，甚至用勺子搅动炖锅后也要洗手。在烹饪过程中，烹调工具会不断被放到水池里洗，炖锅里的每一次搅拌都得使用不同汤勺。有些人捏住自己的鼻子甚至捂上脸以免闻到烹饪的味道。这种不断与食物划清界限的行为部分来自于对厌食症的持续保护，即我们在第一部分谈到过的，厌食症患者会把厌食症当作朋友，并想要保护这份友谊和生发出来的厌食症人格。而在烹饪小组的这个事例里，我们可以看出脂肪在这种心理反应中的特殊地位；与其他事物相比，脂肪更频繁地被形容为“危险的”和“造成污染的”，并且会引起更多的恐慌。受访者对脂肪这种物质的概念集中于两种截然不同的物质属性：脂肪既是稳定的、有包容性的和令人反胃的，同

* 职业疗法（occupational therapy）是一种通过安排特定活动来帮助生病或受伤的人掌握或恢复技能的治疗方法。——译注

时也是流动的、善变的、无法控制的。

有一周克劳丁和我在烹饪小组的活动上做了意大利调味饭。结果克劳丁发现很难说服自己把“更干净的”食物——对她来说就是干燥的食物，比如大米——放到锅里与油混合。她解释说她觉得这样做大米就会被油玷污，甚至困住了。她恐惧的焦点在于油完全包裹了每一粒大米，把它们拖入永恒的危险之中。这种令人窒息的凝滞感也在受访者描述油、黄油和润滑油涂抹于手、嘴唇上和进入他们嘴里的感受时出现。在谈到接受强制进食这一治疗厌食症惯用的疗法时，受访者会频繁地提及一些食物，甜甜圈就是其中之一。他们对于被要求吃掉甜甜圈这件事非常抗拒，其中的原因不仅是因为甜甜圈会让他们的身体变胖，增加脂肪，更因为甜甜圈这种食物的物质属性让他们心生抵触。一位住院的受访者艾丽告诉我，甜甜圈**太油腻**了。她这个论断的依据是甜甜圈不能被碾成面包屑；相反，它会黏成一摊，这说明有脂肪在里面维持甜甜圈的整体性，让它不至于被分开。每当这些医院的受访者在公共就餐时间试图悄悄用手把甜甜圈碾成粉末以便丢掉时，他们发现最终结果仅仅是自己沾了一手油而已。在一次餐会上，我的另一个受访者克洛伊也试图这样做——这样就可以不用吃掉它——的时候，突然崩溃并尖叫起来，她一边嚷着“我再也不要吃这种恶心的东西”，一边把她碰都没碰过的甜甜圈扔到桌子上用力拍打，直到它变成一坨果酱和糖组成的油腻面糊，然后哭着跑了出去。像甜甜圈这样的食物，之所以会引起克洛伊这样的厌食症患者的恐惧和极度反感，主要原因是它外部包裹的厚厚的油脂，这和克劳丁炒饭时所面对的困境如出一辙。不过在克劳丁的情况中，她对油脂包裹大米的恐惧不仅与困境感和强制接触感产生了共鸣，也表明了脂肪的第二种令厌食症患者恐惧的物质特性，那就是除了稳定性和看似坚不可摧以外，脂肪在厌食症患者的描述中还有移动性和渗透性。

油脂包裹大米时所展现出的无法控制和不可捉摸导致克劳丁产生了退缩。梅根·瓦林（Megan Warin）在从人种志角度研究厌食症的时候，也探究过脂肪的这种特性。她认为对于她那些患有厌食症的受访者而言，“任何泛着油光（比如披萨上面融化的奶酪）或者会留下油渍的食物……都被认为是危险的、油腻的和肮脏的”（2010：117）；此外，油和油脂是“最危险的……因为它们可以顺着皮肤的缝隙流动并渗入体内”（106）。厌食症患者害怕脂肪可以在体表流动并渗入体内的原因我们之前也有提到——因为厌食症是通过绝食维持的。在我进行田野调查期间，为了测试他们是否在“妥善照顾自己的厌食症”，我让一些受访者实施所谓“咀嚼然后吐掉”的行为。他们详细讲述自己怎样将一大口食物吃进嘴里，然后仔细地咀嚼，最后吐出来。亲厌食症网站把这种行为作为一种测试绝食勇气的手段大加提倡，而阻止食物进入身体正是维系厌食症日常存在的一部分。不过我的一些受访者和亲厌食症网站上的讨论也表明，这种“咀嚼然后吐掉”的行为对厌食症来说可能也存在危险性，也许会带来一败涂地的结果，而罪魁祸首就是脂肪。一个亲厌食症网站的用户描述过为什么咀嚼然后吐掉可能适得其反，这是因为“脂肪会顺着你的喉咙滑下去”。正如脂肪在热锅里四处游荡一样，它也可以肆意穿越身体的界线。将脂肪这两种相互交织的物质性——动态和静态——结合在一起，另一位用户2011年时在亲厌食症网站上写道：“（对于咀嚼然后吐掉来说），油脂（非常讨厌）会粘在你的舌头上和口腔内部，你会吃掉这些脂肪而吐出了所有的营养。”因此，“咀嚼然后吐掉”提醒了我们，对于厌食症来说，进食意味着怎样的失败，而力图维持厌食症又是何其的危险，同时也展现出脂肪被认为既会破坏他们当下的身体边界，也证明着这些边界曾经是如何支离破碎。

在对脂肪形成的后一个概念里，脂肪因为其流动性而被视为具有活力。“活力，”简·本内特（Jane Bennett）认为，“是物质——食物、日用品、风暴、金属不以人类的意志为转移并按照自己的规律和轨迹运行的能力。”（2010：Ⅷ）凯伦·巴拉德（Karen Barad）也有类似的说法：“物质并不是一种一成不变的实质，相反，物质是能进行内驱行动的——它不是一个物件，而是一种行动，一种媒介的定型。”（2003：828）厌食症患者将厌食症拟人化的过程中伴随着对于脂肪凝滞性和流动性的概念化理解。现在我们已经了解了厌食症患者对脂肪的认知，可以开始探讨脂肪的双重暂留性了。对于这些患有厌食症的受访者来说，脂肪扩大了他们身体的可视范围，破坏了他们精心维护的身体界线，这不仅意味着他们可能失去厌食症的保护，而且也意味着患者本人面对整个世界暴露出自己所有的脆弱。患者还会觉得脂肪能够改变人格，这种看法其实是从脂肪令人反胃和具渗透性等物质特性转喻而来。

第二部分　脂肪行动：身体、人格与调和连接

凯特在受访中这样描述进食的感觉：“我就是觉得只要我嘴里有东西，不论这个东西有多小，都会不断变大塞满整张嘴。这让我觉得自己就像一只仓鼠，腮帮子鼓鼓囊囊塞满了食物。”其他很多受访者也有类似的叙述，并且这些叙述和他们对于食物如何变成脂肪的表述相互关联。一个在英国难得一见的阳光明媚的夏日下午，我和住院病人阿比盖尔离开进食障碍病房，溜达着穿过精神病医院里茂密的灌木丛。她刚吃过下午茶，那天的点心是覆盖着厚厚糖霜的胡萝卜蛋糕，她因此显得越来越焦躁。她必须压抑自己“逃离杯形蛋糕”的强烈欲望。阿比盖尔向我解释说她可以感觉到蛋糕正在自己的身体里四处游走并不断膨胀，它

正穿过她身体的边界，让她的皮下出现脂肪层，并向外伸展。她用拇指和食指掐着自己的上臂，向我展示她想象中存在但并未在那儿的——或者说可能会出现的——扩张出来的脂肪。在凯特和阿比盖尔的叙述中，我们能看到一个明显的线性指向，即吃掉的食物会转化成——或者说质变成——脂肪。这在其他受访者的叙述中也有体现，比如伊娃也说过：

> 每一顿饭后，每一次吃过东西之后，我都能感觉我已经胖了。我觉得，我有这种奇怪的感觉……我知道这不理性，但我认为重量已经直接贴到了我的肚子上，我已经变胖了……在我把食物吃下去的一瞬间，我已经胖了，已经胖了。不，事情不应该这样……即使我不得不吃饭变胖，也不该是这样子的，这么快！你知道我的意思吗？但我会马上开始抓着肚子查看有多少脂肪长在上面了。因为我最容易胖的就是肚子。我不会去看我的胳膊或腿什么的……好吧，我偶尔也检查一下，不过最重要的还是肚子。

作为“融合的场所”（Carden-Coyne and Forth 2005：1），伊娃的肚子就是脂肪的两种暂时性融合的地方。就外在而言，肚子上的肉变多就意味着她吃东西了，没有好好保护她的厌食症，这令她感到羞愧；就内在而言，肚子是伊娃感觉食物立即转化成脂肪的部位。由于正是食物“实际上构成了身体”（1），所以我们才会在本章的第一部分中看到，进食与否被患者当作检测厌食症是否离开——或主动消失——的证据。脂肪被认为是对厌食症明显的威胁，每一小口的摄入都会被厌食症患者过度警觉地感到它们在自己的身上安营扎寨，从而改变身体的轮廓。这一过程的线性和即时性显示出，脂肪与厌食症之间的斗争被具象化了，能够完完全全地通过身体感受到。同时矛盾的是，在这个过程中，作为媒介的身体几乎完全转化成了一种物质隐喻。阿比盖尔和伊娃的叙述，跟第一部分里讨论的视觉性一样，提醒了我们思考身体“必须慎重”（Grosz 2001：26），而且必须与许多受访者关于人格和厌食症之间主观性的复杂交错联系在一起来看待。了解了流淌和凝固在盘子上的脂肪的“充满活力的物质性”（Bennett 2010），我们现在能够理解，进食和发胖之间的线性关系不仅仅从概念上重新定位了消化和新陈代谢的载体，而且还和厌食症患者油腻食物体验中对脂肪渗透性、逾越边际的能力以及污染性的认识相呼应，并通过身体确定了下来。如之前阿比盖尔所述，胡萝卜蛋糕在阿比盖尔体内不受控制地运动意味着一种让她发自内心的讨厌感油然而生，也意味着通过脂肪被动具现化的物质属性而重新构建人格。为了弄清这一切，我们首先需要思考的是受访者关于他们的身体“变大”到超出他们之前悉心维持的“边界”并变得“占用更多空间”的叙述。

在治疗期间，有一次我问阿比盖尔为什么如此害怕体重增加，她描述了她的恐惧，然后补充道，“要是没有厌食症，你就会立刻很自私地变大”。类似“变大”这样的表达也出现在很多其他受访者的陈述中，比如“膨胀”和“占据更多空间”。这一下子就让人想起了对于肥胖身体普遍存在的一种“越界”的看法（Braziel and LeBesco 2001），占据更多空间与过量的感觉发生了共鸣。然而，此处我们必须小心谨慎，不要把受访者的陈述与这些认为肥胖就是过量的文化意象联系得太近；否则不但我们的焦点可能就又回到了肤浅的脂肪的视觉性上，而不是脂肪的具体含义上，而且也容易使我们简单粗暴地把厌食症患者对于脂肪的主观性认知归类为一种文化指向反应。因此，我们需要把我们的分析聚焦在一个更小的范围：烹饪小组上油向大米的渗透，阿比盖尔身体里胡萝卜蛋糕的移动，以及厌食症的“社会皮肤”丧失后会出现可怕的社交性的退缩等等（Corin 2007）。这三个点可以让我们不囿于受访者主观性与主流文化比喻之间的简单关系。相反，我们可以认为，厌食症患者“借鉴、取代和改造文化符号是为了定义并驯服一个难以捉摸的自我和世界”(277)。这些受访者所说的“变大”并不只是形容一种身体状态，而是**通过**身体清楚地表达一种关于自我的感觉。在这里，身体及其轮廓既是物质的也是转喻的，同时也位于文化与私密而鲜活的个性之临界点上。这是因为，随着患者感觉到身体通过体重增加而占用了更大空间，他的人格也同样发生了变化，不论经验上、感觉上还是日常生活中——这种体会在厌食症治疗中会变得更为明显。受访者描述说，是这种感觉推定了他们所认为的脂肪——不论是身上的还是盘子里的——所具有的物质属性。这样，当身体更多地作为一个视觉参数时，受访者的身体和人格比**厌食症发作时**要连接得更为紧密。通过借鉴普遍文化意义上对脂肪的看法，把它作为“身体能超出既定限度的证据”(Colls 2007：360)，受访者明确地表达了那种自己的身体和人格都不受控制的感觉。

许多受访者都说，体重增加后“占用更多空间”的感觉与厌食症本身就是“空间”的感觉截然相反。第一部分里谈到厌食症的“空间”时，我就指出，厌食症患者退缩进厌食症的空间这种说法在某一程度上是患者希望自己消失。与之相映衬的是，当患者退缩进厌食症的“空间”里时，厌食症“站出来”挡在了受访者与周遭的世界之间。米拉在采访过程中向我解释了为什么说厌食症对她身体的框定是如此的脆弱，而早前我们也讲过她仔细测量自己胳膊和腿粗细的行为。米拉说：“这是一种对你自己非常严格的检查，就跟这之前你检查食物那样。我从来没有……这从来就不关减肥什么事，这就是一般的强制行为。”从米拉的话中可以看出，在罹患厌食症的过程中发展出来的人格让她倾向于不与周围的世界发生互动。乔西是一个亲厌食症网站的用户，在对她的采访中，她也表明了这一点：“当我病得非常严重的时候，我觉得我就是一个活的影子，瘦得好像一个活的影子，有时候我就喜欢自己能像影子一样。”她形容如果能活得像个影子一样，就可以让她存在于这个世界中但是不留下痕迹。对她来说，这意味着不能“太有存在感”或“太显眼”。艾丽也表达了类似观点，通过让厌食症接管一切，她几乎可以做到“万花丛中过，片叶不沾身”。与之类似的，米歇尔也提到过她总是避免“对别人有任何一丁点儿影响”。与这些叙述所描述的状态相反，体重上升以后，身体所映射的那个人格不再是厌食症时的那个人格，厌食症将不能再“站出来”替你抵挡这个世界了。随着厌食症所提供的容器的消失，厌食症患者发现自己不得不在没有厌食症的情况下，想方设法“站出来”面对这个世界。

因此，我们可以说厌食症患者“感觉变胖了”对他们自己而言具有双重二元意义：既与身材和人格的变化相关，又代表脆弱和劳拉所谓“太过”的感觉。在本章的第一部分，我们证明了身体中脂肪的出现可以诱发并佐证由厌食症所构筑的人格的消失，脂肪应证并产生的缺席，让受访的厌食症患者感到自己脆弱不堪。当厌食症不再替受访者抵挡这个世界，他人的声音、情感和话语就会排山倒海地涌进来淹没他们。然而，在情感因素和物质性的交织之下，关于“变大”和“占据更多空间”的叙述让我们得以洞悉一种相反方向的流动、渗透或变形，“情感从两个方向的流动中间产生了”（Seigworth and Gregg 2010：1），因此既是主动的也是被动的。“感觉变胖了”和“变大了”的叙述表明，对于厌食症患者来说，从自我到社会性和从社会性到自我这两个方向的流动都导致和体现了威胁以及污染。米拉曾进一步解释她之前描述的“保持一个非常严格的自我检查”，她说：

> 你要把所有东西都收回到自己这儿来，这是保证让你自己足够紧密的方法，同时还能保证你不再对别人施加影响，毕竟对

> 别人说三道四很轻松，却会真正伤到别人的感情。你不小心说出的话不知道什么时候就会伤害到别人，破坏到他们的生活。所以我就这么做的……我不停地告诉自己，你知道的，就是“别说话了，别说话了”，当它（厌食症）不在的时候我就会觉得真的不说话怎么那么难啊。不过我觉得如果我自己的存在少一点的话，那么我就觉得我在这个世界中的“涟漪效应”也会小一点。

因此，当新的不受拘束的人格以不受欢迎和不受控制的方式从患者体内溢出来时，不仅厌食症患者面对社会会觉得脆弱，他们周围的社会面对这些患者时也是十分脆弱的。许多人都像米拉一样，苦恼地描述自己非本意地影响了周遭的世界甚至可能通过“涟漪效应”对其造成了伤害。

尽力不“占用更多空间”是为了不对这个世界造成伤害——可能会触碰但是不会渗透——这种观点表明，对于厌食症患者而言，厌食症不仅是他们可以隐藏的安全空间，也是他们与世界连通的一种矛盾的方式。这种疾病对米拉和其他患者而言意味着一种与世界保持联系的“克制的”特别方式，不仅要小心翼翼，以实现“他人勿近”，也不想和世界发生过多的接触。如果我们把厌食症当作“社会皮肤”（Corin 2007）来看，这一切就都解释得通了。正如米歇尔·塞尔*所说，皮肤是二元的，“藏于其下，透过其间，借由其形，我们与世界彼此相接，在感觉与被感觉之间，是皮肤成了共有的边界”（2008：80）。他认为，皮肤不仅能够隔绝外界，而且还能“干涉世间的些许事情，让它们融为一体”（2008：80）。因此，当一个安全的厌食症人格被一个让人觉得陌生而且有害的人格取代时，“感觉变胖了”和

* 米歇尔·塞尔（Michel Serres），法国著名哲学家。——译注

“占据过多空间”就明显地表达出一种链接断裂的同时另一种链接被强制接入了。当受访者发现他们既不能实现自己想要的人格也无法掌控外部世界的时候，孤立感对他们来说可能是最贴切的形容了。米拉在受访中提到的“把自己折叠回去”这种描述也说明了脂肪和厌食症之间循环往复、无休无止的相互关系。米拉认为取代厌食症人格的这个新人格可能有害，这种感觉促使她更迫切地想要摆脱自己身体里的脂肪，只有如此她才有可能再一次了解“（自己）身体的边界”。厌食症患者为了维护自己的朋友（厌食症人格）而牢牢抓住厌食症，演变成了紧紧抓住自己摇摇欲坠的自我意识，这是一个很多厌食症患者都会经历的循环。这也向我们揭示出厌食症患者认为必须与厌食症“一起才能生存，不然生活根本无法令人忍受”(Fischer 2007)，它会变得对患者越来越重要，因为不能忍受的事情一再重演，即身体边界一再扩张。如此这般，通过严格的身体审查和绝食，厌食症患者在两种极度深刻的痛苦之间来回摆动，对于他们而言，厌食症带来的痛苦比肥胖带来的痛苦程度要轻一些。

结　语

在本章中，脂肪不仅能在盘子上流淌，渗入皮肤，还能从意象与叙述、社交世界和情感中渗漏和蒸腾出来。对这种转喻层面以及借代的追寻，让我们能从另一种角度反思我们曾简单诊断为肥胖恐惧症的一种疾病，而且对于这种疾病，大众对病因的认识甚至还停留在所谓追求极度苗条上。把焦点放在脂肪的物质性上为我们提供了更好的角度去理解厌食症患者概念中的厌食症、脂肪和身体之间彼此分离又彼此关联的错综复杂的关系。这个角度也让我们了解厌食症患者在正常状态和发病状态下的社交体验和他们存在的具体呈现方式是怎样一种情况。在本章的开头，我们探讨了厌食症患者与厌食症之间的关系。通过这一关系我们看到，瘦并不是厌食症患者的终极目标而仅仅是一个判定厌食症是否存在的参数。我发现这种情况是因为厌食症患者认为厌食症为他们提供了帮助，而他们需要"回报"，即通过绝食"照顾"自己的厌食症。因为能在令人痛苦的情绪或人际交往中为患者提供一种平静的感觉，厌食症被厌食症患者描述成了一个可以躲避的空间和一个患者与现实世界的"缓冲地带"。我们还通过把注意力放在脂肪的物质特性上，从而从受访者的叙述中发现了一种双向的流动。随着厌食症消失后人格继续按照患者外形轮廓进行映射，脂肪不仅诱发患者的无力感，同时也引发了患者对于自身以一种有害的、过度的方式与社会发生互动的恐慌。综合考虑这些情况，我们认为厌食症为患者提供了一种既与世界连通又与其隔绝的看似矛盾的解决方案，对患者而言它提供了一种生存方式——存在于世上，但是完全不对它产生任何影响。追寻人格、厌食症以及脂肪之间的线索，我们发现患者主观意识与文化成见之间的遭遇时刻，也是物质性与隐喻的遭遇时刻。在本章的第二部分，我们特别展示了文化成见诋毁下的身体脂肪形象具体出现在厌食症患者的身体和某些食物上时会带来怎样的效果。很难具体解释到底厌食症和这些文化修辞是如何发生作用，并最终让厌食症患者把脂肪的这些物质特性与自我保护和自我意识的消失相关联的。可以说，饮食和脂肪之间的关联远比我的受访者所描述的更为复杂，而他们对厌食症的那种个人责任感和自责也与媒体报道的"全球肥胖"（Delpeuch et al. 2009）遥相呼应。我没有刻意要做出一个判断，因为这样可能会导致"反应形成*层层堆叠"（Butler 2000：

* 反应形成（reaction formation）是一个精神分析学概念，指无意识的防御反应，即对某些能接受的潜意识冲动采取恰恰相反的反应形式。——译注

20）式的笑话。相反，我想通过在伦理层面探寻模糊的鲜活体验与文化话语，去用心倾听那些对于个体而言“任何或无论怎样都很重要的事情”。我们能够看到，对于患有厌食症的个体来说，脂肪能给他们带来既深入内心又支离破碎的影响，也能在情感以及象征意义方面显示出其重要性。

（安娜·拉维斯）

第六章

有脂肪才有未来：生物勘探、脂肪干细胞与自生乳房物质

医生只要挤一挤，压一压，把脂肪组织填到皮下瘪掉的胸部那里，运气好的话，就能把做完乳腺癌手术只剩下 A 罩杯（或彻底切除了）的乳房变成健康的 B 罩杯或 C 罩杯。

——莎伦·贝格丽

居于主导地位的西方权力 / 知识体系对脂肪抱持一种否定态度：脂肪是一种过剩和浪费。脂肪总是被人们与“令人讨厌、糟糕或死气沉沉等性状的具体表现”相提并论，并因此而饱受鄙夷，成为必须被摒弃的东西（Kent 2001：130）。肯特指出，这一文化语境拒绝承认脂肪的物质化属性，肥胖的躯体被“分散化、医学化、当成病态和转化成对肉体本身心怀恐惧的不幸想象”(2001：132)。[1] 然而，脂肪并不具有本体论地位：它是通过特定的意

义建构系统而被赋予了意义且被动表示出重要性的。脂肪意味着什么以及脂肪处于什么地位，必定要取决于它存在于什么范围当中。这一章所关注的就是脂肪在医疗科技上的应用、用身体做文章的诸多经济现象，以及因上述发展而得以实现的种种身体材料。

我对乳腺癌手术后所进行的乳房再造这一领域尤为关注，该领域有对脂肪进行再排布、再评估以及利用与操作的一系列绝佳实例。关注这一领域让人觉得特别有收获的地方在于，说到乳腺癌，我们就能明显注意到有些形式的脂肪是有价值并且有益的：脂肪（动物脂肪）组织是（连同乳腺在内的）乳房形态的关键组成部分，从而塑造了女性的身体轮廓，使女性的身体特征得以体现。[2] 当这种组织在为了保命而进行的重要手术中被完全或部分地移除，肉体完整与健全就受到了威胁，性别主体性也会受到潜在的威胁和破坏。考虑到这样做可能带来的损失，乳房再造技术将自己的目标定位为通过再造乳房形态，使病人恢复到人们眼中“女性身体”的轮廓。[3] 恰恰由于脂肪成为此种努力的核心，我们应该想想，脂肪在这些再造技术中能实现什么。但是，我也并非要对诸多塑形方式中女性的物质体验或如何通过主体实现上述过程进行直接的分析。与其对这一主题或某个人的个案进行分析，我自己更倾向于考察身体的可能性是如何被生物医学技术所左右的。因此我进而又想到了在乳房再造领域脂肪是如何被利用的——**脂肪的劳动力**，以及脂肪能够产生的各种物质可能性。出于这些目的，我在这一章里提出了以下问题，即脂肪有何种潜能，哪些生物医学技术能够推动这些潜能，这些技术因素如何对脂肪的主导性概念进行重构？此种思路是对脂肪的一种认可，因为脂肪并不单纯存在于主体领域或作为一种主体属性存在。相反，脂肪已经越发显现出其重要性，任何关于脂肪的研究都必须注意到，这种物质已经成为更广泛生物构造和技术介入的一部分。

各种乳房再造技术都对脂肪有所利用，而且都是以凯瑟琳·瓦尔德比和罗伯特·米切尔（Catherine Waldby and Robert Mitchell 2006：31）称之为“组织构造”的方式发生作用的，这个叫法来自于这样的观点，即组织——此处特指脂肪组织——是生产性的，而且能够以多种不同的方式被排布和评估。一个组织构造，尤其是在西方生物医学技术进步的背景下，实现了组织的生产性最大化，给予并肯定了这些组织的价值。在一个组织构造中，传统意义上被判定为**废弃物**的人体组织**重新获得了价值**：

> 某种语境下毫无用途的废弃物，很可能在另一个语境下成为重

> 要价值体系的出发点。因此，任何好的构造形式，其基本动向之一便是废弃客体从无益语境向有益语境的流动，而在有益语境中，它们能够重获意义并得到再利用。（Waldby and Mitchell 2006：84）

在主流知识体系、价值体制及传统生物医学排序的场域内，“人体组织在失去……其原有地位后，更有可能被归为废弃物”（84）。故而，被看作构成身体机能与完整性基本要素的那部分组织——皮肤、骨骼、器官和四肢等等——获得了地位或重要性，而通常为身体所抛弃的组织则要么成为中性的（毛发或剪下来的指甲），要么就成了可憎的（脓液、粪便或尿液）。脂肪则被人们归入了最后这一档：它并没有定期从身体里排除出去，却被认定是**本该**被排除的，而且是可以**被丢弃的**有形的物质。然而，在乳房再造技术中，这种没用的废弃物被移置于另外的价值体制：这些技术将脂肪 / 废弃物作为治疗物质进行回收再利用，其地位也因此从毫无价值的“垃圾”转变成了富有价值的“黄金”。但这并非单纯的地位逆转。瓦尔德比和米切尔（2006）清楚明白地解释说，这仅仅是因为一种组织被定性为了废弃物——身体中应被摒弃的一部分——它才有可能被挪作他用。对于脂肪来说，只有其被归为过剩且能被丢掉的东西，它才能在另一个语境下获得再利用，并让人重新认识其价值所在。换句话说，正是因为这种组织被归类为废弃物，才促使其获得了价值。

通过乳房再造技术，脂肪经历了如此这般的地位变化，实现了实实在在的生物价值。[4] 尼古拉斯·罗斯（Nikolas Rose 2007：32）指出，广而言之，**生物价值**这个词可用于“指代生命力本身已经以无数种方式成为价值的潜在来源：生物价值应当是从生命历程的重要过程中抽离出来的价值”。脂肪的活力——其活性、柔韧性及其生产力——在某些乳房再造技术当中被抽取出来，并在乳腺癌手术后重新定位**以确保恢复完整**。[5] 这里的**完整**指的是一个封闭的、完全的、严密的主体的后启蒙范式，该主体的身体机能与自律控制的规范习俗相一致。人们认为“完整的”身体应该是唯一的、整体的、能防御的、完全的，解剖学意义上的所有部位都各就其位（Cohen 2009；Shildrick 1997）。不仅如此，“完整的”身体还给人以完整和谐之感，或一种身体体验的流畅感。[6] 失去身体某一部分，比如乳房的话，就会让人不能获得流畅的身体体验，反而呈现出一种身体失调的状态，人们会认为身体出现了紊乱，或是进入了失序和产生了缺失。但是这种缺失感是能够通过乳房再造获得弥补的——以此逻辑推理，利用脂肪的生命力实现生物价值就成为这一手段的关键所在。脂肪也因此在这一缺失语境中被赋予了能量。然而，在乳房再造中利用脂肪看似开始了规范具现化的回归，但我在其他地方也表示过，此种表达太过简单，很容易导向概念上的僵局（Ehlers 2012）。[7] 反之，将脂肪用于乳房再造如何能迫使产生出某种**偶然或意外的物质**，以及对脂肪的这般利用如何能体现出我们未来会如何理解主体性、身体与生命，对这些方面的思索也许才是更有裨益的。

通过某些创新生物技术的发展，脂肪的益处得以显现出来。在接下来的内容当中，我会着重介绍四种生物技术，及其应用到的组织构造。第一种是**脂肪转移**，即人们常说的自体再造，将脂肪作为一种资源来加以理解和利用，从身体上某些比较“多脂的”部分获得脂肪进行重新安排，来做出全新（并具备机体功能）的乳房。第二种是**脂肪移植**，将身体上不需要的脂肪改作他用，通过脂肪植入来让乳房变得丰满，或者在乳房肿瘤切除或再造术之后修整乳房轮廓。第三种叫作**乳房自生**，利用脂肪干细胞让放射治疗或乳房切除后剩余组织再生，高效生长出新的脂肪组织——构成乳房的基础物质。最后一种叫作**脂肪预存**，保存提取出来的脂肪以备后用，要么预留给术后修复，要么存着等待生物医学新技术的出现。通过这些生物技术，脂肪参与到了生物医学的组织逻辑当中，尽管人类生来就带有种种局限，但对这些局限的“技术统治超然存在的神话”* 则成为此种逻辑的坚定基石（Davis-Floyd 1994）。技术统治超然存在的可能性在我们所处的当代社会扮演了尤为重要的角色，而医学领域则是关键所在，人们期望该领域的个体能以“富于进取、自我实现且负责任的人格规范”来要求自己，“正是这样的人格体现了‘高等自由’社会的特征”（Novas and Rose 2000：488）。[8] 医疗工作者和参与其中的人们谈到这些新兴“脂肪生物技术”时都会着重指出，这些技术已经成为实现超越的途径之一——克服生物学上的缺失或通过手术来矫正包括癌症在内的种种缺陷——同时似乎也作为个体可以对自己的身体进行强化、转化和个性定制的方法，组成了更广义的新自由主义文化的一部分。[9]

我在上面列举出的生物技术对脂肪的利用各有各的方法，并对两个语域发生作用。一个语域实现了**脂肪的再分配**，将脂肪从身体上的一处转移到了另一处。另一个语域则是通过**脂肪的形态发生**，促进脂肪的出现或成长。[10] 因此，当人们在两个语域中都将脂肪用于 / 用作具有给定生物价值的组织构造时，使用它的方式、要它实现的结果以及赋予它的价值都因其所在语域而各不相同。但是，两个语域中人们都对脂肪的物质性进行了有效利用且各有所得；伴随利用过程或步骤的完整性承诺可能会无法兑现，而且这种承诺本身是具有矛盾性的，有时只有将身体解体才能使其重获完整。

---

* 技术统治论（Technocracy）又叫专家治国论，简单说就是一种以技术知识水平为标准来选择决策者的组织结构或统治体系。不同于民主选举制，决策者是谁取决于其在所在领域的知识和技术能力。这一概念尚处在假说阶段，但也在今天越来越多地被人们提起。——译注

脂肪与再分配的艺术："做两个 C 罩杯绰绰有余"

在一个关于乳房再造术的网上论坛，一位发言者显然对自己腹部脂肪过剩而堆积的状况颇为得意，表示说这些"做两个 C 罩杯绰绰有余"。另一位发言者则声称："我的腹部脂肪不太够，顶天了也只够来一对 B 罩杯的（除非蜷起来坐着，不然腰部几乎没有赘肉，而且就算蜷起来腰上也凸出不了多少，罩杯小得可怜）！"这些女性在此讨论的是自己有多大能力去参与乳房再造术——被称为自身的、自体的或活组织的再造。我们可以这样理解这个手术，即女性自己身体里的脂肪被采集和重置，并重新定位成一个全新的乳房。自体乳房再造并不是什么新发明。一个多世纪以前，外科医生就曾用病人自己身上的脂肪、肌肉和皮肤来丰乳和美化乳形。第一个记录在案的使用了上述方法进行乳房再造的案例发生在 1895 年，是由一位德国医生文森特·车尔尼（Vincent Czerny）操刀的，他将一个脂肪瘤（由脂肪组织组成的良性肿瘤）从病人的腰部转移过来，用其做了一个乳房（Del Vecchio and Fichadia 2012）。近年来，自体再造已经成为乳房再造最主要的形式，人们公认这种方法比异体植入的乳房再造有更好的美学效果，在乳房的自然度和完整性上都更胜一筹。

这类手术也分若干不同的形式，每一种都以脂肪为工具，从而让乳房恢复完整，而这一完整性要得以实现也都具有一定程度的实质性的风险。在美国，带蒂横行腹直肌（TRAM）皮瓣是自体再造的标准模型：它用身体里从肚脐和阴部之间抽取出来的一块脂肪肌皮瓣来制造乳房。想要做这类再造手术的女性必须有足够的（通常是过剩的）小腹脂肪组织，才够造出一侧或两侧乳房（这一点在上文引用的几位女性的叙述中有所体现）。其他利用腹部脂肪的自体再造术还有腹壁下动脉穿支（DIEP）术（用上腹部的一根动脉来维持取自腹部的脂肪；Gill et al. 2004）、腹壁下浅动脉（SIEA）术（用下腹的一根动脉），以及游离横行腹直肌皮瓣（利用脂肪组织塑出乳房形状而无须在皮下埋管；Nahabedian et al. 2002）。如果腹部脂肪存量较少，也可以从身体的其他部分获取脂肪：横上股薄肌（TUG）皮瓣利用的是大腿内侧上部的脂肪组织；臀动脉穿支（GAP）皮瓣手术则是从臀部取得脂肪（Blondeel 1999）；背阔肌（LAT）皮瓣则是用背部的脂肪、肌肉与皮肤来再造乳房。

用这些手段对脂肪加以操作，使其达到真正可以成为乳房的标准，使之看起来形状更为“自然”，效果远超那些异体植入物造出来的乳房。而且，由于这些脂肪通常都是用整块活组织再造出来的，所以其温暖的手感（异体植入物就不会给人这种感觉）与乳房组织的触感很相似。但是，这种再造形式在回归完整性的可能性上令人质疑，而再造乳房往往几乎或完全没有知觉。取脂区域也有可能会变得脆弱，形成瘢痕，而且可能会留下缝合印记（疤痕边缘有明显凸起）。上述事实表明，自体再造必须经过高度侵袭性外科手术，而且需要相当长的时间来恢复，其并发症可能包括部分或全部皮瓣坏死、脂肪坏死（大部分组织变黑、死亡，必须被切除），以及腹部膨隆或疝气等（Nahabedian et al. 2002：466）。从外观上来看，人们通过这些手段对脂肪加以利用，从而使身体获得了视觉上正常的形态，因为旁观者几乎注意不到再造术在其中起到了作用。且不论可能由此而引起的社会本体论，关于乳房再造术的物质本体论则是，取自肚子、后背、腿或臀部上的脂肪经过重新分配以**再造**乳房。

另一种通过对脂肪加以改造来对其进行利用的乳房再造术就是人们通常所说的脂肪移植术。这一手术是将人身体里冗余的脂肪识别、收集并加以处理，从其原有位置转移到身体的其他部位——胸部上。

首先通过吸脂来收集脂肪，用盐水反复冲洗或离心分离及提纯（以去除全部血液制品[*]），然后再通过复杂的注射技术将其送回到人体内。脂肪移植术也是乳房再造术的一种，这种技术的主导思路是对乳房原位重建（如通过植入物等）的一种补充，或用于丰乳、乳房对称性或畸形矫正，以及植入后软组织恢复所需要的给养（Coleman and Saboeiro 2007；Spear，Wilson，and Lockwood 2005）。举例来说，如果一位女性通过植入进行了乳房重塑，再造后的乳房一旦有明显边缘或看起来不够丰满，则可以通过这种技术注入脂肪，来改善术后的缺憾。还有些情况下，脂肪移植本身就可以实现乳房原位重建，最近意大利有一个实例就是这样：一位女性在接受了乳房切除术和放射治疗后，整形外科医生通过脂肪移植为她再造出了完整的乳房（Panettiere et al. 2011）。这是一个很长的过程，通过抽脂收集来的脂肪在八个月中陆续被注射到身体内，脂肪同时扮演了放射受损皮肤膨胀剂和该皮肤组织填充剂的作用。脂肪注射完成后，就要使之血管化，这样才能保证脂肪在身体里的活性状态。

同时，脂肪移植术也是一种**结构技术**，脂肪将着力于回复乳房的原有结构，并由此给人以肉体完整性的回归之感。但是也有不少因素会影响到所谓回归的实现：比如脂肪转移后，供脂区也许会出现拆东墙补西墙的畸形状况；也有可能会有供脂区不合适或脂肪不足（病人不够胖就会这样！）的情况；脂肪还有可能无法实现血管化，从而造成组织坏死或脂肪坏死；要么就是脂肪又重新被身体给吸收了（不得不一再进行修补移植）。不仅如此，这一过程也可能带来感染、蜂窝组织炎、钙化、油脂 / 脂肪囊肿等，很多整形外科医生都对这一过程

---

* 血液制品（blood products）指的是组成未经处理的全血的任何成分，如血红细胞、血清、血小板等。——译注

的效率以及伦理风险提出过质疑，因为这当中有些副作用——比如乳房钙化——会对以后进行乳腺癌检测产生干扰。

自体脂肪转移和脂肪移植术对于脂肪的充分利用，涉及身体上的脂肪**究竟在哪里**，那里**到底有多少**脂肪，以及要用什么方法才能**移动**脂肪的位置等问题。所以这一手术是基于这样一种假设，即脂肪的存在是多余的或过剩的，而且——若是以“身体的完整”为最终目的的话——一个人身体里的脂肪越多，则实现再造新乳房从而获得身体完整性的机会就越大。识别所谓过剩的脂肪也就成了一种生物勘探：找寻新的且可获得的生物资源——此处是指身体上某处被界定为无用废弃物的脂肪组织——并确定它是否可以被舍弃、采集，从而使之实现某种新价值的过程。这种对身体的分割或分解，便体现了组成身体的某些部分可以被重新调整的观点。

脂肪转移和脂肪移植关系到对脂肪加以利用技术的若干主要特征，我将其称之为再利用的艺术。第一点，这些技术都是围绕转移并制造出给定形式这一逻辑走的：通过转移肉与脂肪的**既有形式**来**做出乳房**。且关键点在于，来自身体其他部位的肉与脂肪的既有形式，决定了再造出来的脂肪会是什么样子（尤其取决于脂肪转移技术本身），不仅如此，脂肪移植也是建立在已有既定标准的胸形概念或结构基础之上的。这样一来，脂肪就具备了塑形能力——此处的脂肪是具有形态学意义的——但此种形态是外界强行施加给脂肪的：因为脂肪要么是从别处转移过来的，要么是注射进入体内的（尽管只是来自于身体的其他部分）。第二点，这些技术都以一种机械的眼光来看待身体，且致力于实现点对点的替换，不同的生物组织对其来说都是可交换的。梅兰达·库珀（Melinda Cooper 2008：110）曾说，在移植外科手术中，“一个器官可以取代另一个器官，这跟义肢也可以代替某个相应器官同理，能保证形态和功能之间的本质联系不变即可”。但显然，这些不同的乳房再造方式都并非能做到完全替代，因为毕竟移植过来的还只是一些能**构成**乳房的脂肪组织，而非乳房本身。第三点，这些技术关注的是脂肪是否能够最终成活，与乳房融为一体并稳定下来：如此一来，身体就必须要消耗能量以对抗可能出现的感染或组织排斥，从而保证再造的乳房能够保持稳定态势，且必须防止任何变化或不稳定的情况发生。所以说，移植技术中，重塑或回归标准才是压倒一切的关键：回归到符合乳房和女性身体形态的标准状态。这些手术并不是简单地再造出标准形态，而是着重强调身体的商品化，以脂肪为商品，通过技术条件来构造和追求多种标准；在追求完整性的过程中可能会遭遇某种程度的失败或局限，而想要达到标准也必将会面临一定的风险，主要是由于这些手术迫使手术主体感受身体的过渡和受限状态，而这恰恰是脂肪移植技术可能失败或给身体带来遗留问题所造成的。[11]

脂肪与形态发生的艺术：腰部“游泳圈”里的惊人宝藏

在乳房再造中，脂肪通过再分配对乳房的组织机体发生作用，同时也与形态发生的艺术密切相关。在形态发生方面，技术尤为突出通过使脂肪生长来发生作用，从而实现新的乳房实体。这些技术突出体现了乳房再造领域中，对增长过程的充分利用，显示出（通过脂肪的多适应性）对特定物质进行定制越加精细化了，也展现了在对形态发生形式所具备的能力加以利用方面做出的努力，因此具有十分重要的意义。

脂肪形态发生的途径之一，显著表现在有些女性会努力增长自身的脂肪，以备日后乳房再造之需。比方说，如果一个女人身上的脂肪不足以造出一对 C 罩杯的话，她可能会在一段时间里想办法增重，来获得乳房再造术所需要的充足脂肪。另外，一些做过乳房植入手术的女性可能对乳房轮廓尚不满意，或手术后产生了连锁反应等等。这种情况下，让身体多长点脂肪用作乳房脂肪填充就显得十分必要了。有这样一个例子，某网站论坛上，一位用户提到自己的整形外科医生要求她增重九公斤，只有这样医生才有可能拿到足够多的量进行手术。这类实例中，手术主体成了她自己的“脂肪农场”，她为此增长的脂肪就成了一种生物资源。我想着重区分一下这类行为跟单纯从身体提取脂肪之间的区别。前者之所以有其独特之处，是由于女性通过增长更多的脂肪来强化自己的体脂储备是具有实际的策略意义的，这恰是为了获取更大的回报，并以此来实现肉体完整的最大化。然而，女性之所以能够这样做，也仅是因为脂肪在组织构造中重新获得了价值，而且脂肪（与皮肤和肌肉相连接）是可用于再造胸部实体的物质来源。并不是所有形式的肉体缺失都可以通过这种方式来获得重生：缺失主体并不能长出一个新的肾脏或一只新胳膊——或一个替代器官——但女性可以通过调动身体的脂肪作为生物资源来“长出新的乳房”。并且，这种对脂肪物质所进行的战略定制最终成为可能，唯一的原因就是我们从脂肪的可塑性反推出了这样一种可能，即腹部、髋部、大腿、臀部是能够变成胸部的。

恐怕只有移植主体的健康是否会因脂肪增长而带来后果，才能对这种周而复始的可能性产生影响。多长脂肪——以积聚体重——跟对被诊断患有乳腺癌的患者，尤其是那些雌激素受体阳性乳腺癌（目前最常见的乳腺癌类型）患者，就饮食约法三章是相对立的。大多数患有这种癌症的病人都会被建议减少脂肪摄入，并主动减少体脂含量，因为脂肪会增加身体的雌激素水平，从而增加癌症复发或转移的几率。曾有一项肿瘤学研究显示，如果一个人的脂肪摄取量从原来的20%增加到40%，会使乳腺癌发生的风险率提高15%左右。[12] 从这一观点来看，脂肪的自生活动会催生出某些致命后果。[13]

姑且抛开这些有形的风险在一边，我们还必须注意到，在所谓脂肪自生的过程当中，也有一种独特的机体构造正在生成：身体里的生物资源——通过脂肪——获得了更高的战略价值，促进了人们对于自我和乳房具体形态的认识。然而，这一过程最终还是回到了我前面讲到过的关于乳房再造术的组织构造的话题上来，即这些后长出来的脂肪会在再利用原则之下，通过乳房再造技术获得重新分配。脂肪组织再一次表现出了某种形式的局限性（以及极限形式），而且还会与把收集到的物质塑造成特定预设形式的结构技术发生关联。正如库珀（Cooper 2008：113）坚称的，这一类手术当中“有效形式（会强加到）各种原本无形的物质上”，或如莎伦·贝格丽（Sharon Begley 2010）说的那样，“医生只要挤一挤，压一压，把脂肪组织填到皮下瘪掉的胸部那里，运气好的话，就能把做完乳腺癌手术只剩下 A 罩杯（或彻底切除了）的乳房变成健康的 B 罩杯或 C 罩杯”。但是，最近一些在脂肪组织干细胞方面的发现又重新改写了人们早先的一些认识，包括认为脂肪仅仅具备有限的材料性能和潜质之类等等。最终识别出这些脂肪干细胞（adipose derived stem cells［ADSC］）的过程，可谓生物勘探与生物技术发展的“灵光一闪”，具现化有了新的可能性，而人类的生命也从腰部“游泳圈”中透露出了新的讯息，某整形外科医生如是说（Begley 2010）。这一发现之所以带来了希望之光，是因为脂肪干细胞可以用于再生医学领域的组织工程学技术，不仅能培育出全新的脂肪组织，还能培育出骨骼和肌肉，以及生成新的血液供给。

要想描绘出这一崭新的脂肪干细胞技术所能带来的万般可能性，首要要素就是必须明白，干细胞存在两种基本形式：胚胎干细胞和成体干细胞。我们在肝脏、男性和女性的生殖系统、骨髓、大脑、骨骼肌、皮肤、牙齿中都发现了成体干细胞，脂肪中的这种干细胞则是新发现。这两种干细胞都能通过自我更新（或形态发生）来实现再生，还能转化成各种各样不同的细胞。胚胎干细胞则是多潜能性的，也可以认为是能够生长成为任何种类细胞的“空白”细胞；而成体干细胞则是多能的，即他们能够长成所处组织所需的不同的（但是为特定的）类型的细胞。尽管成体干细胞在活体内具有某种特定的生理功能，且通常不会形成其所在组织以外的细胞类型，但它们可以通过体外操控变得跟胚胎干细胞更为接近：通过重新设定，它们能变成所谓“诱导多潜能干细胞”，一旦与信号分子发生接触，它们就能分化成为各种特定的组织。如今，技术已经能够实现让脂肪干细胞不仅仅生成脂肪组织，也能经诱导分化成三种各不相同的分支，即骨骼和软骨，肌肉，以及神经元。

干细胞组织工程学与再生医学息息相关，被人们看成继外科修复与移植方面早期生物医学技术后出现的新生代技术（Cooper 2008：103）。但是，前代技术将全部精力都灌注在移植或形态的置换上，而所谓新生代技术的关注点则是形式自身的成因，并以获取肉体自身再生为其目标。由于用到了胚胎组织，干细胞研究曾引起过巨大的争议，而脂肪干细胞也因此站到了应用干细胞组织工程学的最前沿。这一结果基于两个主要因素：一方面，使用来自于脂肪的干细胞规避了使用从胚胎获取干细胞的伦理“雷区”（因为人们认为脂肪是种无关紧要的东西）；另一方面，使用脂肪干细胞也使得唾手可得且总是被丢弃的脂肪组织具有了商品属性，并获得了价值。贝格丽曾指出（2010）：

> 1999年，美国加州大学洛杉矶分校的外科助理教授马克·亨德里克正和往常一样给人做抽脂手术，而且绝非那种“求

> 您了医生，从我大腿上抽点儿脂肪出来吧”的小手术。他从病人的身上足足抽出了八升脂肪。一直以来，科学家们都很纳闷儿为什么脂肪组织里面竟会含有干细胞。“如果是这样，那我们这些愚蠢的整形外科医生所做的，简直就是这个世界上愚蠢透顶的事情了……我刚从一位女病人身上抽出了八升干细胞，转手丢进了垃圾桶里。”

脂肪组织一改直接进垃圾桶的废品面目，在人们眼中摇身一变成了“造胸神器”，而用脂肪干细胞疗法进行乳房再造也成为第一个脂肪干细胞应用疗法。脂肪干细胞治疗法之所以能够在乳房再造领域得以发展，或许是因为乳房在人们看来与“操劳的身体”并不相干；即是说，身体存活并不需要乳房进行任何“工作”。这样一来，要想获得跟乳房而非其他器官相关脂肪干细胞研究的科学与监管许可就容易也策略得多了。贝格丽说道（2010）：“无非因为乳房不像其他器官那么要紧，所以监管者对这项技术的法规要求就会相应低很多。”不过，在更广义的肉体重要性分类上，尽管乳房被划分为不那么重要的一类，这种技术还是在手术主体接受了乳腺癌手术后会如何重新面对和认识自己的身体方面，展现出了光明的前景：在这种技术使用的推动下，脂肪及其所包含的干细胞就成为能够制造自生乳房物质的途径。我想说的是，一方面，这种技术开创并实现了全新乳房的肉体形式——通过细胞的生长及其在人类有机环境内的彼此交互作用生发而来的真正乳房；另一方面，基于同样的观点，主体接受了这种形式的乳房再造，身体实实在在地长出了一个新的乳房——在全新的神经末梢、脂肪和血肉的复杂作用之下，这个乳房在生长、活动与发展中拥有了知觉。

美国赛托瑞医疗公司（Cytori Therapeutics）是研究利用脂肪干细

胞进行乳房再造术的重要公司之一。在他们的手中，脂肪组织成了一种投机资产，后面我会再详述这一观点。赛托瑞公司已经成功开发出了所谓“Celution 系统”——一个神奇的“魔盒”——能够将通过抽脂得到的脂肪当中的干细胞隔离出来，再对其进行加工，使其汇集成小小的颗粒；然后再将这些小颗粒添加到抽得的脂肪细胞中，并注射回肿瘤切除部位、乳房缺失象限，或被抽空的皮肤下。[14] 48 小时后，这些组织就会变得稳定，新的毛细血管穿梭缠绕在新生细胞间，为组织恢复提供必需的氧气和其他养分。还有一家澳大利亚公司 Neopec，是由维多利亚州政府出资成立的，他们运用的是一种十分类似的技术，“诱发女性自身的再生能力来长出活性脂肪”用于乳房再造（Neopecn.d.）。这一技术与赛托瑞公司的技术有些微的区别，前者是在肿瘤切除部位植入了一个生物可降解合成腔室，患者腋下的血管被连接到该腔室，然后向其中注入能够在腔室中生长的富含干细胞的脂肪组织提取物。

且不论其各自有何特性，这两种技术都对重塑乳房形态做出了构想，而且都希望实现惯常形态的恢复，从而与那些脂肪再分配技术相区别。脂肪再分配技术会对形态产生影响，所以这些技术都与形态所具有的活力相关。而且再分配技术还要求脂肪组织必须保持停滞状态，以保证再造用的脂肪能够存活下来，而形态发生技术则事先预测了组织的转化和生长过程。这种“技术开发利用了活性组织的积极响应特点，及其主动和被动地随着时间发生改变的能力”（Cooper 2008：113）。因此，通过形态发生技术，身体构造也发生了改变，身体的运作 / 能量由力争存活转向了生机论*。再者，再分配技术是对标准化规范的复制，而形态发生技术则是使具有转化能力的物质——自生的干细胞——重获新生，

* 生机论认为生物的机能和活动产生于生命力。——译注

创生为一种生物拟态形式，脂肪被用来模拟乳房的形态学准则。

但是，这种技术能够给人带来福祉，也是肉体幸福与肉体完整感的威胁所在。因为这项技术的成功恰恰是建立在细胞具有不可预知的持续转化、生长与变形能力之上的。风险就在于，这些细胞可能会生长增殖得超出所需，而这种自然发生可能会造成转移癌出现。最早的生命迹象，即细胞成长，也可能转化成最早的死亡迹象，引用库珀（Cooper 2008：125）的话来说，身体“被不易察觉的过剩产能所击垮，只因其与过于丰盛的生命迹象难于分辨，那是一种过度生产所带来的危机，或……危险的过度活力”：癌症物质将会出现。也许正是因为考虑到了这样的风险，尽管医生仍能应用该技术，临床实验也在进行之中，但美国食品与药物管理局（FDA）仍然尚未对赛托瑞公司的这项技术予以批准。[15]

寄存（希望于）脂肪*：商品化与生物未来性

尽管存在这些可能的复杂情况，脂肪干细胞技术仍被誉为生物医学和人类乃至生命的未来。[16] 生物未来性，即由于医学技术进步所带来的生物技术之未来，提供了一种可能性，使我们能够通过帮助身体重建并真正使其自身再生，来扩展和强化我们对人类自身局限的认识和了解。为了实现这一目标，脂肪成为一种对未来的投资，人们对其所抱持的期望也日益增加。眼下这种对未来的投资，从再生医学对脂肪进行规划利用的角度来看，主要存在着两种形式，一种主要体现在个体层面，另一种则是从人类健康的角度出发。

对脂肪的个人投入，显而易见，主要表现为脂肪存储，这也是新

* 原文为 banking（on）fat。——译注

近出现的一种现象，人们把自己的脂肪作为生物原料储存起来，以备日后使用。这样就可以把那些多余或不想要的脂肪收集并存储 / 冷冻起来，再在各种不同的治疗应用中使之重新恢复生机，比如对乳房再造进行多次修复，或先存起来为了日后脂肪干细胞研究在生物技术上取得突破进展后使用（这就属于将承诺或可能性推到未来实现了）等等。自体移植经济已经逐渐形成，脂肪捐献者能够使用其自身的再生能力以获得自我的新生，恰如瓦尔德比和米切尔所形容的（2006：56），这是“自己留给自己的财富”。这种生物技术之所以有可能实现，就是因为我们发现了在身体 / 自身当中存在着某些组织富余的情况，而该组织——脂肪——在再造与再生医学的最新生物医学领域重新被赋予了价值。不仅如此，这一应用还带有独特的自由主义吸引力，使个体能够为了自己的未来，将身体的某一部分作为投资，并在以后因此而受益。然而，投资未来也是代价不菲的，每年用于恢复和存储的支出都是一笔不小的费用。正如瓦尔德比和米切尔所说，讽刺之处在于，这样一来主体可谓“花了一大笔钱来回购…… [他们] 经过资本主义与商品化基础设施处理后的……自己身体的废弃物”(83)。脂肪的这一商品化属性在脂肪银行中一览无余，因为在这里，它被称为“液体黄金”（Liquid Gold，这一叫法已经获得了美国食品与药物管理局的注册和许可），其营销策略明确将脂肪限定在金融和价值语言当中：打开脂肪银行网站，访问者首先看到的是一个圆溜溜的小猪存钱罐的图案（是有意要取形意双关的意思？），标题还加上了“投资 / 储蓄 / 提取”字样（Liquid Gold 2013）。

但是，人们并不仅仅出于个人目的才存储或寄希望于脂肪，也怀有一种协同共进的想法，希望将脂肪付诸更大的应用，从而为人类的福利与健康带来更大的帮助。经营机构将脂肪组织用作投机资产，而脂肪所包含的干细胞则在“一个虚拟的领域内，通过所有可能的新形态的活动与介质的投射来获得其价值”，瓦尔德比和米切尔如是说(2006：127)。举个例子，液体黄金公司期望脂肪干细胞技术能够用来救人性命（也正是从这个角度对脂肪银行的概念进行了推广），而赛托瑞医疗公司则以在不久的未来将干细胞疗法大规模推而广之为目标。尽管眼下这种技术还仅用于新乳房再生，但人们也期待着它能够“成为**攻克各种缺血性疾病的关键**”，这是一类组织会因为供血不足而坏死的疾病（Begley 2010，加粗强调系我添加）。之所以有此期待，是因为如果增加血液供给，脂肪里的干细胞就能强化、治愈并重建许多受损组织（包括因为心脏病发作或肾脏损伤而受到影响的组织），还能治疗慢性心脏病和小便失禁等多种疾病。这种有计划的利用是胚胎干细胞技术并无可能实现的，因为人们会想要抛弃多余的脂肪，且脂肪容易获得并具有很强的可塑性。具体表现之一就是，脂肪所含的干细胞是骨髓中干细胞含量的2500倍，又不需要什么痛苦复杂的手术，只要做个抽脂手术就能轻而易举地提取出来。

能用到脂肪干细胞的地方不计其数，而脂肪本身又俯拾皆是，说不定脂肪就代表了人类创造生命的终极梦想呢。技术的进步也最好地佐证了苏珊·梅丽尔·斯奎尔的观点，即由于当代生物医学的进步，人类的存在将不再“由其独特的空间和时间坐标所界定：在特定的空间与时间里，人只有一副身躯，一次生命。相反，人的生命将越来越仰赖对资源进行替代或功能部署来实现身体的新生，其时间和空间语境将会发生延伸或迁移”(Susan Merrill Squier 2004：183)。为身体而设的和关于身体本身的市场已有雏形且即将出现，并通过脂肪构想出新的肉体物质性来，这已是不容置疑的现实。然而，也许经由脂肪想象出一种新的终极价值产品听起来分外诱人，但我们也必须牢记，这种希望并不能完全实现故事里普罗米修斯那样无限的重生：脂肪的源泉并非源源不断（身体里也就那么多）；脂肪的能力也并非没有极限

（比方说，脂肪干细胞并不能无限转化），且身体也必须（通过如实对身体各部分加以整合或通过分子层次上的分解过程）分别实现这些能力；脂肪的生长也可能会带来活性过剩并导致死亡。那么，尤其在关于过量、无穷以及再生性能的承诺上，脂肪医疗技术的发展也存在着一些度的问题。而且，从根本上来说，此种承诺——对重新构想身体领域的承诺，对没有穷尽的承诺，对身体能力的承诺，甚至还有对脂肪实现身体本体论的承诺——仍不可避免地会面临如脂肪何时能够受到重视，脂肪能在什么领域内发生作用，以及脂肪与怎样的身体相关联等问题，这些问题都亟待解决。

（纳丁·埃勒斯）

Bound Bodies

第七章

被困住的身体：探索肥胖身躯与衣着的边界

我一走进商店，售货员对我说的第一句话就是："哦，大码的衣服在那边。"……我想作为身材肥胖的女性我们更加敏感，而且你知道我们也希望和别人一样。所以我们不希望人们把我们的衣服放在角落里的小架子上。他们为什么不能把这些衣服跟其他衣服摆在一起呢？为什么非要分开放呢？

——安

《令人厌恶的身体？》是一本关于肥胖人群的颇有争议性的著作，这本书开篇即提出了这样一个问题："肥胖的身体是否令人作呕？"(LeBesco 2004：1)。抛出这样一个问题后，作者介绍了目前主流舆论对于肥胖身躯的厌恶与排斥，同时也为理解当代西方社会中与肥胖身躯相关的种种个人努力和政治斗争打开了一个窗口。很显然，人们对于脂肪有各种各样不同

的看法。在研究过程中，当我们问出一个看似简单的问题——“什么是脂肪？”时，我们得到的回答却是五花八门的：“脂肪就是冰箱里的剩菜顶上的那些东西”；“脂肪？这就是脂肪嘛”（晃了晃她腰间的赘肉）；“脂肪就是让我穿不上牛仔裤的颤悠悠的那堆玩意儿”；“脂肪就是我去健身房的动力”；“脂肪这个词又丑陋……又侮辱人”；或者一个简单直接的回答——“我”。这些多种多样的回答不仅呼应了本书的副标题“文化与物质性”，同时也揭示了脂肪本身所具有的多重含义。残羹冷炙上的凝固脂肪是其一种看得到的客观存在，你可以把它撇出去，甚至丢掉也行。哪怕像是“腰间的赘肉”和“颤悠悠的那堆玩意儿”也都是有形可触的，尽管从性质上来讲，它们跟食物表面的一层肥油还是有所不同。虽然“是我去健身房的动力”并不是一个准确的脂肪定义，但这种描述确实显示出社会与文化现实已经跟脂肪（肥胖）紧密地联系在了一起，而且对脂肪在人的身体上安营扎寨持抗拒态度。至于只有一个字的回答——“我”——则一针见血地触到了这个问题的要害，更重要的是，它表达了肥胖体验的关键所在。

脂肪本身就是一种让人着迷的东西。作为一种物质，它存在于身体之外（冰箱里的剩菜上），也存在于身体之内（堆积在大腿和臀部，还有心脏以及肺部周围）。不仅如此，脂肪还存在于身体表面，要么成了橘皮组织，要么变成了大腿上的臃肿鼓起，或颤悠悠地挂在胳膊上。脂肪是一种很重要的物质：“脂肪是难以区分的，作为一种物质存在于皮肤之下，既是皮肤本身，又是皮肤的构成物。”（Colls 2007：358）我们吃脂肪（确实，我们需要脂肪），我们也可以变得肥胖（富含脂肪）。脂肪（肥胖）可以是一个存在的状态，一种身份主张。脂肪在身体**之外**，在身体**之内**，在身体**之上**，也是身体的**一部分**。脂肪跨越了物质和经验的边界。

不过这一章并不只是单纯就脂肪加以探讨。我们还会说到衣着，因为服装也是理解脂肪（肥胖）体验的重要因素。从社会和文化意义上来说，衣着是一种能让身体通过其获得文化属性以被他人辨识的机制；我们正是通过衣着来把自己包装成某个群体的一员——我们“购买并展示”该群体“带有团体特征的随身物品”（Bauman 1990：206）。衣着给个体提供了按尺寸大小“试穿”的材料（Andersson 2011；Sweetman 2001），通过衣着我们可以将个体的自我展示给公共的世界。这里我们强调的是衣服的社交能力，其物质性为自我提供了一个通往他人的管道。

认为衣着是一种强有力的身份象征这一观点是有一定说服力的。然而，正如美国人类学家韦伯·基恩（2005：182）形象的论断，“象征不是含义的外衣”，一味强调衣着的社交意义不能充分说明衣服和穿着它的人之间的相互关系，因为这两者都跟所处的特定时间与地点相关。安伯托·艾柯*（2007 [1973]：144）写道，“人通过衣着表达自我”，但是我们也会说，衣服与其穿着者在某个特定的时空语境中其实是**共同**发挥作用的。这个观点的核心在于，穿着衣服的自我是被具现化的（Attfield 2000；Entwistle 2000；Hansen 2004）。衣服不仅是一种实物，也是一种有活力的外观（Miller 2005），它拥有着与其相关的所有叙述——故事和岁月与衣服的纤维交织在一起，将穿着者所经历的特定时刻以及想象和活动与某件衣物联系在了一起。所以说，衣着的含义也并不是固定的。相反，它可以有多重含义，每一次发生联系，每一次回忆甚至每一次穿上它，含义都会发生变化（Cain 2011）。因此，衣服就具有唤起和“调整情绪、人际关系和身份”（Attfield 2000：121）的能力，也让人对自我有了不同的理解。而衣服既能加固也能挑战身体边界这一点，强化了它的这种多重性：衣服“塑造了身体的形象，并且既能把自我与‘他人’区分开来，也能将二者联系在一起……因此，衣服既是个人的边界，又不是个人的边界……它模糊不清，让‘自我’和‘非自我’之间建立了非常复杂的关系”（Cavallaro and Warwick 1998：back cover）。

在这一章里，我们将从边界的概念（身体的、衣着的以及空间的边界）展开讨论。我们用 2008 年至 2009 年进行的一个研究项目所获得的数据来作为经验论据，这项研究对十名（自我认为）体型较肥胖的女性[1]的日常着装行为进行了观察（Cain 2011）。我们觉得当代西方社会对肥胖问题的普遍认识存在着一些问题（Kent 2001；LeBesco

* 安伯托·艾柯（Umberto Eco，1932—2016），意大利著名哲学家、符号学家、历史学家、文学评论家和小说家。——译注

2004；LeBesco and Braziel 2001；Longhurst 2005b），而且我们假定肥胖是一种具体形象并以此为出发点（Carryer 2001；Colls 2007；Murray 2008），旨在通过观察十名参与者每天的穿着实践，探寻肥胖女性如何应对她们身体的肥胖问题。[1] 这项研究特别感兴趣的是参与者的**日常**生活体验：早上的穿衣打扮，逛街买衣服和试衣服，以及每天的工作和日常休闲活动等等。

为了捕捉参与者日常生活中的每一个细节，该项目使用了一系列的研究方法。首先，参与者被要求完成一周的着装日志，记录下她们每天的着装以及身体（因为身体与她们的衣服相关联）是如何影响她们的想法和行为的。随后再通过采访对这些日志进行补充。其次，参与者要把自己的衣柜完完全全展示给研究人员，与他们分享自己与这些衣服的经历和故事。再次，每个参与者都要与研究者一同去逛街，她们中的不少人在研究者的陪同下试穿和购买了衣服。这一阶段的研究是想找出肥胖女性如何在普遍忽视她们的服装市场中搜寻到自己想要的衣服。研究的第四阶段要求参与者为她们眼中的“着装世界”拍照，捕获那些她们所理解的身体、衣服以及两者之间关系的图像。第五个也是最后一个阶段的研究要求参与者分成两组，讨论自己关于身体和着装的经历与看法，并由研究者检视她们观点中的异同。每次讨论都会被录音，所有对话都转录为文字资料，并加以仔细的分析。研究焦点和研究方法的选择是基于这样一个设想：最基本的日常生活能够揭示出个人生活、社群乃至我们所属社会的一些不同寻常的真相，因为“日常生活就是我们的文化所在”（Turner 2003：2）。

总的来说，研究表明参与者对她们身体和着装的体验十分复杂，这导致了在某些特定时刻和场合下出现十分矛盾的自我认知。确实，这些特定的情境是她们生活中经常经历的事情，对深入了解肥胖人群有着十分重要的作用。进一步分析我们会发现，我们对于边界的概念，特别是身体、衣着以及地理位置的边界都十分关注，这一点在参与者发现自己处于一个充满各种边界的空间并需要不断去进行探索的时候表现得尤为明显。本章的其余部分主要介绍边界的概念性认知，我们不妨将其宽泛地分为两个部分。第一个部分主要检视了边界作为理论和概念工具的功用。第二个部分则从实验数据中提炼出具体的观点。

边界以及跨越边界

边界总是非常重要的。总体来说，我们会探讨三种截然不同的边界概念。首先，我们将会考量肥胖身躯自身的边界，特别是肥胖如何使身体的边界变得模糊，以及肥嘟嘟的赘肉是如何的令人烦恼。其次，我们将考量衣服的边界，即衣服是如何成为一个区别自我与他人的标志，以及衣服是如何将人群分类，从而在社会层面构筑不同群体间边界的。最后，我们将思考地理上的边界，人们会被排除在特定位置之外或包含在特定位置之内，以及着装的肥胖女性的身躯出现在这些场合的种种情况。

身体的边界

边界应用于人体是一个尤为重要的概念。当然，你会说皮肤就是一个人和另一个人之间的边界。然而，身体的具体边界并不是这么简单就能说清楚的。我们身体的一些部位，比如头发和指甲，并不是很好确定到底是在身体内部还是在身体外部（Cavallaro and Warwick 1998）。而且，虽然皮肤包裹着身体，确保身体内部的物质不会泄出，可诸如汗液一类属于身体的元素还是会越过皮肤的边界，到达外部环境中来。

在思考肥胖体型的时候，这些模糊的边界就很重要。脂肪是一种可被消耗的东西，它能从身体的外部转移到身体的内部。但是，脂肪也可以在身体内部保留下来。当脂肪留在了体内，就好像它突破了身体应有的边界一般，外部世界过多地进入到了身体当中，臃肿的体型出现了（Huff 2001）。在西方世界中，这是对食用脂肪存在错误认识的一个最为显著的例子。在这样的语境当中，脂肪在很大程度上被当作一种杂质或污染物，好像它会从本质上对身体的内部机理造成威胁一般。而且，脂肪会在身体里堆积，让人的身体变得好似“一艘挂满藤壶的船”（Huff 2001：44）。如此一来，脂肪在人体**里面**堆积起来的方式，就会从身体的**外观**上显现出来，晃悠悠的肥肉使肥胖多肉的人体的边界变得复杂且难以确定。社会以及其他方面对脂肪的认知，以及它在身体里占据的“非此即彼的、模糊不清的和混合而成的”空间（Kristeva 1982：4），意味着肥胖女性身上的（被突破的）边界充满了不确定性和模糊性。不仅如此，由于构筑肥胖的脂肪质地并不坚硬（Longhurst 2005b），臃肿躯体总是看起来摇摇晃晃的，颤颤巍巍的，因此就有了肥胖身体难以为个人和社会所驾驭、不易控制的看法。

至关重要的是，由于人们认定这种不受控制的躯体违反了社会秩序，所以它被认为是危险的。朱迪斯·巴特勒*（1990：168）认为：“所有社会系统在其边缘都是脆弱的，因此……所有的边缘都被认为是具有危险性的。”巴特勒观点的基础——对有形边界观念的一种普遍支撑——来自于玛丽·道格拉斯**在《洁净与危险》中对边界与污秽的研究。在这部重要作品中，道格拉斯也同样认为，边缘是危险的，

---

* 朱迪斯·巴特勒（Judith Butler），1956 年生于美国，当代最著名的后现代主义思想家之一，在女性主义批评、性别研究、当代政治哲学和伦理学等学术领域成就卓著。——译注

** 玛丽·道格拉斯（Dame Mary Douglas，1921—2007），女爵士，英国人类学家，因对于人类文化与象征主义的研究而闻名于世。《洁净与危险》是其代表作品。——译注

在任何特定社会结构中，人们认为“不恰当的东西”就会被当成“污秽”（1966：36）。道格拉斯假定，这种污秽：

> 从来不是独特的孤立的事件。只要有系统，就一定有污秽存在。污秽是系统排序和事物分类之下的副产品，在这一范畴内，排序就会带来对不恰当元素的拒绝。（36）

道格拉斯的研究与本章的相关性显而易见。肥胖身躯的物质性就是可悲的“污秽的”身体，一个违背了社会秩序的象征性地被污染了的肉体。脂肪以及它们“层层叠叠的赘肉破坏了事物的稳定性……（因此）我们可以说，肥胖的身体始终处于一种临界状态，因为不尊重‘适当的’界线而扰乱了秩序”（Longhurst 2005b：256）。脂肪这种类似于污秽和污染的概念已经形成了某种形式的社会控制（Huff 2001），这种控制造成了一种话语霸权的出现，将肥胖女性推向了社会边缘。通过这一角度来看待肥胖女性的身体，就是把肥胖的身躯当成了一种本质上存在问题并会造成潜在威胁的现象。

衣着的边界

谈到衣着，我们就要再次说起人们对边界概念的认识。衣服“位于身体的边缘，标志着自我与他人、自我与社会之间的界线”（Entwistle 2001：37）。衣服既是私密的，停留在个人身体的表面；同时也是社会的，暗示着穿着者的社会类别。衣服的个体功能在于保持身体温度、维护个人尊严等等，同时也具有社会功能，标志着个人所从属的社会群体或环境。因此，衣服将私密的个人的身体转化为一个可被他人辨识的社会文化实体，也传递着身体表达出来的信息。（Grosz 1994）

衣服的物质性起到了物理边界的作用，将一个人与其他人区分开来。然而，由于穿着可以将生物符号转化成社会符号，还能赋予其穿着者以社会文化含义，因此我们说，衣服就是一个象征性的边界。换句话说，衣服是个人的身体向公共的实体转变过程中的一个过渡（Entwistle 2000；Woodward 2007）。在这一过程中，衣着起到了调节穿戴者社会角色的作用，因为在穿衣服的时候，我们总是会考虑自己进入公共领域后可能处于什么样的场合（Woodward 2005）。通过衣服，我们向他人展现我们的面貌，比如我们所属的族群（Barnes and Eicher 1997；Eicher 1995）、我们的宗教信仰（Gies 2006）、我们的性别（Clarke and Turner 2007）、我们的道德和政治倾向（Barthes 2006；Bourdieu 1984）、我们的社会地位（Barthes 2006；Bourdieu 1984），甚至我们的工作能力（Glick et al. 2005）。衣服让我们的社会属性、公共形象得以呈现，也让我们具备了“文化上的可视性”（Wilson and de la Haye 1999：2）。

尽管衣服可以标示穿着者是否属于某个社会群体，要想画出身体本身和衣服之间的分界却是件十分麻烦的事情。哪里才是衣服和身体真正的界线所在呢？而且，当你把衣服用料上的纤维结构也考虑进来的话，这个问题就变得更复杂了。人的身体并不是完全被衣服包裹起来的，相反，总有些东西会透露出来，这些纤维只是把人给网起来了。身体的分泌物——例如血液、汗水和眼泪——总是会突破身体的边界，在衣服上留下我们身体内部的痕迹。这样一来，衣服就成了我们身体与外部世界之间的“最后边界”（Wilson 1987：3），而我们身体内部的一部分则成为布料上的一部分。

由此可见，我们不能孤立地看待身体和衣服，因为这两者之间有着辩证的互动，“衣服作用于身体，并将社会属性附加其中，而身体更是一个不断变化的地方，赋予了衣服生命力和完整性”

(Entwistle 2000：327)。在穿衣服的时候，身体与衣服，这两者聚在了一起，彼此形成了亲密互动。在穿上了衣服之后，衣服与我们的身躯成为一体，体现了身体的轮廓，同时也塑造、约束、掩盖并显示了身体。无论身体怎么移动，穿着其上的衣服都如影随形。这个无时无刻不与衣服同在的自我既是自我又不是自我，衣服与身体之间的空间代表了最为亲密的关系。看来，穿着衣服的身体体现出了肉体和服装的同步性。

正如前面所说，（肥胖）身体的边界是模糊不清的。而身体所穿衣服的边界也同样模糊不清。虽然衣服会被视为身体的附件，且因此是穿在身体的表面的，但是衣服也是属于身体的。在社会意义上，在衣服把身体包裹其中，将其与他人加以区别的同时，它还以多种方式将自我与他人联系在一起。伊丽莎白·威尔逊是这样解释的：

> 衣服以模棱两可的方式标记了一条模糊的界线，而模糊不清的界线是令人困扰的。很多不同的文化都通过创建符号系统和仪式来加强和巩固边界，以维护其纯洁性。在一个事物和另一个事物之间的边缘地带最有可能出现污染。衣服则是自我与非自我之间最后的边界了。(1987：2—3)

威尔逊的评论跟前面提到的道格拉斯（1966）关于不可靠的边界有潜在污染可能的观点不谋而合。当人们谈到肥胖丰满的身体时，就会格外强调衣服与身体之间这种复杂模糊的关系。肥胖身躯的界线看起来似乎不像那些形态更小、更结实的身躯的界线一样清楚。肥肉因受到压力向外弹，又不得不屈从于物理约束，那些“层层叠叠的赘肉破坏了事物的稳定性……（因此）我们可以说，肥胖的身体始终处于一种临界状态，因为不尊重‘适当的’界线而扰乱了秩序”

（Longhurst 2005b：256）。此外，肥胖的身体还占据了更多不该占用的空间（Adam 2001），比方说，那些“多余的”赘肉就会溢出椅子的边界，更不要说溢出衣服的边界了。

空间的边界

近几十年来，社会科学界对空间（place）的概念重燃热情。它不再单纯地被当成地理上的某个地方，而是理论化地表达为“过程式的、有序关联的系统”（Löw 2006：120），可变的、动态的边界（Stokowski 2002），“争议性的、流动的且不确定的”（McDowell 1999：4）。空间的边界并不中立。它为特殊利益服务，更重要的是，它既是包含的，也是排除的（McDowell 1999）。

回到道格拉斯的研究，我们发现社会拥有“外部的界线和边际，（以及）内部的结构”（1966：115）。社会中的各种实用边界将一个群体与另一个群体分开并且潜在地将社会切割成了彼此独立的分类群组，并能有效地定义一个人的社会地位，即他是否存在于一个有边界的社会群体中（Douglas 1996）。此外，处于社会边缘的群体，比如肥胖的女性，会被处于社会中坚区域的群体当作一种威胁（Tulloch and Lupton 2003）。这使得她们变得更加边缘化并加剧了她们成为潜在污染的可能。

显而易见，身体是这一包含和排除过程中的一个重要因素，因为“社会身体约束着物理身体被感知的方式”（Douglas 1996：65）。肥胖的身体更是如此。主流话语在谈及肥胖的时候，都把肥胖人群说成有问题的和天生令人反感的。而相关医学则把肥胖描述成一种疾病（Jutel 2006；Tischner and Malson 2012；Wray and Deery 2008）和一种对个人、社会都有影响的以道德为基础的社会问题（Jutel 2005；Rail，Holmes，and Murray 2010）。不仅如此，随着时间的推移，认为肥胖的身体是“不受约束的肉体和不受控制的欲望的所在……病态、异常且无礼”（Murray 2005：265—266）的这类观点渐渐被当作对肥胖群体的真实写照。这种观点在当代西方社会是如此根深蒂固，以至于有人认为针对肥胖女性的歧视与偏见是不会受到社会谴责的（Breseman，Lennon，and Schulz 1999；LeBesco and Braziel 2001；Longhurst 2005b）。这种偏见近来已经扩大到针对任何一个肥胖人士了，所有对于肥胖的负面态度以及肥胖在视觉上不可避免地会引人注目，更证实了（当众的）肥胖在经验上确实是有问题的。

穿着衣服的身体总是处于一个特定语境当中，因此，衣服可以说对生成和调节公共场合的自我形象至关重要。无论何时，只要是在公共场所，都存在着对于着装的标准和要求。有时这些标准和要求会被纳入管理框架和条例中，雇主要求雇员穿制服上班就是很好的例子。不过更多时候，着装规则是非正式的，由通过强调恰当的行为举止的社交手段来实现这些社会和文化规范。举例来说，参加葬礼哀悼亡者的时候人们会选择忧郁的颜色，通常是黑色，而即使在转向多样性和差异性的后现代，白色的婚纱仍然是强调异性恋人浪漫爱情的最优选择（Ingraham 2008）。虽然社会规范可能发生变化（Pringle and Alley1995），但是这样的着装规范仍然作为社会认知和实践的一部分继续存在着。

并不是所有人都适用同样的着装规范和标准。人们依照不成文但十分明确的规则在不同场合穿着不同的衣服。这些规则当然是有性别差异的。然而，不论男女，这些规则都是有尺寸的，而且许多非正式的社会构筑和社会执行的着装规则是专门针对肥胖女性的。这样的例子司空见惯。比如，我们能从很多博客上看到这样的抱怨，肥胖女性踩着“钻井平台”一样的细高跟鞋，穿着迷你裙露出乳沟，看了让人“想爆粗口”，而紧身牛仔裤就更别提了，穿着这种裤子的肥胖女性简直就是在告诉人们自己的“腿是一截截香肠做的”。而真人秀电视节目的时尚风向标人物崔妮和苏珊娜则采用不那么公开的评论方式，大谈特谈如何使用她们的“塑形内衣”“收腹三角裤”以及“身体乳液”而让人看起来没有那么肥。显而易见，她们关于着装的建议从根本上都是强调如何让身体看起来没有那么肥胖，其次才是告诉你跟体形有关的穿衣规则。这些穿衣规则规定了谁该穿什么，谁又不该穿什么。所以说，这些规则强有力地实现和维护着社会控制和社会秩序，任何打破这些规则的人或事物都可能会遭到公众的谴责（Cain 2011）。

肥胖身体的着装和边界

本节我们将以臃肿的赘肉作为研究的重点，探讨肥胖女性身体和衣服的“丰满的物质性”（Longhurst 2005b：256）。我们会特别通过实证检验肥胖女性的日常着装活动，来考量特定情形下肥胖身体和衣服的物质与文化边界，以及肥胖身体所处的位置。

身体与衣服之间

衣服的物质性显然与身体的物质性截然不同（Entwistle 2000），不过当你考虑肥胖身躯的流体式边界时，这些看似明显的区别就会变得非常令人烦恼。对参加我们研究的女性参与者来说，她们往往会觉得身体与衣服之间的关系是模糊不清的，因为两者经常侵入对方的空间。许多参与者都提到衣服在她们身体上留下过痕迹，会“钻进”，或“刺进”，或“蹭到”，或“磨到”她们的皮肤。事实上，衣服还可能给身体留下一个永久的记号，时刻提醒你它的存在。比如，玛丽由于习惯给她那比一般人更大更重的乳房穿戴胸罩，胸罩的肩带长时间勒进肉里，而在肩膀上留下了永久的勒痕。胸罩成功地将自己的物质性铭刻在了身体的物质性当中。

衣服在参与者的身体上不受控制地移动，导致她们的身体经常在出其不意的情况下暴露出来。因此，参与者不得不一直留意身上衣服与皮肤的状态，不时检查自己衣服的位置。

> 我得不停地确认它（衣服）待在我想要的地方。我对这个总是特别在意。上衣是不是又溜上去了？……衣服盖住屁股没有？或者盖住肚子没有？……我会不断地检查……而且我这么做都是无意识的。我都意识不到自己在这样做。……我能把这个衣服往下拉一拉吗？把它再整理好一点。（萝丝，着装日志访谈）

肥胖女性之所以形成不断整理自己身上衣物的习惯，是想要掩盖自己的身体，因为这个身体被社会普遍视为是有问题的和不守规矩的。此外，研究中的肥胖参与者能够清楚地意识到社会上存在的对肥胖的恐惧，因此她们意识到不能让人对自己的身体做此联想，而且要避免身体外露。贝丝说，她能"非常清楚"地感觉到她后背的衣服是不是卷了上去，因为她不想"裸露自己的皮肤"或她的"游泳圈"。

在萝丝的照片引谈法*访问中，我们可以看出研究参与者的肉感的身体与她们的衣服之间的紧张关系。萝丝选择的是一张藤蔓缠绕着树的照片，意在捕捉她的身体和衣服之间亲密而紧张的关系，讨论为何藤蔓（衣服）没有从树（身体）上落下，相反，它把树包裹起来，拘束、纠缠、依附、限制并压抑着这棵树。

萝丝的照片表现出了肥胖身体和衣服之间的令人苦恼的关系。然而，衣服不仅可以掩盖身体，还可以让身体的边界变得更加顺滑。至少在当代西方社会中，女性的标准身材是不仅要苗条，而且要线条流

---

* 照片引谈法（photo elicitation），一种心理学访谈方法。——译注

畅且有所节制。而肥胖女性的身材则与这些标准背道而驰。在近来的研究中，衣服通常被作为让身体表面变得更平滑的一种机制。比如乔琪，她为了平滑她自己的身体曲线，总是在外衣里面穿一件连体泳衣或一体式束身内衣。她发现，这是对付身上“鼓鼓囊囊的肉团”的最好办法，因为连体衣“能将所有凸出的地方都收紧，让我看起来更讨人喜欢一些”。与乔琪的情况类似，贝丝除了“普通的内衣”之外，还有“魔术短裤”，这种特殊内衣“似乎能够……解决所有肥胖女人的苦恼”。所以，尽管魔术短裤又“热”又“紧”，而且穿着“不太舒服”，贝丝还是经常会穿，因为它把她身上的肥肉褶都“熨平”了：

> 当你穿上某件衣服的时候……你只想让身上的赘肉褶能平一点……魔术短裤……上沿一直延伸到你的胸部，但是它能让你看起来线条更流畅，它能让你变得顺滑……它并不是真的把你的肚腩变平了，它只是把它们收紧。我是说，它不是让赘肉消失，也不能让它们变少，只是让这些赘肉更紧实了而已。（贝丝，着装日志访谈）

贝丝上面的这段话向我们暗示了肥胖的身体是**活动的**，这是很重要的一点。苗条健美的身体看起来十分紧凑，而肥胖的满是赘肉的身体看起来则是晃晃悠悠的。这种晃晃悠悠的动态与社会规范对于有节制的理想女性身体的要求不符，同时也会影响身体与衣服接触的方式。当身体移动时，我们身上的肉也随着移动，而衣服并不总是待在我们预期的地方；它可能会滑进肉的夹缝里，跟皮肤表面发生摩擦，还会勒进柔软的皮肉当中。衣服总能（自作主张地）找到肥胖身体上的肉褶夹缝。作为回应，参与者都会有一些习惯行为来调解她们的身体和衣服之间的麻烦。这些行为包括把开衫的侧边拉过来挡住肚子上的赘肉（贝丝）和把上衣的领口揪起来盖住乳沟（夏洛特）。萝丝还提到过，T恤衫会夹进她腰上的肥肉褶里，然后她发现自己能“稍微抖一抖”就把夹在里面的衣服抖出来。她在报告中说这些小习惯“快要让她疯掉”，而且她“意识到自己一直在那么做”，可是她还是不停地继续这样，因为她需要让她的身体和衣服的边界各归其位。

这样的习惯做法让这些肥胖女性可以避免一些不必要的身体暴露，并且平衡她们穿着衣服时令人困扰的身体边界问题。这些惯性化的动作，通过确保衣服“各就各位”，让衣服恢复到应有的秩序，停留在应有的位置，如此才能保证个人的身体不失其私密性。在这种情况下，这些女性都不约而同地认识到，这样做显示了她们意识到在别人眼中她们的身体是一种“失败”，而且这么做也证明了她们对这种“失败”进行了（一些）补救。在这一过程中，她们（暂时）重新获得了她们的肥胖身躯和衣服之间的空间平衡。

处在边缘的肥胖着装身体

肥胖女性不仅要注意平衡自己身体的流动边界，还必须对付来自他人的注视，这些目光把她们置于社会的边缘。在我们的研究中，所有参与者都提到过，她们能感受到她们的身体被人们普遍认为是有问题的，也因此成为他人负面关注的对象。从萝丝的着装日志的一些语句中，我们能特别明显地感受到这一点：

> 被人品头论足
> 即使我自我感觉还可以的时候，也会观察别人的穿着
> 我会马上觉得，“不对劲儿”
> 不行，我穿不进去
> 外面总有人看着你，感觉自己被监视了

谁在监视我？他们想看出些什么？
来来回回都是这样，观察着别人
被别人观察，就像打网球一样
凑到一起，眼神交错
移开目光

女性在她们很小的时候就会意识到自己的身体是不完美的(Hartley 2001)，对于肥胖女性而言更是如此，因为她们的身体总是被负面的刻板印象所笼罩。这就是为什么萝丝总是会避开他人目光的原因。当她的身体进入别人的视线时，这个身体的形象立刻就会被转化和标记成是有问题的。虽然萝丝解释说在她“自信并且线条正常时”她可以抵御这些目光，但在大多数情况下，与他人进行这种面对面的“对视”就意味着她必须直面自己的形象，这会让她手足无措。相比之下，“避开视线”则确保了她不必完全面对她自己那被社会认为有问题的、放错了位置的身体。

让人们指指点点的并不仅仅是肥胖的身躯。研究参与者还提到，她们的穿衣选择也成了别人品头论足的对象。

我感觉我被别人审视是因为我穿了不合适旁人穿的衣服。我是说，我总是穿我自己喜欢穿的，不过有时候作为一个胖女人，为什么要那么穿呢？……我得那么穿才能不显得冒犯，也就没事了。(安妮特，着装日志访谈)

对肥胖身体和穿着的评价有时不仅来自于他人。很多研究参与者自己也“喜欢查看”其他肥胖女性是怎样的，判别她们的身形大小和着装选择。当然，有些时候这些品评是负面的，但有的时候她们也会认为自己看到的一些肥胖女性“打扮得很漂亮”，“看起来很棒”，并且衣服穿得“很对”（贝丝），这时参与者就会产生明显的自信或者跃跃欲试想要尝试新的着装风格。用贝丝的话说，虽然“别人（总是）说我们不行”，但那个“穿得漂亮的胖女士”就意味着“一种肯定，就是胖女人也可以让自己很好”。在这种情况下，对他人的积极评价给肥胖女性自身带来了启迪，使她们有意愿尝试些新花样。然而，贝丝最后的评论暗示了固有的负面观点还是根深蒂固的。虽然她从“穿得漂亮的胖女士”那里获得了灵感（可能真正得到灵感也不太容易），她仍然清楚地知道自己肥胖的身躯在社会中的评价究竟如何，这个身体仍然居于社会的边缘，所以说她自己也和社会舆论一样，把自己边缘化了。

这些例子很好地说明了肥胖女性在社会中的边缘化程度，以及她们又是如何囿于所处位置的边界之内的。对参与这项研究的女性们来说，她们一直都在试图厘清自己该如何处在这些象征性边界的内外或穿越其间。这样做的核心动机之一就是让自己的身材和衣服都能让他人视而不见，自己也不会为此操心。作为每天都会发生的事情，想要在公共场合不被注意，就要经常在暴露身体和掩盖身体之间较劲儿。比如贝丝就谈到她在公众场合下绝不会裸露上臂这部分身体。

> 和朋友们去了酒吧。天气又冷又潮，所以得穿得暖和一点。我穿了牛仔裤、动物图案的上衣和一件大大的羊毛开衫（原文如此）。上衣是短袖的，所以不论酒吧里多热我都不会把羊毛开衫脱下来。我宁愿热死也不要露出我的上臂和肚子。（贝丝，着装日志摘录）

在这篇日志的访谈中我提到了这段文字，贝丝解释说无论温度多高她都打定主意坚决不要脱下她的“大大的羊毛开衫”。她很在意她的身体出现在公共场合的方式，而且她感到酒吧这种环境的社会评价超出了她所能承受的程度。由于肥胖女性庞大的体型很难被忽略(Murray 2005)，贝丝不愿意露出她“肥胖的胳膊”而吸引更多的注意了。

这个例子暗示了一种象征交流，这种交流的结果导致了被排斥的感觉。然而，在其他场合比如购物中心，这种被排斥的感觉来得更明显也更刻板。在研究的逛街购物阶段，许多参与者都选择了一家当地的购物中心。可是，在这里她们经受了更严重的排斥，人们都觉得她们的身体不对劲儿，这些经验把她们进一步推向了社会的边缘。和她们一起逛街时就能发现，偌大一个商场，却有一多半的店铺好像根本就不对她们开放一样，因为没有她们能穿的尺寸。夏洛特这样形容自己对这种排斥的感受：“就好像你把脸贴在窗户上往里瞧一个没邀请你的派对一样。”在这些参与者的心里，商场里大部分的服装店根本不在她们的考虑之内，就像贝丝说的：

> 根本没有必要去那家店，我从来没进去过……去那家店完全没意义，因为那儿什么都没有……让人筋疲力尽，所以除了这个大型购物中心，我会选“百货公司”和“大码服装店”，“百货公司”是我唯一可能买到点什么的地方。其他地方在我看来纯属多余。(贝丝，购物环节)

跟贝丝的经历相类似，在购物环节时，珍解释说她“根本不会想要进到什么一般的商店，因为我知道他们根本不会卖我能穿的衣服”。由此可见，购物中心其实是一个内外分明的封闭空间，尽管它的市场面向大众，但是不受欢迎的群体也轻而易举地被排除在外。当然，肥胖女性没有被直接排除在外，购物中心的门口又没有人把门。可是，只有少数店铺能够提供适合她们尺码的衣服，这其中对肥胖女性的限制和排除不言而喻。这种情况发生在肥胖人群众多的西方社会，真是令人费解。此外，这种不能满足肥胖女性（及其消费）的系统失效也是明显与市场经济中的供需平衡理论相悖的。

不过，购物中心还是有一些大码衣服卖的。跟参与者一起逛街就会发现，她们去的这家购物中心里有个百货商店，里面有两排大码服装货架，这两排衣服呈现出迥然不同的风格，价格高低也有所差异。走出购物中心，参与者们还会再去逛逛精品店，那里会单列出一些大码衣服出售。然而，不论是在百货公司还是精品店，这些服装都很明显地被陈列在角落里。在百货商店，那两排出售大码衣服的货架位于最靠里的角落，这就跟餐厅里靠洗手间的座位差不多。珍对在哪儿买自己能穿的衣服了如指掌：

> 一般来说特大号的衣服都摆在最后面。他们怕我们挡道（大笑）……你也不知道他们是从什么时候起开始这样摆的，你都不用想就知道“太好了，我能穿的衣服就在商店最里头”。（珍，购物环节）

虽然珍从没有来过这家购物中心和里面的百货商店，但她的直觉告诉她能在“商店最里头”找到特大码的衣服，那里离临街的部分远远的，她不会被别人看到。精品店的情形也差不多，在那里大码的衣服都挂在“特码”货架那一列，标签都跟别的衣服不一样，与大多数衣服的货架离得远远的。它们的摆放方式也与店里出售的一般衣服不同，被放在角落里的“小架子”上，安是这样描述的：

我一走进商店，售货员对我说的第一句话就是："哦，大码的衣服在那边。"（笑）……我想作为身材肥胖的女性我们更加敏感，而且你知道我们也希望和别人一样（笑）。所以我们不希望人们把我们的衣服放在角落里的小架子上。他们为什么不能把这些衣服跟其他衣服摆在一起呢？为什么非要分开放呢？（安，衣柜分享）

消费场所的结构边界将肥胖女性置于边缘。专门出售大码服装的商店被人叫成"超码"（outsize）商店。但这种所谓"超码"的称呼有超出常规的意思。它不仅听起来跟"超出"（outside）差不多（Adam 2001），而且作为一个具有空间意味的隐喻，这个词汇很显然把经常光顾这里的顾客归到了超出常规范围，从而脱离正统的位置上（Colls 2006）。所以说，被置于边缘化的不仅仅是这些衣服，来购买这些衣服的女性也被边缘化了。服装店不仅是生产和销售服装的商业场所，它们也在不断地构筑标准的性别模型。通过空间上被边缘化陈列的衣服上的"特码"标签，穿大码衣服的人在社会上也被边缘化了。在这个过程中，身形肥胖的女性购物者既被置于边缘，同时也"超出了可理解的边缘"（Butler 1990：132），只有在这个范围内的更苗条的女性才是可理解的。

能买到合适衣服的商店太少，以及商店对大码衣服的边缘化处置表明，肥胖女性已经卓有成效地被排除在了时尚领域之外。不妨这样说，这种排除可能在设计师和服装公司负责人的脑海中根深蒂固，他们坚信苗条的女性穿着他们的服装才最好看（"Skinny White Run-way Models" 2007）。贝琪·布莱斯曼、莎伦·列侬和特里莎·舒尔茨坚信，服装设计师可能认为自己设计的服装要是做成大码的，就会成为"时尚毒药"，会对他们的品牌造成损害，还可能会让苗条的女性因为和肥胖女性“撞衫”而感到侮辱（Betsy Breseman，Sharron Lennon and Theresa Schulz 1999：181）。把肥胖女性形容为有毒的让我们想起前面讨论的道格拉斯（1966）对受污染的和可能形成污染的身体所做出的评论。不管什么原因，服装店拒绝接纳肥胖女性顾客的事实，将这些肥胖女性直接排除在了社会消费活动之外，而社会消费活动恰是一个人在社会中活跃且成为正当一员的标志。

人和空间都是有性别的（e. g.，McDowell 1999；Vaiou and Lykogianni 2006）。然而，从服装店未能迎合肥胖女性的需求而为之提供相应的服务这一点我们也能看出，空间也是有“尺码”的。这并不是一种良性的现象，服装市场的结构将肥胖女性置于了社会的边缘。而整个过程中最具讽刺意味的恐怕是，为了进行消费活动，穿大码衣服的女性不得不到商店的角落中购买自己所需的衣服，结果无意之中却又不可避免地把自己推向了边缘。如果像阿兰·沃德（Alan Warde 1994）所说的那样，人们通过购物来构筑自己的社会身份，那么肥胖女性在构筑自己的社会身份时显然要面对相当多的挑战。

这项研究的结果揭示了边界的概念在肥胖女性的穿衣体验中是何等的重要。这些边界既是多重的，也是模糊不清的，将物质、结构和象征意味交织在一起。下一小节里，我们将就如何更广泛地理解肥胖着装女性的具现化与情境化体验展开探讨。

肥胖着装女性的具现化和情境化体验

人在大多数时候都是穿着衣服的（Longhurst 2005a）。尽管社会学领域对人身体加以研究的兴趣与日俱增（Fox 2012），且将身体置于身份的核心（Shilling 1993），但对于人总是穿着衣服这一社会事实却并没有怎么在意。然而，即便是那些无家可归或流离失所的人，至少也都会穿点衣服在身上。重要的是，着装是具有交际功能的(Kellner 1994)，“能美化身体”（Entwistle 2000：324）并把“建构身份的模式和所需的物质”提供给穿着者（Kellner 1994：160)。因此，衣服是一种表明社会从属关系与社会身份的强有力的标示物，是人们了解社会的重要工具。不过，服装的作用还不止于此，因为身体和服装之间存在着一种非常亲密的相互作用，服装是具现化的。

在这一章里，我们通过肥胖女性的身体与着装在空间上的位置，探讨了两者之间的关系。在这当中，肥胖是很重要的因素。肥胖的身体受到主流话语的制约，而主流话语的取向是，肥胖与肥胖人群先天就是令人讨厌的且有问题的。不仅如此，主流话语对肥胖人群的着装法则通常还会强加以道德判断和社会一般穿衣法则的约束，使得肥胖女性在着装选择上受到很大的限制。就算每天的生活场景并不千篇一律，但这些限制始终存在于现实当中（Waskul and Vannini 2006)。对于体形肥胖的女性来说，身体成为体验世界的客体，同时也提醒她们，在女性身份规范结构当中，自己的身体是何等的失败。每每到这样的时刻，所有的感受都经由身体传达出来，肥胖女性能够精准地通过身体感受到，自己的“主体……的有形性是何等的强烈”（Murray 2005：272)。(肥胖的）身体看起来总是一成不变，随之而来暴露出的身形尺码让“对蒙羞的身体加以印象管理”（Goffman 1986，1990）变得举步维艰，因为肥胖的身躯“本身就十分‘暴露’了：总是极端醒目，松垮垮的赘肉简直无从遁形”（Murray 2005：273)。

通过“缺席的身体”这一概念，德鲁·莱德（Drew Leder 1990：84）坚称，人们在日常活动中对自己的身体并没有一个完全的认识。身体通常会与环境融为一体，直到某些特定情况出现，比如有了某个特别的生理或负面社会经历时，身体的有形形态，或者更精确地说，“不好的形象”才会重新浮现。换句话说，身体来者不善地突然出现在人们的直接意识里。当然，莱德认为女性的身体比男性的身体以有形的形态出现的频率更高。这其中的原因可能是像伊丽莎白·格罗斯（Elizabeth Grosz 1994）阐述的那样，在身体 / 意识和自然 / 文化这两个二元性面前，女性往往与前者相关，而男性则更多倾向于后者。还有一种可能是，女性的身体更容易成为别人关注的对象。

而对于**穿着衣服的**身体的实证研究也证明了这样一个观点，即对于女性来说，她们的身体更多地占据了她们的意识。乔安妮·恩特维斯特尔（Joanne Entwistle）表示，女性有时（比如穿着一条特别紧身的牛仔裤时）会对自己穿着衣服的身体的边界非常敏感，这导致了一种“表皮自我意识”（2000：334）。不仅如此，苏菲·伍德沃德（Sophie Woodward）还发现，为了让自己的装扮“感觉对路”，它在美学上必须是选择正确的，不然一种“审美脱节”的自我意识就会出现（2005：25）。

然而，我们目前研究的不是普通的穿着衣服的女性而是**肥胖的**穿着衣服的女性，对于她们而言，情况要麻烦得多。所谓对路的衣服，当然要大小合体，不过同时也要跟不同场合下的社会规范相符合（虽然本章中我们主要关注的是研究中的购物体验环节，不过关注海滩等其他场合也是完全可以的）。身体和衣服彼此摩擦，让这些女性时刻意识到自己身体的真实存在。更重要的是，公共场合下的肥胖女性所面对的社会判断，不断地提醒着她们，自己的身体不符合标准女性的体态美。这一章里讲到的这项研究表明，对于肥胖女性而言，她们的身体不仅仅是有形背景的一部分，更是不断被观察的有形前景的一部分。与其说这是“审美脱节”（Woodward 2005：25），不若说是空间—形体的脱节，穿着衣服的躯体被看作错位的。衣服和空间**无法和谐共存**。

我们的研究表明，对于肥胖女性而言，服装的功能之一是遮掩层层叠叠的赘肉，但是这样一来，服装与身体彼此摩擦且不断滑动到对方的领域，使得两者之间的边界始终处于十分模糊的状态。当一方侵入另一方时，这种模糊便在肉体的黏性和流动性以及布料的延展性之下产生了。服装和身体之间这种存在问题的关系使得肥胖女性对于形体的意识比他人更甚。肥胖的（着装）身体的物质属性使它根本无法被忽略。

这些肥胖的着装身体上的模糊边界让肥胖人群常常感到身体、服装和空间挤在了一起，带来被监视、他者化和边缘化的潜在可能。对于肥胖女性而言，这样的处境就意味着成为潜在的被关注对象。当众出丑可以说是一种“尤其针对女性的险境”(Russo 1997：318)。我们还可以进一步说，这更是一种尤为针对**肥胖**女性的险境。在这个研究中，我们把身体、服装和空间综合在一起进行考量，把肥胖女性穿着衣服的身体作为具现化和情境化的实践。在这种情况下，我们认为脂肪是模糊地存在于人体**内部**、**体表**和**组成**身体结构的一种物质，因此，不能把由它导致的肥胖单纯视为一种体验。

（楚蒂・凯恩　凯利・张伯伦　安・杜普伊斯）

第八章

脂肪剥削：厌恶和减肥秀

Fatsploitation

> 在过度关注脂肪的文化中，我们每个人都是“脂肪专家”，相信我们通过“分析”胖瘦就能了解这个人的本质。不光人的道德品质一览无余，就连健康状况也看得一清二楚。
>
> ——马克·格雷厄姆

名人已经在媒体上表演体重增减多年。从20世纪80年代的林恩·雷德格雷夫（Lynn Redgrave）到现在的珍妮弗·哈德森（Jennifer Hudson），许多名人都曾在镜头前表演增减体重，通常都带有自我推销和宣传的意味，但无一不强调身体脂肪的生成和减少。而在减肥食品的广告中，这些名人的表演也都着力突出消费者所能减掉的脂肪的具体形象。通过表演，他们试图为观众实实在在地呈现减肥的成果——让观众看到减掉的肥肉的实际样貌。为了戏剧化地突出他们所减掉的重量，表演者往

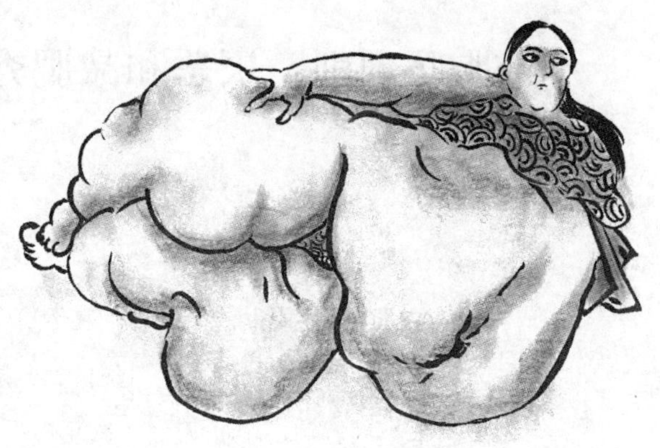

往会对观众对于污染物的恐惧和对于表演者之前肥胖形象的厌恶加以利用。如果厌恶的感觉确实能吸引注意力——虽然令人排斥——并唤起观众的本能反应，那么可以说它是一种功能强大的市场营销工具，表演者对它的应用简直是得心应手。然而，体脂自身的天然属性使它总是“幽灵般地”跟着苗条的身躯不放，各路表演中的人们不得不一而再再而三地减肥以保持纤细的身形。这种循环模式——公众人物表演增减体重并获得大众关注，以及随之而来的商业化的表演，最终演变成了“脂肪剥削”（fatsploitation）——这是我造出的说法——名人刺激消费者对他们（著名的）肥胖身躯产生厌恶，并以此牟取商业利益。1988 年欧普拉·温弗瑞（Oprah Winfrey）推着一辆装有重 67 磅（30 余公斤）动物脂肪的四轮推车出现在她的脱口秀节目现场，目的是向观众形象地展示自己减肥的成果。把推车上的脂肪与她当下的苗条身材并列展示给观众，让人一眼就知道她的减肥是多么卓有成效。虽然美国的节食工业自 20

世纪 70 年代一直处于低谷，但这一次欧普拉使减肥表演上升到了一个新的高度（Harpo Productions 2010）。当时，欧普拉是有史以来最受欢迎的日间脱口秀节目主持人，她的节目收视率居高不下。她（第一次）展示自己减肥成果的那一集获得了前所未有的高收视率。她是使用动物脂肪戏剧性地把自己的减肥效果具象地表现出来的先锋。欧普拉自愿展示减肥的过程以及随之而来的羞耻感，这一切都深深地打动了许多同样有着体重苦恼的美国观众，大大拉近了和他们之间的距离，并以此为契机开启了名人作为一个“普通人”与粉丝深入交流的时代，这也成为接下来的几十年里她所使用的一种重要的自我营销手段。所有的观众（主要是女性）都被这一有效手段所吸引；围绕着脂肪所产生的焦虑在美国的文化中十分普遍，所以她能很容易地吸引到那些正与肥胖斗争者、受肥胖人群厌恶者以及害怕增重者。

更重要的是，欧普拉利用了所有人类天性中的一个共性，那就是越让人厌恶的东西有时反而会越引人注意。电影和娱乐产业，包括新闻媒体，都依靠这个现象去施加引诱，为了吸引观众而不惜在这条路上越走越远（Miller 1997：x）。电视节目在这方面已经做到了花样百出，比如像《极限冒险：谁敢来挑战》（*Fear Factor*），镜头直接拍下参与者吃下、触碰或者逃离令人恶心之物，如虫子之类的东西；新闻报道里则直接将支离破碎的尸体或受伤流血的画面播放出来。欧普拉利用了这一现象，不光是通过“令人作呕的”动物脂肪来形象展示自己减肥的效果，还借此唤起每个观众对这种画面的厌恶反应。作为一个研究戏剧与表演的学者，我对脂肪是如何在表演和群体表达中呈现并形象化的，脂肪又会对观众产生何种影响——人们具体的厌恶反应等等颇感兴趣。这一章里指出，产品代言人和名人通过在公众面前展示体重增加和减少来展现脂肪的物质性，从而把自己商品化并推广减肥产品，利用脂肪所引起的厌恶情绪是其中的重要手段。我将会详细阐述像欧普拉·温弗瑞和柯尔斯蒂·艾利（Kirstie Alley）这样的公众人物是如何故意利用脂肪引起的厌恶效应来操纵观众的。此外，我也会展示这些进行减肥表演来甩掉肥胖这个“鬼影”的公众人物的形象是如何被这个“鬼影”困扰着的。

厌恶以及脂肪的物质性

人体的脂肪既抽象到令人沮丧，又是一个现实的存在。毕竟，这确实是一种物质，即脂肪组织，不过，从视觉上来说，什么样的人才是一个胖子则有五花八门的主观说法。脂肪既是我们食物的一种，也是我们身体的一部分。它是外在的，因为我们可以触摸脂肪，也可以消耗脂肪；它也是内在的，因为我们的体内也确确实实存有这种物质。蕾切尔·科尔斯（Rachel Colls 2007：358）在论述中指出，脂肪“是难以区分的，作为一种物质存在于皮肤之下，既是皮肤本身，又是皮肤的构成物……无论体重增加还是减少，它都能存在于某处，或从某处消失”。

不仅如此，脂肪在美国文化中有着独特的内涵，不论什么样的物质条件和社会条件下都是如此，即便在消费领域和商品链中，脂肪的内涵也比比皆是。消费文化给肥胖人群扣上了莫大的罪名，因为人们认定他们消耗了比别人更多的资源——他们吃掉了更多的食物，衣服需要更多的布料，就连坐飞机也要更大的座椅等等。而由于“肥胖战争”* 的说法盛行，人们推断肥胖人群会因长期肥胖而产生很多并发症，因而认为他们在经济体制中会占用更多的国家医疗资源并花掉更多纳税人的钱。另一方面，人们断定肥胖人群也会花比平常人更多的钱去买东西，既要买食物又要买减肥产品，从而将之描述成物质至上

* 肥胖战争（war on obesity），有学者进行过一项统计，目前全球每年因肥胖而造成的经济损失超过两万亿美元，和战争带来的损失相当，远远超过酗酒、气候变化等造成的损失。——译注

的终极消费者。他们的大腹便便成为我们消费文化极大丰富的具体表现。总之，肥胖在美国代表着耻辱、羞愧和内疚。在美国的文化中，没有一种东西会像体重变化一样被所有人关注。

此外，正如伊丽莎白·格洛兹（Elizabeth Grosz 1994）的断言，西方逻辑迫使我们把自己的身体看成内在自我的一种外在表达。马克·格雷厄姆（Mark Graham 2005：178—179）声称："在过度关注脂肪的文化中，我们每个人都是'脂肪专家'，相信我们通过'分析'胖瘦就能了解这个人的本质。不光人的道德品质一览无余，就连健康状况也看得一清二楚。"萨曼莎·穆雷（Samantha Murray 2008：13—14）在其富有创见的《"肥胖的"女性身体》（*The "Fat" Female Body*）一书中，就这一观点做了进一步的阐述，总结了美国人是如何对待他们认为是肥胖的身体的。（13）她认为，"在我们的文化中，人们非常善于并喜欢观察别人的身体并快速得出结论"。她的分析描述了肥胖的身体会被拿来与所谓标准的身体进行对比，并让人觉得前者是畸形甚至变异和堕落的。具体一点说，当对象是肥胖的女性，特别是白人肥胖女性时，人们会快速地根据她的外表做出对她性格的推断。她会被认为智商上低于常人，懒惰，自制能力差，道德上有缺陷，而且被视为是对标准女性美和身材的一种冒犯。她一定是一个贪吃并且根本无法控制食欲的人。人们还会把她身上多余的脂肪跟对性和权力的贪得无厌联系在一起。在西方的许多文化中，尤其是美国文化中，肥胖者，特别是肥胖的女性，会让每个遇到的人对其道德和社会特征品头论足。

此外，我也认为在美国文化中人们对于肥胖身体的态度不光有审美和医学上的判断，还包括个人经验上的反应。脂肪不仅能激起前面说到的偏见，还能让看到脂肪的人迅速产生厌恶感。事实上，因为脂肪在美国文化中已经被媒体妖魔化，它在很多情况下都能引起人们的厌恶，从脂肪这个事物本身，到呈现出大量脂肪的身体都是如此。自然而然的，肥胖的身体会让那些看到或触碰到的人感到厌恶。肥胖人群这些身体的出现就是对观者的一种视觉污染。威廉·米勒（William Miller 1997：12—14）在其对于厌恶的研究中，不仅探索了是什么引起这种复杂的情感，也指出厌恶的核心元素之一其实是人对于可能接触到让人厌恶的东西而担心被沾染的一种害怕情绪。他断言，厌恶不仅仅是一种情感，也是一种感官感受，不光让人害怕被污染物沾染，还会引发糟透了的恐怖感。这个关于物质性的大讨论的中心思想是，厌恶是一种通过身体而做出的具体反应。米勒还指出，厌恶与内脏和属于“身体内部”的体液有本质上的关联，而且厌恶跟其他情绪在概念上就有所不同，它不仅仅是精神上或情感上对事物的感知行为，也是一种类似“好像是……”的感觉。(36) 厌恶与其他情感的区别在于，作为人类的核心情感之一，它可以引起躯体感觉的本能反应。米勒认为，害怕“响应的是对身体造成伤害的威胁，而厌恶响应的是对灵魂造成伤害的威胁”(26)。既然肥胖拥有诸多负面的道德意涵，且人们认为脂肪拥有造成污染的能力，肥胖的人让人感到恶心也就不足为怪了。肥胖会让人从内在受到污染。米勒还指出，厌恶是一种“灌注了害怕”的恐惧，害怕和恐惧的区别在于如果一个人对事物感到害怕，他会想到逃跑；而当人感到恐惧（厌恶加上害怕）时，“逃跑已经不是一个选项了……因为如果发出威胁的事物令人厌恶，人根本不会想要击打它、接触它，或甚至解决它”(26)。而我还会在此基础上加个“成为它”。在美国的文化中，肥胖的身体可以让接触到它的人产生各种令人不快的内脏反应；我们不仅仅会因为害怕被污染而不愿意与胖人发生接触，他们身上的肥肉也让我们注意到自己的身体——我们脆弱的人性，暗示着我们也可能会变得如此不堪。

在试图发现人类会对什么感到厌恶时（比方说动物就不会觉得厌恶），米勒发现了关键的对立状态，它们中很多都对理解厌恶情绪的体验至关重要。这些对立包括人类/动物、向外（外部）/向内（内部）、干燥/潮湿、紧实/湿软或柔软、健康/疾病、美/丑，以及适度/过量等各种二元对立状态。如此看来，肥胖的身体满足引发旁观者或者接触者产生厌恶情绪的所有条件。肥胖人群经常被认为低人一等，更加本我驱动*，更动物化，因为他们似乎不能控制自己的欲望。他们的肥胖不仅仅是外在审美的问题，也是他们整体——即内在——的一种体现。因此，一身肥肉不仅暗示了这个胖子已经从内到外都已被肥胖污染，他更可能会把这种污秽带给周围每个接近他的人。肥胖的身体软塌塌的，摸起来也是汗津津、湿乎乎的；他们就是没有节制、怪诞奇异和饮食过度的真实写照（Miller 1997：38）。不仅如此，肥胖的身体也是对人们自身物质性的一种尴尬的提醒。在一个倾向于认为“自我”是无形的，是与精神和灵魂相连的文化中，肥胖的身体被看作一种“他性”的身体，一种提醒我们人是血肉之躯，会生老病死的卑微的身体（Kent 2001：135）。因此，厌恶是美国人对肥胖身躯的基本反应。人们围绕飞机座椅和肥胖乘客所进行的持续争论，就是这种厌恶反应在日常生活当中的例证；消费者的相关投诉不是强调空间太小，而是强调自己被迫碰到别人的一身肥肉。比如，《纽约每日新闻》援引一位乘客的话说，“我不得不与旁边乘客的一身肥肉分享我的座位，这实在是令人恶心”（Huff 2009：181）。

过去的身体，挥之不去的鬼影

在美国，一个普通的胖子可能会使他/她在日常生活中让其他人

* 来自弗洛伊德的理论，“本我”指的是潜意识的最深层，“本我驱动”通常强调的是更加依赖于本能行动而不是依靠意志。——译注

感到厌恶。但是，这种厌恶在各种表演和电视节目中对观众而言会变得极具影响力。当一个公众人物出现在舞台上、屏幕上或其他大众媒体上看起来胖了的时候，他 / 她不仅会引发观众上文提到过的对于胖子的各种揣测，而且很可能会导致观众对他 / 她感到反感和厌恶。很明显，大多数名人都不想和这种形象扯在一起。因此，他们卖力减肥，也会公开表演这个过程以重塑自己在公众面前的形象。许多人特别是流行艺人极力想要展示自己如何减肥并把实际减掉的重量具体地呈现出来，这种冲动行为部分可能是受到戏剧研究学者马文·卡尔森（Marvin Carlson）称之为“叠影”* 概念的启发。卡尔森（2003：8）认为，表演——戏剧性呈现——是一种“迷人的资源储存方式和文化记忆持续再流通机制”。他说道，一位表演者的身体会以一种特殊的方式让他 / 她之前所扮演角色给观众留下的印象被观众“回收”并印刻在他们的记忆当中，正是之前的诸多形象能够使观众产生强烈而出人意表的反应。我认为，在这其中，被观众“储存”起来的不仅包括这个演员演过的角色，他 / 她所使用的道具和他 / 她的体型特征也一并被“储存”了下来。如果一位观众之前见过这个演员的肥胖状态，那么他必然会联想到前面说到的所有有关肥胖的偏见，并在情绪和表情上做出相应的反应，这就使得表演者觉得自己有必要以某种方式清除观众对肥胖的他 / 她的记忆。换句话说，“即使表演者力求变换不同的角色，尤其是随着知名度的上升，这个表演者会被他的观众定型在他们的记忆中，所以每一个新的形象都要和这些记忆重新较量一番”（Carlson 2003：9）。几乎没有人会否认，如果一个女演员曾经以肥胖的状态出现在公众视野中，她就会像西西弗斯一样，再也别想甩开肥

---

* 叠影现象（ghosting），一种表演学概念，即通过表演让观众把演员目前状态与之前某一状态“叠”在一起进行联想和记忆，产生巨大的感染力和吸引力。——译注

胖这个话题了，不仅仅是因为她的肥胖触发了观众对于肥胖的厌恶反应，也因为自己昔日肥胖的形象会在互联网等大众媒体无休无止地传播。

1988 年以前，亦即在欧普拉还没有利用脂肪使她的减肥斗争引发轰动之前，减肥产业使用更常规的方式来兜售自己的产品。在广告中，所谓真实亲历者向你展示他们如何通过这些公司最新研制的灵丹妙药摆脱了困扰多年的体重问题。在这里，卡尔森的叠影理论可以解释为什么早些时候这些厂商的广告大多数更依赖无名演员——所谓“真实亲历者”——因为他们寂寂无名，就不用费神考量观众那里保留的之前的自己到底是胖还是不胖的形象。大部分减肥产品的无名代言人都会在广告中着重展现自己减肥前和减肥后的天差地别，生龙活虎地讲述自己的“成功事迹”以及“新”身体带给自己多么大的快乐，通常还会附带一张（静态的）之前肥胖时的照片，照片中的人一般皱着眉，无精打采并重点突出松弛堆叠的肥肉，意图唤起观众对这个肥胖身体的厌恶。此外，这些无名代言人还会穿上之前肥胖时穿过的巨大的衣服，让苗条的身体和这些尺寸大得离谱的衣服一起展示出来。大多数情况下，这些演员都是匿名的。他们的所谓感言更有广告效应，不仅是因为他们不是名人——那些人的肥胖形象因为之前的表演和曝光已经深入观众的脑海，还因为叠影现象仅能发生在他们全新的修长体形与单单一张昔日肥胖身形的静态照片上。他们大腹便便的形象不曾以任何方式被任何集体记忆储存，在广告中他们充满活力的健康体形，哪怕是以不那么大的展示照片的形式出现，都远比他们之前肥胖时期的照片更引人注目。

1999 年，杰瑞德·福格尔（Jared Fogle）成为赛百味快餐连锁店的形象代言人，这是一个名不见经传者通过商业化减肥表演而获得知名度的罕见个案。福格尔宣称他本人之前吃了太多快餐变得肥胖，通过赛百味的最佳健康饮食而减肥成功，颇具讽刺意味*。通过这种独特的减肥方法，福格尔获得了成功，他的故事被赛百味公司负责市场推广的高管发现后，他被聘为赛百味的代言人。福格尔通过他的“赛百味减肥法”成功地减掉了 111 公斤体重，摇身一变成为一个节食减肥和流行文化的偶像。和之前的许多各类代言人一样，福格尔的标志性动作是提着他减肥前穿过的将近一米六腰围的裤子，站在镜头前向观众展现如今自己的减肥成果有多么辉煌。在一些广告中，福格尔站在自己肥胖时拍摄的大幅照片前对赛百味进行宣传，这些照片无一例外都在着力突出他那令人震惊的巨大身材以及身上堆叠的赘肉，一再利用观者对他那肥硕松弛身躯的厌恶来吸引关注。赛百味的这个推广策略使得公司的销量增长了一倍以上，而福格尔则一直担任该公司的首席代言人直到 2009 年（Leung 2007）。

然而，到了 2009 年福格尔开始失去他的商业号召力。也许他的减肥表演（和作为营销工具的价值）雄风不再是由于他不像大多数减肥者那样在三到五年会反弹回原来的体重，福格尔的体重保持了十年，观众已经无法从他这里真实感受到他减掉重量所带来的冲击，他也不再被当成一个曾经的胖子了。米勒认为，“我们会被那些可厌的记忆占据，让我们……感觉整个人失去控制，好像**鬼影缠身**”（1997：27）。然而，福格尔的身体已经不能再唤起观众的厌恶，因为他保持体重的时间太长了，以匀称体型出现的频率太高，他已经摆脱了从前 180 公斤的鬼影了。跟欧普拉或后文将提到的其他名人不一样，福格尔的观众在他这里已经感觉不到任何长久以来由肥胖这种污染所带给他们的感受了。取而代之的是，他已经被划入了正常体重的范畴，他作为一个曾经战胜肥胖的人的可信度也随之烟消云散。福格尔变回了一个普通人，他也因此失

---

* 因为赛百味同样也是一家快餐品牌连锁店。——译注

福格尔宣称他本人通过赛百味的最佳健康饮食而减肥成功，被聘为赛百味的代言人。“赛百味减肥法”曾让他成功地减掉了111公斤体重

去了作为广告代言的价值。然而，福格尔仍被困在体重增长的圆形监狱* 当中，囚犯们彼此看守，标准体重的约束无处不在，媒体和广告等文化力量时时都在审视着他们（Bartky 1990：63—67）。福格尔仍然时不时会出现在赛百味的广告中，仍然是一个大众偶像的形象；而每当他的体重稍微增加，他都会受到媒体不怀好意的关注，哪怕相较于其他减肥者，他反弹的体重只是他之前减掉体重的九牛一毛（North 2010）。

最终，在2009年，赛百味的广告宣传形式又一次回到了使用匿名演员表演体重增加的老路上（这是另一种推广表演方式，但是效果和表演减肥相似，后文我将以柯尔斯蒂·艾利作为例子详述）。在这则广告中，无名演员以各种方式大吃特吃（十分醒目的）其他品牌的油腻的快餐食品。在不同场景中，演员们正大快朵颐时，要么他们的衣服纽扣绷开了，要么椅子被他们坐塌了，还有的汽车轮胎被他们肥硕的身躯压爆了，等等，无一不以他们的肥胖给周围带来的一连串灾难而告终。这些场景不仅强调了进食油腻的快餐使之成为我们脂肪组织的组成部分这种由“外”向“内”的转化，也暗示了肥胖或脂肪会带来失序和混乱，我在后文中还会详细讨论。肥胖的身体不仅可能会造成污染，它还侵犯了空间和卫生的文化边界，时刻可能用污秽和混乱败坏周围的一切。玛丽·道格拉斯（1966：2）在其重要作品《洁净与危险》中曾讨论过许多文化中污秽与混乱和原始恐惧之间的联系。一个肥胖的身体是一个失序了的美学上不恰当的身体，而且一个胖子的重量和体型会给一个为规范身体设计的环境造成混乱。肥胖的身躯难以适应环境，它们会扰乱、碰撞甚至损坏它们接触到的东西。在刚才提到的广告中，赛百味公司不仅强调了丰满的演员们大口吞下

---

* 圆形监狱（panopticon）来自于希腊语的“透视”，囚犯们被安排在绕成一圈的牢房中，他们的看守就隐蔽在被这些牢房包围的中心的塔内。——译注

的对手快餐品牌的食物何其巨大和油腻，而且还向观众暗示了肥胖与污秽和混乱之间的联系——使用的是传统的胖子出懒汉的老梗——以达到滑稽的效果（Subway Company 2009）。广告通过匿名肥胖演员自身的肥胖导致周围发生了一连串的混乱，格外强调了这一点。伴着柴可夫斯基的《1812 序曲》，每个因肥胖而被弹出乱飞的扣子和每一次因压垮椅子而摔的屁股蹲儿都变得有节奏，画外音不遗余力地鼓励观众“今年开始做正确的选择”和“吃新鲜的食物”*，以突出赛百味食品的新鲜——和竞争对手们那些充满油腻的快餐食品截然不同。

“这么一大坨”：欧普拉的羞耻与自我厌恶

让我们回到欧普拉 1988 年那次著名的表演，当时她的脱口秀节目已经开播两年。在节目开播的第一年，欧普拉的体重已经在慢慢地增长。到了 1988 年 7 月，她的体重达到了“巅峰”的 212 磅（约 96 公斤），但是到 11 月那一集播出的时候，她已经用一种极端的液体饮食减肥法悄无声息地减掉了 67 磅（30 余公斤）体重。在这期节目开头，欧普拉穿着一袭粉色的风衣在观众面前亮相，似乎是在遮掩她现在肥胖的身躯，并且向观众展示她几年前还未开始发胖时的影像。她对观众说：“这就是我，长了 60 磅（约 30 公斤）之前的我。”然后她做了一个“大展示”，像前前后后许多减肥者做的那样，迅速脱下了她的风衣，骄傲地展示自己当下的苗条身材。这还不是高潮，接下来发生的事情真正让这期节目具有了里程碑意义，欧普拉推出了一辆红色四轮推车，上面的透明塑料袋里装满了从动物身上切下来的脂肪和肥肉。

---

* “start the year off right”和“eat fresh”是赛百味公司近年来使用的两句推广标语，第二句“eat fresh”可见于各个赛百味门店。——译注

在这里，欧普拉使用动物脂肪来代表她的减肥成果是别有一番用心的。她完全可以选择一袋 67 磅（30 余公斤）重的面粉或者糖，一大块板油，甚至同等重量的砖头或者哑铃之类。相反，欧普拉选择的不仅是一种（潜在的）食物，还是一种未加工的动物产品；塑料袋里大大小小的脂肪块甚至还维持着它们刚被切下来时的形状。这袋脂肪还利用了前文中提到的对于污秽和污染的文化恐惧；这些动物脂肪都是生的，湿乎乎的，随时都会挤破透明塑料袋流出来似的，可能会让周围的无辜观众感染沙门氏菌或者其他什么食源性疾病。换句话说，从一开始欧普拉就决意要让自己的减肥成果令人震惊，为了凸显让她体重上升的罪魁祸首，经过深思熟虑她才决定要使用这种方式引起观众的反感和注意。效果确实显著，当她试图提起这袋 67 磅（30 余公斤）重的动物脂肪给观众看时，现场响起的惊呼声和表示恶心的“额”声不绝于耳。显然，这种唤起他们厌恶的策略奏效了，相较于其他减肥秀，这简直是神来之笔。这个行为也很好地印证了米勒的“自我之外”和“自我之内”的二元论，即把减掉的重量物化为“外在的”物体。同时，不论从推广语境还是明星真人秀的角度来看，这也引起了观众发自内心的反应，戏剧化地加强了之前肥胖身躯和现在苗条身材的对比。

欧普拉做了一系列动作以彰显这些减掉的脂肪是多么的可鄙。一开始，她费力地把车拉到演播室，以凸显这些脂肪有多重，体积又是如此的庞大，甚至需要用车才能挪动。然后她又在观众面前尝试提起这个装满动物脂肪的袋子，然而没有成功，再一次有效地让观众对这个重量有了直观的认识。接着，她用“臃肿”和“触目惊心”这类词汇描述这袋脂肪，并声称在她减肥之前自己体内每天都负荷着这个重量，然而现在她居然都无法把它提起来。她还特意指着这袋脂肪，说她非常担心自己“可怜的心脏”每天是如何为“这么一大坨东西”供血的（Harpo Productions 2010）。

在这一集中，欧普拉还表示，她还由体重想到了人生。换句话说，她所了解的自己的人生是通过自己的体重而不是取得的成就或其他人生经历串联起来的。这种说法侧面表明了欧普拉对自己的肥胖感到羞耻。这个陈述也表示她的脂肪是她的“体化档案”，考虑到脂肪具有存储的生物功能，这个比喻还算恰当。用另一种说法，肥胖的身体就是储存了各种脂肪细胞的实体档案，哪怕你后来把这些肥肉都减掉了，你的身体也会留下诸如白纹一类的痕迹。而且，一些研究也表明，人体会在细胞层面保有之前肥胖的“记忆”(Parker-Pope 2011)。因此，尽管你可能已经甩掉了一身的肥肉，但是你的身体还是记得它的存在，并在精神上和肉体上都随时准备着它的回归。如果我们认为档案是一个存放记忆的地方，那么就脂肪而言，身体就是它自己的档案。更明显的，对于这场关于羞耻的讨论，欧普拉并未在任何时候提及自己的实际体重，而是直接利用了体化知识*的心理档案。就在这一集中，欧普拉展示了她对自己减掉的脂肪的具体认识。米勒认为（1997：34)，当一个人无法维持“自己极力维护的公共标准时”，自我厌恶就会导致羞耻感的产生，他还补充说，“从生理感受来说，羞耻和厌恶几乎别无二致”。当然，文化对于女性苗条形象的要求通常都十分苛刻，那些未能符合女性健康和美丽的时代标准的人就会为此而感到羞耻。欧普拉和许多其他的美国人一样，为自己的肥胖而感到羞耻。在这一集中，欧普拉把自己的羞耻展现给了现场的观众和电视机前的每一个人。多年以后，2007 年，在一场与蒂娜·特纳（Tina Turner）和雪儿（Cher）合办的慈善音乐会后，欧普拉在接受采访时还拿自己的身材跟雪儿做

---

* 体化知识（Embodied Knowledge)，一个现象学概念，指人的身体在接触事物时于主观意识形成一个认知概念之前，身体和潜意识就已经对该事物有了一定的认知。这种认知不被主观意识察觉，但是可以在需要的时候直接调用而令身体做出自然而然的反应。——译注

对比，显然她对自己的身材不甚满意。这时欧普拉大概已经对自己体重导致的羞耻感持更开放的态度，她宣称，“如果你连自己都无法掌控，金钱、名望和成功就不值一提。如果你什么衣服都穿不进去了，一切都没有意义了。那意味着肥胖赢了，而你输了”（Greene 2009）。

如今，欧普拉觉得自己那场载入电视节目史册的“脂肪推车”秀有些自我诋毁（或羞耻）的意味，她称之为“我最大、最肥的错误”（Yogi 2011）。那种通过每日摄入极低卡路里以达到减肥效果的严格的液体饮食减肥法，让她无法在疗程结束后保持体重。从那时起，她时不时就要反复减肥，体重像过山车一样上上下下，20 年来一直如此。在这过去的 20 年里，她的财富、权势以及人道主义成就日益卓越，而体重则一直上下波动，幅度甚至超过了 60 磅（约 30 公斤）。当她瘦下来时，她会展示自己的苗条和对身体的掌控权，她会上杂志封面炫耀自己的“崭新”身材，有时旁边还会配上“老”照片以向其拥趸证明自己确实减肥效果卓著。并列摆放两张照片——一张胖的，一张瘦的——的初衷跟我们上文提到的那些匿名的用户感言如出一辙，但由于欧普拉的国际影响力，这也恰恰体现了她想要驱散她肥胖过去的阴影的企图。

公众人物总是会为自己昔日的形象所困扰，特别是他们曾经胖过并引起观众厌恶的话，这种困扰会尤为明显。这也构成了名人在广告或情景喜剧中表演减肥与不知名的代言人在减肥产品广告中表演减肥之间的非常细微的区别。在推广减肥产品的语境中，不知名的代言人只需稍微强调一下自己之前的肥胖所引起的厌恶，他们真正要突出的重点是他们“崭新”的苗条身材。

用脂肪牟利：柯尔斯蒂·艾利

欧普拉 1988 年的“大展示”和她的推车对于公众人物表演大量

减重是一个标志性转折点，在这里，她首次使用了很可能会造成污染的东西（即生的动物脂肪）代表她所减掉的重量，以试图攫取观众对于肥胖的厌恶。通常来说，减肥表演强调的是身体减掉的重量；而福格尔和欧普拉注重的则是把他们减掉的赘肉具体地呈现出来。然而，有一些广告或名人秀则是表演暴饮暴食一些高脂肪、高油腻或高糖分的食物而迅速变胖。

这类名人增重表演的最好例子就是柯尔斯蒂·艾利2005年自导自演的短期真人秀节目《肥胖的女演员》(*Fat Actress*)。节目主要叙述的是作为一个肥胖的女演员，柯尔斯蒂·艾利是如何在好莱坞这个对女性身材要求苛刻的地方挣扎求存的。事实上，这个节目主要在反反复复展示她减肥以便与当时那些所谓现实大转变的减肥真人秀节目步调一致，比如近年来播出的《超级减肥王》*(2004)。这个节目通过展示艾利自嘲各种令人反感的习惯来达到喜剧效果。与之不同的是，欧普拉在展示她的推车并引起观众反感的时候自己也感到羞耻，而艾利则是故意让她的观众感到厌恶，这某种程度上来说是通过她自己的不知羞耻来实现的。她让自己成为一个失控的消费主义至上的胖女人的典型，对食物和关注都表现得贪得无厌。米勒（1997：80）曾经说过："任何会导致行为者羞耻的行为，都会引起观者的反感。任何严重不得体、有失尊严或自毁形象的行为都会让人看不过眼。"艾利在节目中毫无羞耻地展示令人尴尬的肥胖行为以及暴饮暴食，利用这种效果牟取关注。与欧普拉的减肥故事让她的观众着迷一样，艾利的增重表演用同样的策略吸引了媒体的目光，并让她的观众对她接下来如何表演用珍妮·克雷格**减肥法再把这些

---

* *The Biggest Loser*，一档美国减肥真人秀节目。肥胖的选手们在专业训练师的指导下进行数周的减肥，最终减重最多的人可以获得丰厚大奖。——译注

** Jenny Craig，一家减肥公司，1983年成立于澳大利亚。主营业务是体重管理、塑形和减肥食谱。主打高端客户服务，产品价格不菲。——译注

《肥胖的女演员》海报（左图）；欧普拉减肥成功，在节目上用四轮车推出了同重量的“脂肪”（右上图）；《超级减肥王》海报（右下图）

肥肉减下去充满期待。

在节目第一集的开篇，我们看到艾利在称重，旋即被体重秤上的数字吓得瘫坐在地上。这种对自己体重的极度恐惧就是我们上文提到的包含了害怕与厌恶的恐惧。然后，她像一只受伤的动物一样爬向电话，一边夸张地呻吟着“我要死了”，一边告诉她的经纪人回绝珍妮·克雷格公司的商业合约。接下来，我们看到镜头中的艾利顶着蓬乱的头发，穿着睡袍狼吞虎咽地吃着从快餐店买来的超大汉堡，高声痛斥她的经纪人，因为他没能给自己找到合适的工作。她一边怒斥，食物残渣一边不断地从她嘴里落到她性感的蕾丝低胸上衣上，这件衣服很好地突显了她丰满、跃动的胸部。在艾利一边往嘴里塞汉堡、一边喋喋不休的时候，镜头集中特写了她的嘴，强调了她所吞咽之物正是当代文化里的终极食品污染物——快餐食品。

在节目中镜头着力渲染艾利进食的嘴和她所吃的肥腻肮脏的快餐，这是引起观众反感的关键。如我之前所述，与人体内部湿湿的、黏黏的和有臭味的相关部分都会直接触发厌恶的感觉。不仅如此，人体上任何本该密封的地方发生了破裂，都有可能引发反感，因为这些破裂在“外部环境”和“内部环境”之间建立了一个通道。身体上的孔窍，如鼻子、嘴巴、耳朵或者肛门都属于危险的地方，污染物可以更轻而易举地通过这些孔洞进入人体，从而污染人的身体和灵魂(Miller 1997：59)。一些学者也指出，油脂或脂肪是一种夹杂了诸多文化联想的令人不安的物质，不洁、疾病、伤风败俗甚至不正当的性欲都跟它挂上了钩（Forth 2012)。狂吃快餐食品这种令人不安的东西，让大量油脂进入体内，意味着身体内部将会受到污染。

无论是在生活中还是在电视里，人们都很讨厌看到他人咀嚼食物的样子。在《肥胖的女演员》这个节目里，镜头不仅强调了艾利所吃食物是何等糟糕，也刻意特写了这些食物是如何囫囵着进入她的嘴巴；油腻的食物经由艾利的嘴由外部环境进入了她的内部环境，而且我们知道这些东西最终会变成她身上的肥肉，此情此景会让人们感到极端的嫌恶。从本质上来说，这个节目运用的策略和我们前文提到的赛百味公司的“吃新鲜的食物”系列广告所使用的策略如出一辙。

节目开头的这些情景中，艾利表演了许多我前面提到过的经典的所谓肥胖女人行为模式：她“完全失控了”，不能控制情绪，不修边幅——哪怕要外出就餐也是如此。我把她所展现的这些行为模式称为“肥胖行为”。所谓肥胖行为，是跟肥胖女性相关的文化假设，比如认为肥胖女人的行为就会很夸张，容易失控，不论是情绪上、语言表达上（冲别人喊叫或对他人出言不逊）还是身体上（例如易摔倒、爱哭、暴饮暴食和酗酒）。我们经常能在各种场合看到演员们表演这些肥胖行为。不仅如此，肥胖行为和表现肥胖形象有时可以独立于表演者自己的身材条件而存在（Mobley 2012）。艾利的节目就是一个很好的例子，在整个第一集当中，艾利的肥胖行为明确显示为她无时无刻不在大吃特吃，非常直观地表现了她为什么会变胖。

在《肥胖的女演员》的前几集里，艾利着力表现了自己是怎么变胖的。由于缺乏定力，每一集中艾利都放纵自己吃掉一些“不好”的食物。在一个场景里，艾利把法式炸薯条掉进了她的袍子——或她的肥肉——的褶皱里，她捡出来又把它吃了下去；在另一个场景中，她跑去一家以食物油腻著称的黑人餐馆吃饭；还有一次，艾利一把一把抓薯片吃，色情地舔着自己的手指以突显薯片是多么的油腻香浓，而她是吃得多么神魂颠倒。在这个节目中她总会找到卖弄性感的场合来表现自己大快朵颐，也就不足为怪了；她和她的情人还拙劣地模仿了经典情色电影《爱你九周半》（*9 1/2 Weeks*）里的性感进食场景。在这一幕中，作为性感的前戏，艾利的情人从冰箱里拿取各种能产生性联想的食物喂给艾利，直接用手把草莓、冰棒和喷雾奶油喂到艾利的嘴里。镜头集中在艾利进食的嘴上，特写食物入口的过程，呼应各种色情片里的特写场面，强调性交或身体被洞穿之类。尽管这一幕在节目中的叙述定位是前戏，单画面看起来却只有满满的性欲；而实际上，这一幕其实相当怪诞，因为它着力刻画的是艾利的嘴，描述她的嘴是一个多么危险的缺口，多少油腻肮脏的食物是从那里进入了身体并最终成为身体的一部分。

不过，当艾利开始拍摄这个节目的时候，她其实已经接受了珍妮·克雷格公司的商业邀约，成为他们的代言人。艾利不仅把她的一身肥肉变成了《肥胖的女演员》系列节目中的一个商业元素，而且她还把她的减肥行为和减掉的肥肉在接下来的减肥广告中商业化了。由于公众人物每减掉 1 磅（约等于 0.45 公斤）肥肉平均可以获得 33000 美元的收益（Gowen 2012），这些广告给艾利带来的收益很可能和她自制的《肥胖的女演员》持平甚至更多。更重要的是，这些广告铺天盖地的宣传让艾利的面孔又回到了公众视野，她再度成为美国流行文化津津乐道的话题。我认为，艾利在《肥胖的女演员》中的增肥表演其实策略性地让她的观众们对她保证的减肥目标产生了更大的兴趣。在系列节目播出期间和之后的一段时间，每隔几周艾利就会出现在一个新的广告中，向观众展示自己的身材，宣告自己最新的减肥成果。有趣的是，在这个系列广告中，艾利并没有把自己最胖时的照片展示出来。相对的，广告仅仅是公布她到目前为止减重多少，同时镜头里的艾利从头到脚都精心打扮，轻歌曼舞地展示着身材。情况不同的是，福格尔的肥胖形象因为长时间地保持身材而最终从公众的感官记忆中消失，艾利的邋遢形象和肥胖体型则一直在观众心中根深蒂固；把这个形象与她的苗条身材并列在一起展示是没有必要的，反而有可能适得其反。由于艾利是在节目的安排下有意变胖的，所以动态地展示她越来越苗条的身材相较于静态的图像对比，效果来得更加明显。不仅如此，这个系列广告的播出周期比《肥胖的女演员》要长，所以艾利在公众面前展示减肥的时间要长于增肥的时间。

艾利自导自演的节目也从另一侧面给我们展示出了肥胖对人体的困扰。事实上，名人减肥的表演也可以不以名人逃离过去肥胖形象的叠影为前提。这种表演也可以是为了修正“肥胖身份”。除了暴饮暴食以外，我认为艾利利用了人们对于肥胖人群的刻板印象，故意去扮演一个肥胖者，这是其营销策略的一部分。肥胖的身材在社会生活中通常带有文化象征意味，可以引起观众的反感。因此，如果一个人肥胖的形象先于这个人的人格在观众之间传播，肥胖——以及所有与之相关的成见和厌恶之情——就会成为这个人在公众眼中的形象。朱迪斯·巴特勒（1990：134）曾有如此论断，“修辞可以操控表达，而沟通—言语行为 * 则是协商身份和构筑叙述的主要过程”。就所谓的肥胖症和脂肪的危害持续进行的国民讨论，以及各种对胖子行为上和情感上的刻板印象，组成了这种身份构筑的言语行为。巴特勒明确了人体的政治和文化印记，她认为：“任何定义了身体边界的表达都是以赋予和归化某些禁忌为目的的，这些关于适当范围、姿态、模式的交流定义了是什么构成了身体。”（166）流行文化的视觉词汇在所有媒体形式中不断地传播就是这样一种表达。在美国的文化文本中，适当的美国女性身体被界定在了一个非常明确的范围内。巴特勒接着指出：“所谓标准身体的判定范围从来都不光是物质的，……表面、皮肤，都被禁忌和越界预期系统性地标记了出来……身体的界线变成了社会支配的界线。”（166—167）。她认为性别身份是通过现有权力文化结构表述性地构筑和驯化的。她还提醒人们，身份的产生跟“异性矩阵”与“使身

---

* 言语行为理论是语言语用研究中的一个重要理论。它最初是由英国哲学家约翰·奥斯汀在 20 世纪 50 年代提出的。根据言语行为理论，我们说话的同时可能在实施三种行为：言内行为、言外行为和言后行为。——译注

体、性别和欲望得以归化的文化理解网格”都有着深刻的关联（194）。和性别一样，肥胖女性的身体就是一种在各种文化文本中被随意叙述出来的活生生的身份。因而，如果肥胖的身体就是对活生生的肥胖身份的暗示的话，一个人失去了这些肥胖就可想而知会获得一个全新的身份。

摆脱肥胖身份：莱温斯基的大改造

公众人物会为了逃离她之前身材的鬼影——以及与这个形象相关联的蔑视与厌恶——而进行减肥，其中一个明显的例子就是莫妮卡·莱温斯基（Monica Lewinsky）。1995 年到 1997 年间，前白宫实习生莱温斯基与时任总统比尔·克林顿之间的绯闻闹得满城风雨，她因而被媒体塑造成一个超大号的、性欲过剩的权力攫取者和家庭破坏者。丑闻一曝光，莱温斯基的脸和身材的照片就占据了街边小报的头版位置，她胖乎乎的身材甚至比其通奸行为遭到了更多的公众谴责。媒体把焦点都集中在她的身材上，用每一种对胖子的羞辱词汇来形容她。在这些羞辱中，《纽约邮报》称她是“特大号胡椒罐 *”。《询问报》反复嘲笑她的肥胖身材，芭芭拉·沃尔特斯 **（Cloud 1999a）在新闻节目《20/20》的访谈中也委婉地提到了莱温斯基的“体重问题”。午夜喜剧演员喜欢拿她当笑料，杰·雷诺 *** 开玩笑说，“我有两

---

* 英文表达为“Portly Pepperpot”，“Portly”有特大号的意思，口语中也表示肥胖，“Pepperpot”有蔑称强势（或渴望权势的）女人的意味。——译注

** 美国电视新闻历史上第一位女性联合主持人、尼克松首次访华团中唯一的女主播，采访过自尼克松以来每一位美国总统和第一夫人，五次获得艾美奖，当选过“历史上最伟大的流行文化偶像”“20 世纪最有影响力的妇女”。——译注

*** 美国脱口秀主持人，从 1992 年至 2009 年 7 月，17 年来一直在 NBC 电视台主持脱口秀《杰·雷诺今夜秀》（*The Tonight Show with Jay Leno*），这期间该节目一直保持着高收视率，甚至位于每周收视榜首。——译注

个词送给那些认为性爱可以燃烧卡路里的人们：莫妮卡·莱温斯基”（Shapiro 1999）。在《肥胖的神话》一书中，作者保罗·坎波斯（Paul Campos 2004）认为，公众对克林顿/莱温斯基事件如此关注的部分原因是他们在公众心中的形象都是胖子，而人们又认为胖子是无法控制自己的欲望的，因此，对于他们的有罪推定是因为他们胖，而肥胖就是他们有罪的明证。在一段时间里，莱温斯基成了媒体口中的“贱民”，她的名字和公众身份成了耶洗别*、“头号贱人”和妓女的代名词，所有这些都暗指她所谓的肥胖身材，愈加加重了她在道德上应遭受的谴责。莱温斯基在美国可能是被诋毁最多的女性，而她超出大众文化标准的身材加剧了公众对她的蔑视。与上文提到的例子不同，莱温斯基并不是有意要引起美国人对她的反感。尽管如此，她的肥胖和她广为传播的与总统的性丑闻导致了公众的蔑视。就算她的通奸行为和肥胖身材还不够令人反感的话，那条被广为报道的她保存下来留有精液——终极污染物——的蓝裙子，最终夯实了她在公众心目中令人厌恶的形象（Miller 1997：103—105）。

然而在2000年的时候，珍妮·克雷格公司与莱温斯基接洽，许诺重金，游说莱温斯基使用他们公司的产品减肥约18公斤并成为公司的形象代言人。随后她开始减肥，并在广告中出现，展示有着更苗条身材的全新自我。其中一则广告描绘苗条的莱温斯基出现在各种温和的情景中，镜头中的她或是在浇花，或是在裁剪服装（不过还是有一个卧室的镜头隐晦地提醒观众她是那个曾经挑动情欲的莱温斯基）。最后她面向镜头说道，“我认为珍妮·克雷格是一个伟大的项目，它为那些不仅仅想减肥而且也想改变自己人生的人指明了道路”（Farrell 2011：122—125）。很明显，这句话说明了一点，即我们的文

* 圣经故事中以色列王亚哈的妻子，以残忍、无耻和放荡著称，参看《列王记》。——译注

化长久以来都认为减肥不仅能改变一个人的外貌、社会和经济状况，还能直接改善他或她的职业伦理和道德水准。但就莱温斯基这个例子来说，这句话也暗示了她苗条的身材已经从根本上改变了她的身份。随着她的体重不断下降，莱温斯基登上了《时代》杂志封面（Cloud 1999b）以及其他各种印刷媒体，反复从视觉上强调她的新外表和她卓著的减肥效果，旨在为她建立一个新的公众身份。如果把一身肥肉看作不道德性欲的表象，那么莱温斯基的减肥则暗示着道德重塑——把脂肪从身体里净化出去（Forth 2012）。然而，即使努力地向公众证明她已经改头换面，减掉了许多肥肉而成为一个全新的女性，莱温斯基仍深受原来的肥胖公众形象困扰，大众还是因其色诱总统而对她厌恶有加。导致这种状况的部分原因可能是由于加诸她的媒体风暴已经过去，而她再也无法获得如此多的关注以便有机会刷新公众记忆了。还有一部分原因可能是这个在与克林顿发生关系之前就深受体重困扰的姑娘，在与珍妮·克雷格公司的合约期满后，她就再也瘦不了那么多了。

柯尔斯蒂·艾利：未完待续

换个角度看的话，柯尔斯蒂·艾利可能是将自己的增肥与减肥商品化得最成功的人。她是脂肪剥削的高手，而她自导自演的脂肪叙事节目还在继续。《肥胖的女演员》这一节目成功地挽救了她的职业生涯，之前因为肥胖她几乎已经被好莱坞的圈子所摒弃。2005 年和 2006 年，她几次登上了欧普拉脱口秀的舞台，非常坦率地与主持人和观众讨论她的减肥话题，并发誓说要减去足够体重，下次穿着比基尼登上欧普拉的节目，而 2006 年 1 月 6 日她成功地达成了这一目标（Harpo Productions 2006）。这一集在 2006 年获得了欧普拉脱口秀全年最高收视率，两个女人也因艾利的减肥而成为公众瞩目的焦点。如同欧普拉 20 年前所做的一样，艾利也以极具戏剧性的方式来展示她的新身材，以期获得最大的效果。在和欧普拉进行了一个简短的采访之后（当时艾利穿戴整齐），艾利先是返回后台，再次出现时则是让观众透过帷幕观赏她的身姿。在灯光和音乐的烘托下，她身穿比基尼昂首阔步走上前来，在演播厅里走起了 T 台秀。接着她摆了个大大的造型秀了一下自己全新的苗条身材，又开始跳起了充满诱惑的舞蹈，她的身上看不到半点多余的赘肉（Harpo Productions 2006）。她还穿着肉色连裤袜用来紧绷她的下半身，以确保观众在她旋转跳跃时不会看到令人反胃的脂肪团或松弛的肥肉。

然而，过了不到一年，当艾利再次登上欧普拉脱口秀节目的时候，她的体重已经反弹回去一半。她又故技重演那套自我羞辱和自我贬低的战术，把自己的体重反弹归咎于暴饮暴食。穿着凸显她大块头的难看衣服，艾利在节目中详细地描述了自己无节制的饮食习惯和不健康的食物选择，这些糟糕的习惯使她重新发胖。到 2008 年，艾利已经完全胖了回去，而她又拍摄了一个短期的真人秀名叫《柯尔斯蒂·艾利的大生活》，并在 2010 年短暂播出。2011 年秋天，艾利应邀出演《与星共舞》[*]，结果在这一年多的时间里，她减重约 45 公斤，再一次以苗条的身材出现在公众面前，也再一次依靠增重和减重获得了大量的关注，再一次成为名人。借此时机艾利推出了自己的减肥产品“Organic Liaison Rescue Me”，在广告中她舞动苗条的身材为自己的产品敲锣打鼓。她还登上《今晚娱乐》《今夜秀》《视野》《艾伦秀》和《大卫·莱特曼深夜秀》等知名脱口秀节目，在这些节目中大肆推

* 美国 ABC 电视台于 2005 年推出的，由专业舞蹈家搭配一位明星（电视、电影、体育、政客）共同参加舞蹈比赛，然后观众投票选出冠军的舞蹈比赛类真人秀。这是一档极受欢迎的节目，已被十多个国家的电视台引进。——译注

广她的减肥产品并展示自己的减肥成果，再一次把公众记忆中的肥胖形象刷新成苗条形象。本文写就时，艾利仍然保持着20年间最瘦的状态（Alley 2012），但是，或多或少的，她的肥胖形象仍然存在于公众的记忆深处，至少目前来看，她的肥胖形象还是与她的苗条形象如影随形。

脂肪剥削：在物质与商品间循环

上文提到的所有案例中的人，不仅试图通过表演体重急剧增减来引起观众的厌恶，并以此为策略强调减肥“之前和之后”的对比，而且他们也成功地把他们的表演转化成了一种商业资本：要么就像字面意思所说，获得减肥产品的广告代言费；要么就是数字说话，像欧普拉那样赢得史上最高收视率，也使得她和她的观众建立了一种亲密的关系，这种关系一直保持到了今天。诚然，欧普拉与自身肥胖斗争的这场公众秀可能是她职业生涯乃至电视节目发展史上最成功的自我营销推广案例，让欧普拉脱口秀历经25年仍然稳坐美国历史收视率第一的宝座。她经营的不是减肥产品，而自始至终都是她自己。对于莱温斯基来说，虽然她未能成功地改变她的公众形象，不过至少也取得了报酬丰厚的广告合同，帮她支付了巨额的律师费用。不仅如此，这些名人对减肥的利用在我们的文化中辟出了一块天地，促使诸如《超级减肥王》这样的节目生根发芽。这个节目利用肥胖人群的羞耻心，召集一群超级大胖子进行严格的减肥活动，并阶段性记录他们的减肥成果，真实目的其实是向观众兜售减肥产品。至此，脂肪的物质性发生了变化，它从身体上实实在在的一部分变成了消费文化中商品化的脂肪，这一过程不断循环往复。

而真人秀是一种非常短暂的媒体表达方式，通常转瞬即逝。电影、电视等大众娱乐媒体以及大众营销让这些名人通过体重增减的表演努力赋予人体脂肪以物质特性，即当脂肪出现在表演者身上时是客观真实的，从表演者身上消失了又是如此抽象的。尽管这些公众人物表演体重增减是为了甩掉挥之不去的困扰他们当下苗条形象的昔日肥胖形象，他们所表演的一切都会继续存在于印刷品和广告中、视频网站中、电视节目中。他们各自的减肥表演获得了不同程度的成功，或多或少地改变了他们在观众心目中固有的肥胖形象。而他们的成功程度取决于他们是否最终会体重反弹。然而不可否认的是，上述所有案例中的公众人物都将自己的脂肪转化成了他们的经济资本，成功地利用了美国人对体重变化的痴迷，并将这种痴迷利用到他们的个人秀或广告中，最终把它转化成现金源源不断地送入自己的口袋。

（詹妮弗 - 斯科特 · 莫布里）

注 释

引言 脂肪的物质化

非常感谢艾利森·利奇（Alison Leitch）和萨曼莎·穆雷（Samantha Murray），你们给引言部分提出的建议弥足珍贵。

[1] 社会心理学家认为，近年来“针对超重个体的情绪反应主要是厌恶和蔑视”（Crandall，Nierman，and Heble 2009：477），一些反应甚至起到了“象征性种族主义”的功能（Crandall 1994）。

[2] 脂肪研究曾多次引用玛丽·道格拉斯（Mary Douglas，1966）对于污染的结构主义理解，朱莉亚·克里斯蒂娃（Julia Kristeva，1982）从精神分析角度出发对屈辱所进行的分析，以及 / 或者 Mikhail Bakhtin（1984）关于诋毁“怪诞”身体是因为贪图享受所致的描述，并注意到话语与社会结构的变化决定了身体如何被感知。

[3] 把注意力从膳食脂肪转向碳水化合物时，我们也会发现类似的事情，显著的例子就是长期以来人们都认为意面、面包、饼干和蛋糕等面粉制品会导致肥胖。因此，人们习惯用“面团”和“面糊”这样的词汇来形容胖子，虽然这样的形象也许并不能完全跟食物相对应。对当代法国的研究揭示出，法语中有大量丰富的触觉化语词用来描述肥胖的身体，比如湿乎乎的（moite）、面糊似的（pâteux）和软绵绵的（mou），而一个肥胖的人可能会被概括为“黏糊糊的”（le visqueux / la visqueuse）（Galiana Abal n.d.）。就法语词汇“la pâte”的隐含意义来说，除了表示面团，更多是用来表示“面糊似的”介于固体和液体之间的一种模糊的物质（Bachelard 2002）。因此，当用法语描述一个胖子好像“面糊似的”时，指的就不仅仅是他像“面团”一样了，而更像是

说他本身就是一种麻烦。就像让·保罗·萨特的名著《恶心》中那个谨小慎微的主人公罗康丹，当他遇到一根腐烂的树根时，不禁发出了“the very pâte of things”的惊呼（1938：182）。在现代的语境下，面糊因为其触感而有沉重之意。因为面糊本质上是没有固定形状而且柔软的，“la pâte”也可以指代一位随和的好人（une bonne pâte）或者没有个性的人（une pâte molle）。因此，Le pâteux 和 Le visqueux 这两个词在很多方面都意义重合，用来形容胖子的肥胖人格时自然就信手拈来了。

[4] 对于这种结构—功能模型的讨论参见 Duschinsky（2011）。道格拉斯借鉴了萨特（1966）对于黏滑物质体验的现象学分析，但她也认为，其中某些物质可能会有文化上的力量。对于“不规则的”和“模棱两可的”之间的区别，她写道，这两个词在形容黏性物质例如蜜糖（糖浆）时几乎没有什么不同。对于这种“既不是固体也不是液体”的物质，我们可以说它“给人一种模棱两可的感觉”，也可以说它是“固体和液体分类之间的不规则物质”（Douglas 1966：39）。这表明蜜糖的属性——或者其他一些不确定的物质——与文化的关系不是完全随意的，而是通过在感官上给人留下印象，在文化形成中获得了一种主动的形象。这类物质的不确定属性就是“模棱两可”这一概念的确实体现，亦说明物质性对文化分类是有促进与对照作用的。

[5] 本书与 Don Kulick 和安妮·梅内利（Anne Meneley，本书作者之一）合著的 *Fat:The Anthropology of an Obsession*（2005）有更多共同点，后者探讨了肥胖身体和脂肪在世界各地的诸多用途、意义和实践，用一种折中研究方式让人理解西方世界脂肪偏见的相对特殊性。

第一章　巴勒斯坦的橄榄油

感谢克里斯托弗·福思和艾莉森·利奇，感谢他们邀我参与这本书并耐心提出很多宝贵意见。还要感谢 Paul Manning 和 Bruce Grant 二位的细致阅读。这章内容的原型来自于我 2012 年在加拿大斯卡布罗的多伦多大学人种学中心进行的“The Anthropology of Morality and Ethics”系列讲座。感谢 Girish Daswani 邀请我参加讲座，观众们的评论充满智慧又发人深省。最后我要感谢我在巴勒斯坦遇到的所有人，你们对我的研究助力甚多，你们对巴勒斯坦橄榄油的历史和橄榄树的爱让我印象深刻。

2006 年 4 月我随同一组隶属于 Jews for Justice 组织英国分支机构的人员前往耶路撒冷地区，这个组织进口巴勒斯坦橄榄油。本文的数据就采集自那个时期的初步实地考察。这次简短的考察对我的项目至关重要，该项目后来得到了加拿大社会学与人文科学研究委员会出资赞助。自 2007 年至 2010 年，每年秋天的橄榄收获季，我都会来到这里与当地的巴勒斯坦家庭和国际志愿者一起进行实地观察。而 2007 年到 2009 年这三年间，我于春季忙碌的橄榄油压榨季结束后在巴勒斯坦进行了额外的实地考察，主要是采访橄榄油生产商和业内专业人士（包括合作社和非政府组织，以及测试人员、品鉴人员和营销人员）。在过去的五年中，我观察了志愿者在多伦多、华盛顿特区以及伦敦进行的巴勒斯坦橄榄油的分发，同时我还做了文献和基于网络的巴勒斯坦橄榄油相关活动的研究。这种"多点开花"（Marcus 1995）式的实地考察对这个项目来说十分必要，帮助我了解食物商品在生产、消费和流通环节中是如何联通的。最后，本文中所出现的所有人名均为化名。

[1] 作为一位医学博士，迦南不同意巴勒斯坦当地对于 asabi 的看法，很罕见地跳出了他作为一个饱含感情的民族志学者的身份，倾向于用西方医学的角度看待这件事情。

[2]"反常现象的出现，例如听到宗教音乐，**看到一盏灯自己点亮**，或违反教义者遭遇严格惩罚"，可视为神圣的（迦南 1927：46，加粗强调系笔者添加）。

[3] 橄榄树必须隔年修剪一次。用修剪下来的枝条做柴火烘烤出的面包会更美味。

[4] 这些地区的游客也迅速消失了。大部分国际旅游资源都由以色列人经营。游客们到伯利恒只能在圣诞教堂浮光掠影地一瞥旋即离开，所带来的旅游收入少得可怜。

[5] 五年来，我一直与数十名国际志愿者一起在安特万的土地上采收橄榄。以色列人只允许安特万和他的兄弟以及他年迈的母亲进入他家的土地，而对于采收橄榄来说，这点人力远远不够。我们因为持有外国护照和以色列签证，所以获许在土地上停留，但获得签证总是很慢，周围的士兵也十分粗暴。

[6] 在犹太教中，橄榄油也处于非常重要的地位，其中最著名的用途就是用来点燃光明节灯台。但对巴勒斯坦人来说，橄榄树恰恰表明一些说法是不对的，因为犹太复国主义者借橄榄树之名，宣称 1948 年之前巴勒斯坦地区都是无人居住的。Habib 2004：46 的一段内容讨论了橄榄树如何展现古代犹太人与当代以色列人之间的延续性，却把巴勒斯坦人在这片土地上的存在完全抹去的。

[7] Tamari（2009）对这一运动持否定态度，我也很认同他的说法，他认为，这个运动根本就是在模仿以色列人依照《圣经》宣称对土地的所有权的那一套。

第二章　得耶失耶：猪肥肉的真滋味

[1] 1987 年，当运动开始时，《纽约时报》这样报道说："（这一运动的）主要目标是鸡肉爱好者，因为专家说今年鸡肉将第一次取代猪肉，成为消费者心目中排名第二的肉类选项，甚至还会威胁到牛肉的排名。"（Dougherty 1987）

[2] Shapin 指出："相较于跟视觉相关的语言，我们并没有丰富的词汇来描述味道。"（2005：30）。

[3] 这里我要感谢 Margaret Weiner，正是她鼓励我去研究里脊肉和培根 / 五花肉之间的区别。

第三章　在文化与物质性之间：关于脂肪的刻板印象

非常感谢 Anthony Corbeill 和 John Younger 为我解答了大量古代身体和文本方面的疑问。也感谢艾莉森·利奇、Pilar Galianay Abal 和 Damon Talbott 给予的宝贵建议。本章的部分内容也出现在我 2013 年发表的文章中。

[1] 因此，我不会去考量脂肪与其他物质不相容的属性，也不会考虑它的浮力性或某种数量级上的沉重性。虽然口感和味道通常是摄入脂肪的主要乐趣，我们在这里也不做讨论。

[2] 所有后文引用的《圣经》文本都参照 Coogan（2007）。

第四章　约瑟夫·博伊斯：脂肪的巫术师

我要感谢克里斯托弗·福思的耐心等待和宝贵建议，感谢我的同事 Jennifer Deger 和 Eduardo Dela 以及 Fuente Peter Lister 和 Marianne Leitch 阅读草稿。我还想感谢悉尼女性人类学小组，在过去几年里，我们谈论了许多话题，对我颇有启发。

[1] 英戈尔德提醒我们，甚至“material”这个英语单词都是源自于拉丁文中的“母亲”，而且有着“复杂的演变过程，比如它还是阴性词汇，用来指代木头……（木头）作为树时是活着的”(2007：11)。

[2] 值得特别注意的是，讨论博伊斯作品中的脂肪的物质性，其难点在于，他在作品中使用了大量不同类型的脂肪，从牛油等动物脂肪到黄油和人造黄油，同时也使用植物油，比如他 1961 年的作品 *Lavender Filter*。

[3] 博伊斯与杜尚的作品有着非常复杂的关系，他曾质疑后者的艺术视野，宣称“杜尚的沉默被高估了”(Taylor 2012：35)。关于这一点还可以参阅 Taylor 2012：35—37。

[4] 更多关于这次巡回演讲以及博伊斯系列论文作品集，参看 Carin Kuoni 编著的 *Energy Plan for Western Man: Joseph Beuys in America*（1990）。

[5] 对这个行为艺术更广泛的讨论以及它所引起的重要反响，参见 Gandy 1997 和 Strauss 1999。

[6] 根据 Ulmer（1984：21）的说法，1979 年由一位艺术品经销商评选的当代一百位大艺术家排名中，博伊斯取代了罗伯特·劳森伯格（Robert Rauschenberg）排

在了第一位。

[7] 关于斯坦纳影响力的更多讨论，参看 Taylor（2012）和 Adams（1998），以及 Volker Harlan（2004）对博伊斯进行的采访。

[8] 例如，2012 年莫斯科当代艺术博物馆举行的一次重要的回顾展就以“20 世纪后半叶德国最著名的艺术家”作为副标题。

[9] 比如，在巴布亚新几内亚，脂肪主要用来隐喻建立社会关系。把脂肪擦在身上可以增强性吸引力，而“给某人涂油”这个短语是指让他们对社会交互事务负责（Andrew Lattas，2013 年 7 月 1 日，私人通信）。也可参阅 Helen Sobo（1994）对牙买加农村地区脂肪和生育以及脂肪和衰退之间关系的经典分析。

[10] 博伊斯的传记中记录的事故发生时间是 1943 年冬季一场暴风雪期间（Stachelhaus 1987：26）。不过，Frank Gieseke 和 Albert Markert（1996：71—78）仔细查阅过军方的记录后指出，实际的日期应该是 1944 年 3 月 16 日。

[11] 根据 Nisbet（2001：7）所言，当博伊斯意识到这个“故事”迅速获得的象征意义之后，这名艺术家曾试图与其保持距离。Nisbet 对这个“故事”的研究还发现，博伊斯后来澄清，他认为自己被鞑靼人所救时未必是有理性意识的。

[12] 更多了解德国的脂肪政治，可参阅 Chametzky（2010：190）。

[13] 唐纳德・库斯比还做了进一步的阐释，他认为“博伊斯有意识地在各个方面与希特勒反着来。事实上他的萨满式的制服是在嘲笑纳粹制服，看起来是一种非常阴险的对比。他的受伤的外表述说着被希特勒所谓他能让德国复原如初并不可战胜的谎言所掩盖的德国真实历史，戳穿了这些谎言只不过是虚构的野蛮的荣耀而已”（1993：92）。

[14] 想了解更多博伊斯对这些材料的使用，以及斯坦纳的人智说理论是如何影响了博伊斯对材料的选择，可参阅大卫・亚当斯的著作（David Adams, 1998）。大卫・亚当斯描述了博伊斯用到蜂蜜的最著名的两个作品：一个是 *How to Explain Pictures to a Dead Hare*，这是一次持续三小时的行动，1965 年在杜塞尔多夫的 Schmela 画馆举办的博伊斯艺术展上作为开幕作品首次亮相。另一个作品是 *Honey Pump at the Workplace*，1977 年在第六届卡塞尔文献展的国际艺术展上展出的装置。大卫・亚当斯指出，博伊斯在他的作品和记录中也用过植物。当时博伊斯正在进行著名的 *7000 Oaks* 项目，这也是 1982 年德国第七届卡塞尔文献展的揭幕作品。当时博伊斯阐述过，“他觉得树木比人类更有智慧。当风吹过，树叶沙沙作响，他感受到人类受难的本质，树木亦如是，皆是受难者”（Adams 1992：30）。也可参阅 Gandy 1997 了解该作品的更多信息及其政治影响。

[15] 唐纳德・库斯比针对这些想法给出了十分有说服力的解释，论证了炼金术和

斯坦纳的思想给博伊斯带来的影响。他指出：

斯坦纳的神秘主义的要点之一是精神有“超越”的需要——超越我们的感官和由此感受到的物质世界。对于博伊斯来说，识别材料的表现面貌就是转化的第一步，并把它定义为精神化的一步。如帕拉塞尔苏斯所说，炼金术的整体目标，就是明晰“一件物质的固有品质，它的本质、力量、美德和治愈能力，并排除一切……外来的杂质”。转化是一种物质的升华，而炼金的艺术，用博伊斯的话说则是“一种穿越或者‘转化’——转化是‘尘世’物质的‘神圣精神’元素，而艺术则是神圣精神与尘世彼此交融的表现”。(1984：353)

[16] 更多关于博伊斯的幽默感的信息参阅 Volker Harlan（2004）对博伊斯进行的采访。

[17] Taylor 指出，“Gestaltung 意味着构造、成形、构建、塑形、加工、建模、创造和生产”（2012：197）。

[18] 博伊斯在他 1974 年的作品 *Coyote：I Like America and America Likes Me* 中，通过北美郊狼表现了美洲原住民和野生自然没有受到足够的尊重，对于美洲原住民而言，郊狼是宇宙和物质转换的象征。

[19] 希瑟·麦克唐纳德（2003）指出，在很多不同的地区传统认识中，只有老人足够强大到可以食用各种脂肪，在澳大利亚中部，宰杀动物所获得的最肥的部分通常都会留给老人享用（Roheim 1974：38）。她还指出，很多人种志文献中都可以看到，过去处于某种特定状态下的人——比如经期或哺乳期的妇女、战士、秘密仪式的参与者或者隐居的人——是不可以食用难以消化的食物和脂肪的。在描绘 19 世纪原住民生活的经典文献中，Walter Baldwin Spencer 和 Francis James Gillen（1899：471—472）也提到，未成年的部落成员不允许吃某些动物最珍贵和肥美的部分，包括袋鼠尾巴、鸸鹋的肥肉、雌性袋狸、丛林火鸡、大鹌鹑和野猫。

[20] Redmond（2007）指出，澳大利亚的金伯利原住民普遍认为，脂肪，特别是肾脏周围的脂肪区域是储存人类情感的地方。换句话说，脂肪在这里被看作生命的重要能量，并与个体和所在社群的情感健康息息相关。麦克唐纳德（2003）也曾在这一地区研究原住民的健康问题，她观察到了原住民因失去脂肪而感到担忧和抑郁的情景。她还进一步描述了脂肪在这里的丧葬习俗中的有趣用途，一般在验尸仪式中使用。死者的近亲将尸体放置在树杈间的平台上，写着所有谋杀嫌疑犯名字的石头在树根底下围成一圈摆放。若死者的魂魄想要告诉生者谁是凶手，让人们为他复仇，脂肪就会落到写着凶手名字的那块石头上。人类学家 A. P. Elkin 在体验澳大利亚典型的原住民的生活时，记录了更可怕的案例。在他的记录中，医者或者术士，述说自己会从健康的人身上取走肾脏周围的脂肪，使之患病。虽然 Elkin 怀疑这些叙述的真实性，他还

是记录了下面一个故事："术士在一个熟睡的受害者脖子上套上绞索，把他悄无声息地拖出营地，然后在受害者的下腹或侧面切开一个口子，把他的肾脏——或周围的脂肪——取出，再向里面塞些草或者其他填充物。术士闭合伤口以便看不出痕迹，最后再恢复受害者的意识。可怜的受害者就这样返回自己的营地，头两天还好好的，第三天就突然死了。"（Elkin 1974 [1938]：308）。Janice Reid 也提到过一个更现代的提取肾脏脂肪的巫术行为（1983：101）。

第五章　厌食症患者的真实体验：脂肪的物质性和隐喻

本章内容提到的博士学位研究项目是在英国伦敦大学金史密斯学院人类学系进行的。我要感谢我的两位导师，Simon Cohn 博士和 Catherine Alexander 教授。该项目由经济与社会研究委员会奖学金和金史密斯学院奖学金共同出资完成，并获得 2010 年皇家人类学研究所的 Radcliffe-Brown/Sutasoma 奖。在此我想向进食障碍者住院部和亲厌食症网站众多与我分享厌食故事的人表达我的感激之情。

[1] 进食障碍者住院部是南英格兰一家大型英国国民医保精神病院的一部分。这家医院为精神病患者提供一系列专业的住院和门诊医疗服务。我在这里全职进行了一年的田野调查，这只是亲厌食症行为研究的一部分。这次田野调查从 2007 年 2 月持续到 2008 年 3 月，由英国国家卫生署（NHS）进行伦理审批并获得通过。对各种亲厌食症网站的调查自 2005 年开始，也是我博士学位研究项目的一部分，但是通过持续不断的在线采访和参与者观察延续至今。

[2] 所有的参与者均使用化名。

第六章　有脂肪才有未来：生物勘探、脂肪干细胞与自生乳房物质

[1] 如蕾切尔·科尔斯（2007：354）认为，这种否定主要是以"超重会引发健康'风险'的医学主张以及认为肥胖的身体代表懒惰、缺乏自制力、丑陋和缺乏性欲的相应道德与审美判断"这两点为基础的。相较于这样的一副身体，理想的身体——尤其对白人女性而言——应该是"紧致的、节制的、'刚刚好'的；换言之就是不会爆开，身体内部井井有条，完全可控"（Bordo 1993：190）。

[2] 乳房是一种非单一结构，由一层一层的组织构成。其中两种组织占支配地位：脂肪组织和腺组织。

[3] 根据美国整形外科学会的数据（2012），2011 年，美国一共进行了 96277 次乳房再造手术，相较于 2000 年的数据增加了 22%。

[4] 关于生物价值的更多讨论请参阅 Waldby 2000，2002。

[5] 具体案例请见“Breast Reconstruction”2011；Bump 2003；New Zealand Institute of Plastic and Cosmetic Surgery n. d.; and Smith 1995。

[6] 无缝的身体被认为只是一种假想的身体，即 Drew Leder（1990）所谓的“不存在的身体”。Leder 认为，身体只有被认为出现了问题的时候，才呈现为主体。

[7] 我在 2012 年的研究中说过，许多对乳房再造术的讨论——特别是由女权主义奖学金资助的那些——都在无休止地争论这种手术是否加强了女性化身的支配性规范。在这种嘈杂的情况下，人们很难注意到这种手术在构筑形象中的作用，以及手术主体通过不同的再造技术所表现出来的各种复杂状况。

[8] 换句话说，就像 Stuart Murray（2007：5）说的那样，“有人说……医学是人解决自我问题的良药，自我必当利用这种重要技艺通过身体与其自身相联系”。因而，自我被说成是一个主动媒介，而医学则几乎被构造成了能实现自我赋能的途径。关于医学的手段和生活政治，可参阅 Nikolas Rose 的研究，尤其是他最近的新书 *The Politics of Life Itself：Biomedicine，Power，and Subjectivity in the Twenty-First Century*（2007），他曾说过，“由医学给我们构筑的新本体为我们提供了一个理性的、世俗的、物质的解决方案，告诉我们如何才能过最好的生活；告诉我们如何通过真实面对生活，以及医学对我们生活决策的启发来实现最美好的生活”（1994：69）。

[9] 这一章里我主要用到的是一些整形外科研究论文，整形外科手术网站的乳房再造术推广文案，以及一个持续进行了三年的关于乳腺癌和乳房再造术网络论坛的偏人种志研究。虽然我的研究涉及很多的网络论坛，但我的素材主要来源于一个目前有近 2000 名用户的论坛。出于隐私考虑我没有给出这个论坛的名称或任何论坛成员的名字。

[10] 为了明确这些区别，我参考了很多 Melinda Cooper 所著 *Life as Surplus: Biotechnology and Capitalism in the Neoliberal Era*（2008）一书中的内容，里面定义了组织转移和组织自生的不同。尽管 Cooper 认为组织转移可以应用于脂肪转移，但是当说到脂肪干细胞时，她的细胞自生理论就有必要加以修订了，后面我会讲到脂肪干细胞的内容。在 Cooper 看来，干细胞研究永远离不开自我转化（2008：127)。这个观点对乳房再造术中使用脂肪干细胞的研究并不适用，因为在乳房再造术中，通过活化干细胞进行的自我转化是有一个终点的：目标并不是永无休止的转化，乳房的物质化才是。

[11] 关于这部分内容可参看 Ehlers 2012。

[12] 可以参看 *Journal of the National Cancer Institute*（2007）。也可参阅“Obesity and Cancer Risk”（U. S. National Institute of Cancer 2012）。英国的一项研究估计，2010 年，英国的乳腺癌患者中约有 9% 是与身体超重有关的（Parkin and Boyd 2011）。

[13] 如果像苏珊·桑塔格（Susan Sontag 1990：14）说的那样，把癌症看作一颗恶魔的种子——身体孕育着自己的死神——那么促进脂肪生长可以说是（像孕育癌症一样）孕育自己的脂肪。

[14] 实现方法是使用一种叫作 Celbrush 的工具进行多次穿孔并形成一个生物网格以与现有组织相连。

[15] 参见 *Promising Results Reported in Cell-Enriched Breast Reconstruction Trial*，这是赛托瑞医疗公司在欧洲赞助临床试验时发布的新闻稿（Cytori Therapeutics，December 12，2009）。

[16] 在当代生物医学，尤其新的干细胞疗法的参与下，生命不再局限于一个单向不可逆的轨迹，人的身体也不再局限于仅此一生。相反，生命变得可以被加强，可以定制，可以再生（或重获新生），人的身体可以先以一种形态生活，然后（通过这些技术）转而以另一种形态生活。关于生命的现代概念的分析，可参考 Nikolas Rose（2007）、Georges Canguilhem（1994）、Michel Foucault（1970）和 Sarah Franklin（1995）的研究。也可参阅 Joanna Zylinska（2010）和 Susan Squier（2004），了解随着生物技术的进步所出现的新的生命形式。

第七章　被困住的身体：探索肥胖身躯与衣着的边界

[1] 虽然肥胖的男性身体也可以说是负面关注的对象（Longhurst 2005c；Monaghan and Atkinson 出版社），本研究还是将注意力集中在女性身上，因为长期以来当代社会都在物化女性的身体，女性也因此更容易吸引他人的目光（de Beauvoir 1997；Irigaray 1985；Mulvey 1985）。

参考文献

引言　脂肪的物质化

Alcoff, L.M. (2006), *Visual Identities: Race, Gender, and the Self*, New York: Oxford University Press.

Bachelard, G. (2002), *Earth and Reveries of Will: An Essay on the Imagination of Matter*, trans. K. Haltman, Dallas: Dallas Institute of Humanities and Culture.

Bakhtin, M. (1984), *Rabelais and His World*, trans. H. Iswolsky, Bloomington: Indiana University Press.

Bennett, J. (2010), *Vibrant Matter: A Political Ecology of Things*, Durham, NC: Duke University Press.

Boivin, N. (2004), "Mind over Matter? Collapsing the Mind-Matter Dichotomy in Material Culture Studies," in E. DeMarrais, C. Gosden, and C. Renfrew (eds.), *Rethinking Materiality: The Engagement of Mind with the Material World*, Cambridge, UK: McDonald Institute for Archaeological Research, pp. 63–71.

Boivin, N. (2008), *Material Cultures, Material Minds: The Impact of Things on Human Thought, Society, and Evolution*, Cambridge: Cambridge University Press.

Boltanski, L. (1971), "Les usages sociaux du corps," *Annales. Histoire, sciences sociales*, 1: 205–33.

Bourdieu, P. (1984), *Distinction: A Social Critique of the Judgement of Taste*, trans. R. Nice, Cambridge, MA: Harvard University Press.

Bourne, M.C. (2002), *Food Texture and Viscosity*, San Diego, CA: Academic Press.

Braziel, J.E., and LeBesco, K. (eds.) (2001), *Bodies out of Bounds: Fatness and Transgression*, Berkeley: University of California Press.

Butler, J. (1993), *Bodies That Matter: On the Discursive Limits of "Sex,"* New York: Routledge.

Campos, P. (2004), *The Obesity Myth: Why America's Obsession with Weight Is Hazardous to Your Health*, New York: Penguin.

Carsten, J. (2004), *After Kinship*, Cambridge: Cambridge University Press.

Carsten, J. (2011), "Substance and Relationality: Blood in Contexts," *Annual Review of An-*

thropology, 40: 19–35.

Cheah, P. (1996), "Mattering," *diacritics*, 26 (1): 108–39.

Chumney, L.H., and Harkness, N. (2013), "Introduction: QUALIA," *Anthropological Theory*, 13 (3): 3–11.

Colls, R. (2002), "Review of *Bodies out of Bounds: Fatness and Transgression*," *Gender, Place and Culture*, 8 (2): 218–20.

Colls, R. (2007), "Materialising Bodily Matter: Intra-action and the Embodiment of 'Fat,'" *Geoforum*, 38: 353–65.

Cooper, C. (2010), "Fat Studies: Mapping the Field," *Sociology Compass*, 4 (12): 1020–34.

Corbin, A. (1986), *The Foul and the Fragrant: Odor and the French Social Imagination*, trans. M. Kochan, Cambridge, MA: Harvard University Press.

Cowley, N.A. (2006), "Saturated: A Study in Fat Obsession," master's thesis, University of Waikato, New Zealand.

Crandall, C.S. (1994), "Prejudice against Fat People: Ideology and Self-Interest," *Journal of Personality and Social Psychology*, 66 (5): 882–94.

Crandall, C.S., Nierman, A., and Heble, M. (2009), "Anti-fat Prejudice," in T.D. Nelson (ed.), *Handbook of Prejudice, Stereotyping, and Discrimination*, New York: Psychology Press, pp. 469–87.

Crinnion, W. (2010), *Clean, Green and Lean: Get Rid of the Toxins That Make You Fat*, Hoboken, NJ: John Wiley.

Douglas, M. (1966), *Purity and Danger: An Analysis of Concepts of Pollution and Taboo*, New York: Routledge.

Durham, D. (2011), "Disgust and the Anthropological Imagination," *Ethnos*, 76 (2): 131–56.

Durif, C. (1992), "Corps interne et physiologie profane," *Ethnologie française*, 22 (1): 71–78.

Durif-Bruckert, C. (2007), *La nourriture et nous: corps imaginaire et normes sociales*, Paris: Armand Colin.

Durif-Bruckert, C. (2008), *Une fabuleuse machine: anthropologie des savoirs ordinaires sur les fonctions physiologiques*, Paris: L'œil Neuf.

Duschinsky, R. (2011), "Ideal and Unsullied: Purity, Subjectivity and Social Power," *Subjectivity*, 4 (2): 147–67.

Forth, C.E. (2012), "Melting Moments: The Greasy Sources of Modern Perceptions of Fat," *Cultural History*, 1 (1): 83–107.

Fusco, C. (2004), "The Space That (In)Difference Makes: (Re)Producing Subjectivities in/through Abjection—a Locker Room Theoretical Study," in P. Vertinsky and J. Bale (eds.), *Sites of Sport: Space, Place, Experience*, New York: Routledge, pp. 159–76.

Galiana Abal, P. (n.d.), "An Apology for Fat? French Media Perceptions of the Fat Female Body," unpublished manuscript.

Garreta, R. (1998), "Ces plantes qui purifient: de l'herboristerie à l'aromathérapie," *Terrain*, 31: 77–88.

Gilman, S.L. (1991), *The Jew's Body*, New York: Routledge.

Graham, M. (2005), "Chaos," in D. Kulick and A. Meneley (eds.), *Fat: The Anthropology of an Obsession*, New York: Tarcher, pp. 169–84.

Hahn, H.P., and Soentgen, J. (2010), "Acknowledging Substances: Looking at the Hidden Side of the Material World," *Philosophy and Technology*, 24: 19–33.

Hardy, K.A. (2013), "The Education of Affect: Anatomical Replicas and 'Feeling Fat,'" *Body and Society*, 19 (3): 3–26.

Hodder, I. (2011), "Human-Thing Entanglement: Towards an Integrated Archaeological Perspective," *Journal of the Royal Anthropological Institute* (n.s.), 17: 154–77.

Hodder, I. (2012), *Entangled: An Archaeology of the Relationships between Humans and Things*, Oxford: Wiley-Blackwell.

Keane, W. (2005), "Signs Are Not the Garb of Meaning: On the Social Analysis of Material Things," in D. Miller (ed.), *Materiality*, Durham, NC: Duke University Press, pp. 182–205.

Kent, L. (2001), "Fighting Abjection: Representing Fat Women," in J.E. Braziel and K. LeBesco (eds.), *Bodies out of Bounds: Fatness and Transgression*, Berkeley: University of California Press, pp. 130–50.

Korsmeyer, C. (2011), *Savoring Disgust: The Foul and the Fair in Aesthetics*, New York: Oxford University Press.

Kristeva, J. (1982), *Powers of Horror: An Essay on Abjection*, trans. L.S. Roudiez, New York: Columbia University Press.

Kulick, D., and Meneley, A. (eds.) (2005), *Fat: The Anthropology of an Obsession*, London: Tarcher.

LeBesco, K. (2004), *Revolting Bodies? The Struggle to Redefine Fat Identity*, Amherst: University of Massachusetts Press.

Leder, D. (1990), *The Absent Body*, Chicago: University of Chicago Press.

Longhurst, R. (2005), "Fat Bodies: Developing Geographical Research Agendas," *Progress in Human Geography*, 29 (3): 247–59.

Lupton, D. (1996), *Food, the Body and Society*, London: Sage.

Margat, C. (2011), "Phénoménologie du dégoût : inventaire des définitions," *Ethnologiefrançaise*, 41 (1): 17–25.

Marvin, S., and Medd, W. (2006), "Metabolisms of Obe-*city*: Flows of Fat through Bodies, Sewers and Cities," *Environment and Planning A*, 38 (2): 313–24.

Meneley, A. (2007), "Like an Extra Virgin," *American Anthropologist*, 109 (4): 678–87.

Meneley, A. (2008), "Oleo-Signs and Quali-Signs: The Qualities of Olive Oil," *Ethnos*, 73 (3): 303–26.

Miller, D. (2010), *Stuff*, Cambridge, UK: Polity.

Miller, W.I. (1997), *The Anatomy of Disgust*, Cambridge, MA: Harvard University Press.

Monaghan, L.F. (2008), *Men and the War on Obesity: A Sociological Study*, London: Routledge.

Mouritsen, O.G. (2005), *Life—as a Matter of Fat: The Emerging Science of Lipidomics*, Berlin: Springer.

Murray, S. (2008), *The "Fat" Female Body*, New York: Palgrave Macmillan.

Nussbaum, M. (2004), *Hiding from Humanity: Disgust, Shame, and the Law*, Princeton, NJ: Princeton University Press.

Onians, R.B. (1951), *The Origins of European Thought about the Body, the Mind, the Soul, the World, Time, and Fate*, Cambridge: Cambridge University Press.

Oudenhove, L. van, McKie, S., Lassmanm, D., Uddin, B., Paine, P., Coen, S., Gregory, L., Tack, J., and Aziz, Q. (2011), "Fatty Acid–Induced Gut-Brain Signaling Attenuates Neural and Behavioral Effects of Sad Emotion in Humans," *Journal of Clinical Investigation*, 121 (8): 3094–99.

Pond, C.M. (1998), *The Fats of Life*, Cambridge: Cambridge University Press.

Ravenau, G. (2011), "Suer. Traitements matériels et symboliques de la transpiration," *Ethnologie française*, 41 (1): 49–57.

Saguy, A.C. (2013), *What's Wrong with Fat?*, New York: Oxford University Press.

Sartre, J.-P. (1938), *La nausée*, Paris: Gallimard.

Sartre, J.-P. (1966), *Being and Nothingness*, trans. H.E. Barnes, New York: Washington Square.

Scott-Dixon, K. (2008), "Big Girls Don't Cry: Fitness, Fatness, and the Production of Feminist Knowledge," *Sociology of Sport Journal*, 25: 22–47.

Shove, E. (2003), *Comfort, Cleanliness and Convenience: The Social Organization of Normality*, Oxford: Berg.

Smith, M.M. (2006), *How Race Is Made: Slavery, Segregation, and the Senses*, Chapel Hill: University of North Carolina Press.

Sofaer, J.R. (2006), *The Body as Material Culture: A Theoretical Osteoarchaeology*, Cambridge: Cambridge University Press.

Strang, V. (2005), "Common Sense: Water, Sensory Experience and the Generation of Meaning," *Journal of Material Culture*, 10 (1): 92–120.

Throsby, K. (2008), "Happy Re-birthday: Weight Loss Surgery and the 'New Me,'" *Body and Society*, 14 (1): 117–33.

Warin, M. (2010), *Abject Relations: Everyday Worlds of Anorexia*, New Brunswick, NJ: Rutgers University Press.

Warnier, J.-P. (2001), "A Praxeological Approach to Subjectivation in a Material World," *Journal of Material Culture*, 6 (5): 5–24.

Warnier, J.-P. (2007), *The Pot-King: The Body and Technologies of Power*, Leiden: Brill.

第一章　巴勒斯坦的橄榄油

Abufarha, N. (1998), "Land of Symbols: Cactus, Poppies, Orange and Olive Trees in Palestine," *Identities: Global Studies in Culture and Power*, 15: 343–68.

Canaan, T. (1927), *Mohammedan Saints and Sanctuaries in Palestine*, London: Luzac.

Coleman, S., and Elsner, J. (1995), *Pilgrimage: Past and Present in the World Religions*, London: British Museum Press.

Doumani, B. (1995), *Rediscovering Palestine: Merchants and Peasants in Jabal Nablus, 1700–1900*, Berkeley: University of California Press.

Doumani, B. (2004), "Scenes from Daily Life: The View from Nablus," *Journal of Palestine Studies*, 34: 1–14.

Frankel, R., Avitsur, S., and Ayalon, E. (1994), *History and Technology of Olive Oil in the Holy Land*, Arlington, VA: Olearius Editions; Tel Aviv: Eretz Israel Museum.

Frazer, J. (1922), *The Golden Bough*, New York: McMillan.

Gell, A. (1977), "Magic, Perfume, Dream . . .," in I.M. Lewis (ed.), *Symbols and Sentiments*, London: Academic Press.

Habib, J. (2004), *Israel, Diaspora, and the Routes of National Belonging*, Toronto: University of Toronto Press.

Heath, D., and Meneley, A. (2011), "The Naturecultures of Foie Gras: Techniques of the Body and a Contested Ethics of Care," *Food, Culture and Society*, 13 (3): 422–52.

Keane, W. (2003), "Semiotics and the Social Analysis of Material Things," *Language and Communication*, 23 (3–4): 409–25.

Marcus, G. (1995), "Ethnography in/of the World System: The Emergence of Multi-Sited Ethnography," *Annual Review of Anthropology* 24: 95–117.

Meneley, A. (2008), "Oleo-Signs and Quali-Signs: The Qualities of Olive Oil," *Ethnos*, 73 (3): 303–26.

Nusseibeh, S. (2007), *Once Upon a Country: A Palestinian Life*, New York: Farrar, Straus and Giroux.

Pappé, I. (2007), *The Ethnic Cleansing of Palestine*, London: One World/Oxford.

Peteet, J. (2008), "Stealing Time," *Middle East Report*, 248: 14–15.

Porter, J.R. (1993), "Oil in the Old Testament," in M. Dudley and G. Rowell (eds.), *The Oil of Gladness: Anointing in the Christian Tradition*, Collegeville, MN: The Liturgical Press, pp. 35–45.

Rosenblum, M. (1997), *Olives: The Life and Lore of a Noble Fruit*, New York: Farrar, Straus and Giroux.

Tamari, S. (1981), "Building Other People's Homes: The Palestinian Peasant's Household and Work in Israel," *Journal of Palestine Studies*, 11: 31–66.

Tamari, S. (2009), *Mountain against the Sea: Essays on Palestinian Society and Culture*, Berkeley: University of California Press.

第二章　得耶失耶：肥猪肉的真滋味

Agamben, G. (2004), *The Open: Man and Animal*, Palo Alto, CA: Stanford University Press.

Appadurai, A. (1981), "Gastro-politics in Hindu South Asia," *American Ethnologist*, 8: 494–512.

Behr, E. (1999), "The Lost Taste of Pork: Finding a Place for the Iowa Family Farm," *The Art of Eating*, 51: 1–20.

Blanchette, A. (2010), "The Industrialization of Life, Capitalist Natures, and the American Factory Farm," unpublished manuscript, Department of Anthropology, University of Chicago.

Bourdieu, P. (1984), *Distinction: A Social Critique of the Judgement of Taste*, trans. R. Nice, Cambridge, MA: Harvard University Press.

Buckser, A. (1999), "Keeping Kosher: Eating and Social Identity among the Jews of Denmark," *Ethnology*, 38 (3): 191–209.

Dougherty, P.H. (1987), "Advertising; Dressing Pork for Success," *New York Times*, January 15, http://www.nytimes.com/1987/01/15/business/advertising-dressing-pork-for-success.html (accessed January 15, 2012).

Dransfield, E. (2008), "The Taste of Fat," *Meat Science*, 80: 37–42.

Edge, J.T. (2005), "Redesigning the Pig," *Gourmet Magazine*, 65 (7): 49–54.

Farquhar, J. (2002), *Appetites: Food and Sex in Postsocialist China*, Durham, NC: Duke University Press.

Fehérváry, K. (2009), "Goods and States: The Political Logic of State-Socialist Material Culture," *Comparative Studies in Society and History*, 51 (2): 426–59.

Fennema, O. (1996), *Food Chemistry*, 3rd ed., London: CRC Press.

Golden Leaf Foundation (2009), http://www.goldenleaf.org (accessed January 4, 2011).

Guardian (2010), "Taste Test: British Charcuterie," December 9, http://www.theguardian.com/lifeandstyle/2010/dec/09/taste-test-british-charcuterie (accessed January 4, 2011).

Holtzman, J. (2009), *Uncertain Tastes: Memory, Ambivalence, and the Politics of Eating in Samburu Northern Kenya*, Berkeley: University of California Press.

Kaminsky, P. (2005), *Pig Perfect: Encounters with Remarkable Swine and Some Great Ways to Cook Them*, New York: Hyperion.

Keane, W. (2003), "Semiotics and the Social Analysis of Material Things," *Language and Communication*, 23 (3–4): 409–25.

Kenner, R. (dir.) (2009), *Food Inc*, New York: Magnolia Home Entertainment, 94 min.

Korsmeyer, C. (1999), *Making Sense of Taste*, Ithaca, NY: Cornell University Press.

Marx, K. (1988), *The Economic and Philosophic Manuscripts of 1844 and the Communist Manifesto*, Amherst, NY: Prometheus Books.

Meinert, L., Christiansen, S.C., Kristensen, L., Bjergegaard, C., and Aaslyng, M.D. (2008), "Eating Quality of Pork from Pure Breeds and DLY Studied by Focus Group Research and Meat Quality Analyses," *Meat Science* 80 (2): 304–14.

Meinert, L., Tikk, K., Tikk, M., Brockhoff, P.B., Bejerholm, C., and Aaslyng, M.D. (2008), "Flavour Formation in Pork Semimembranosus: Combination of Pan-Temperature and Raw Meat Quality," *Meat Science* 80 (2): 249–58.

Meneley, A. (2008), "Oleo-Signs and Quali-Signs: The Qualities of Olive Oil," *Ethnos*, 73 (3): 303–26.

Morgan, R. (1998), "Legal and Political Injustices of Industrial Swine Production in North Carolina," in M. Kendall, E. Thuand, and P. Durrenberger (eds.), *Pigs, Profits and Rural Communities*, Albany: State University of New York Press, pp. 138–44.

Munn, N. (1986), *The Fame of Gawa: A Symbolic Study of Value Transformation in a Massim Papua New Guinea Society*, Cambridge: Cambridge University Press.

National Pork Council (2012), "Pork. Be Inspired," http://www.porkbeinspired.com/town_promo_heritage_page.aspx (accessed January 17, 2012).

National Pork Producers Council (2009), *Pork Quality Standards*, Des Moines, IA: National Pork Producers Council.

Niman, N. (2009), *Righteous Porkchop: Finding a Life and Good Food beyond Factory Farms*, New York: William Morrow.

O'Laughlin, M. (2010) "London's Sandwich Bars: A Tasty Slice of Culinary Life," *London Times Metro*, July 20, http://metro.co.uk/2010/07/20/londons-sandwich-bars-a-tasty-slice-of-culinary-life-453473/ (accessed January 15, 2011).

Peirce, C. (1955), *Philosophical Writings of Peirce*, J. Buchler (ed.), New York: Dover.

RAFT Alliance: Renewing America's Food Traditions, "About RAFT," http://www.albc-usa.org/RAFT/ (accessed October 15, 2012).

Robertson Smith, W.W. (1972 [1887]), *The Religion of the Semites: The Fundamental Institutions*, New York: Schocken Books.

Seremetakis, C.N. (1994), *The Senses Still: Perception and Memory as Material Culture in Modernity*, Boulder, CO: Westview.

Shapin, S. (2005), "Hedonistic Fruit Bombs," *London Review of Books*, 27 (3): 30–32.

Shapin, S. (2010), "Changing Tastes: How Foods Tasted in the Early Modern Period and

How They Came to Taste Differently Later," unpublished manuscript, Harvard University, Cambridge, MA.

Søltoft-Jensen, A.J. (2007), *Organic Feed Results in Tough Pork Chops*, report of the Danish Meat Research Institute, København, Denmark: Danish Agriculture and Food Council.

Stoller, P. (1989), *The Taste of Ethnographic Things: The Senses in Anthropology*, Philadelphia: University of Pennsylvania Press.

Sutton, D.E. (2001), *Remembrance of Repasts: An Anthropology of Food and Memory*, Oxford: Berg.

Talbott, C., See, M.T., Kaminsky, P., Bixby, D., Sturek, M., Brisbin, I.L., and Kadzere, C. (2006), "Enhancing Pork Flavor and Fat Quality with Swine Raised in Sylvan Systems: Potential Niche-Market Application for the Ossabaw Hog," *Renewable Agriculture and Food Systems* 21 (3): 183–91.

Trubek, A. (2008), *The Taste of Place: A Cultural Journey into Terroir*, Berkeley: University of California Press.

Watson, L. (2004), *The Whole Hog: Exploring the Extraordinary Potential of Pigs*, Washington, DC: Smithsonian Books.

Weiss, B. (2011), "Making Pigs Local: Discerning the Sensory Character of Place," *Cultural Anthropology*, 26 (3): 440–63.

Weiss, B. (2012), "Configuring the Authentic Value of Realfood: Farm-to-Fork, Snout-to-Tail, and Local Food Movements," *American Ethnologist*, 39 (3): 615–27.

第三章　在文化与物质性之间：关于脂肪的刻板印象

Aelian (1997), *Historical Miscellany*, trans. N.G. Wilson, Cambridge, MA: Harvard University Press.

Aristotle (1936), *Physiognomics*, in *Minor Works*, trans. W.S. Hett, Cambridge, MA: Harvard University Press, pp. 81–137.

Aristotle (1943), *Generation of Animals*, trans. A.L. Peck, Cambridge, MA: Harvard University Press.

Aristotle (1953), *Problems*, trans. W.S. Hett, Cambridge, MA: Harvard University Press.

Aristotle (2001), *On the Parts of Animals*, trans. J.G. Lennox, Oxford: Clarendon.

Artemidorus (1990), *The Interpretation of Dreams: Oneirocritica*, trans. R.J. White, Torrance, CA: Original Books.

Athenaeus (1933), *The Deipnosophists*, trans. C.B. Gulick, Cambridge, MA: Harvard University Press.

Baumgarten, J.M. (1994), "Liquids and Susceptibility to Defilement in New 4Q Texts," *Jewish Quarterly Review*, 85: 91–101.

Beaune, S. de (2000), "Les techniques d'éclairage paléolithiques: un bilan," *Paléo*, 12: 19–27.

Berquist, J.L. (2002), *Controlling Corporeality: The Body and the Household in Ancient Israel*, New Brunswick, NJ: Rutgers University Press.

Bille, M., and Sørensen, T.F. (2007), "An Anthropology of Luminosity: The Agency of Light," *Journal of Material Culture*, 12: 263–84.

Bilu, Y. (1981), "Pondering the 'Princes of Oil': New Light on an Old Phenomenon," *Journal of Anthropological Research*, 37: 269–78.

Boivin, N. (2008), *Material Cultures, Material Minds: The Impact of Things on Human Thought, Society, and Evolution*, Cambridge: Cambridge University Press.

Bowie, A. (1993), "Oil in Ancient Greece and Rome," in M. Dudley and G. Rowell (eds.), *The Oil of Gladness: Anointing in the Christian Tradition*, London: Society for Promoting Christian Knowledge, pp. 26–34.

Brown, F., Driver, S.R., and Briggs, C.A. (1974), *A Hebrew and English Lexicon of the Old Testament*, Oxford: Clarendon.

Brumley, A. (2010), "'As Horace Fat' in a Thin Land: Ben Jonson's Experience and Strategy," in E. Levy-Navarro (ed.), *Historicizing Fat in Anglo-American Culture*, Columbus: Ohio State University Press, pp. 111–28.

Bull, I.D., Simpson, I.A., van Bergen, P.F., and Evershed, R.P. (1999), "Muck 'n' Molecules: Organic Geochemical Methods for Detecting Ancient Manuring," *Antiquity*, 73: 86–96.

Bynum, C.W. (1995), *The Resurrection of the Body in Western Christianity, 200–1336*, New York: Columbia University Press.

Carsten, J. (2004), *After Kinship*, Cambridge: Cambridge University Press.

Columella (1968), *On Agriculture*, trans. H. Boyd, Cambridge, MA: Harvard University Press.

Connor, S. (2004), *The Book of Skin*, Ithaca, NY: Cornell University Press.

Coogan, M.D. (2007), *The New Oxford Annotated Bible*, Oxford: Oxford University Press.

Daiches, S. (1913), *Babylonian Oil Magic in the Talmud and in the Later Jewish Literature*, London: Jews' College Publication.

Dalby, A. (2000), *Empire of Pleasures: Luxuries and Indulgence in the Roman World*, New York: Routledge.

Dean-Jones, L. (1994), *Women's Bodies in Classical Greek Science*, Oxford: Clarendon.

Dench, E. (1998), "Austerity, Excess, Success, and Failure in Hellenistic and Early Imperial Italy," in M. Wyke (ed.), *Parchments of Gender: Deciphering the Bodies of Antiquity*, Oxford: Clarendon, pp. 121–46.

Dershowitz, I. (2010), "A Land Flowing with Fat and Honey," *Vetus Testamentum*, 60: 172–76.

Drysdall, D.L. (trans.) (2005), *Collected Works of Erasmus: Adages, III iv 1 to IV ii 100*, Toronto: University of Toronto Press.

Evershed, R.P., Mottram, H. R., and Dudd, S.N. (1997), "New Criteria for the Identification of Animal Fats Preserved in Archaeological Pottery," *Naturwissenschaften*, 84: 402–6.

Forth, C.E. (2012a), "Fat, Desire, and Disgust in the Colonial Imagination," *History Workshop Journal*, 73: 211–39.

Forth, C.E. (2012b), "Spartan Mirages: Fat, Masculinity, and 'Softness,'" *Masculinidades y cambio social / Masculinities and Social Change*, 1: 240–66.

Forth, C.E. (2013), "The Qualities of Fat: Bodies, History, and Materiality," *Journal of Material Culture*, 18: 135–54.

Foucault, M. (1990), *The Use of Pleasure*, trans. R. Hurley, New York: Vintage.

Gowers, E. (1996), *The Loaded Table: Representations of Food in Roman Literature*, Oxford: Clarendon.

Griffith, R.M. (2004), *Born Again Bodies: Flesh and Spirit in American Christianity*, Berkeley: University of California Press.

Hahn, H.P., and Soentgen, J. (2010), "Acknowledging Substances: Looking at the Hidden Side of the Material World," *Philosophy and Technology*, 24: 19–33.

Héretier-Augé, F. (1991), "Étude comparée des sociétés africaines," in *Annuaire du Collège de France: Résumé des cours et travaux 1989–1990*, Paris: Collège de France, pp. 497–518.

Herodotus (1969), *Histories*, vol. 4, trans. A.D. Godley, Cambridge, MA: Harvard University Press.

Hill, S.E. (2011), *Eating to Excess: The Meaning of Gluttony and the Fat Body in the Ancient World*, Santa Barbara, CA: Praeger.

Hippocrates (1957), *Airs, Waters, Places*, in *Hippocrates*, vol. 1, trans. W.H.S. Jones, Cambridge, MA: Harvard University Press, pp. 71–137.

Hippocrates (1959), *Aphorisms*, in *Hippocrates*, vol. 4, trans. W.H.S. Jones, Cambridge, MA: Harvard University Press, pp. 97–221.

Hodder, I. (2012), *Entangled: An Archaeology of the Relationships between Humans and Things*, Oxford: Wiley-Blackwell.

Keane, W. (2005), "Signs Are Not the Garb of Meaning: On the Social Analysis of Material Things," in D. Miller (ed.), *Materiality*, Durham, NC: Duke University Press, pp. 182–205.

Kellermann, D. (1995), "*kᵉlāyôt*," in G.J. Botterweck, H. Ringgren, and H.-J. Fabry (eds.), *Theological Dictionary of the Old Testament*, vol. 7, trans. D.E. Green, Grand Rapids, MI: Eerdmans, 175–82.

Kottek, S.S. (1996), "On Health and Obesity in Talmudic and Midrashic Lore," *Israeli Journal of Medical Sciences*, 32: 509–10.

Kronenberg, L. (2009), *Allegories of Farming from Greece and Rome*, Cambridge: Cambridge University Press.

Kuriyama, S. (1999), *The Expressiveness of the Body and the Divergence of Greek and Chinese Medicine*, New York: Zone Books.

Lee, M.M. (2009), "Body-Modification in Classical Greece," in T. Fögen and M.M. Lee (eds.), *Bodies and Boundaries in Graeco-Roman Antiquity*, New York: De Gruyter, pp. 155–80.

Martin, D. (1995), *The Corinthian Body*, New Haven, CT: Yale University Press.

Martínez, F.G., and Tigchelaar, E.J.C. (eds.) (1999), *The Dead Sea Scrolls Study Edition*, Leiden: Brill.

Marx, A. (2005), *Les systèmes sacrificiels de l'Ancien Testament*, Leiden: Brill.

Meneley, A. (2008), "Oleo-Signs and Quali-Signs: The Qualities of Olive Oil," *Ethnos*, 73 (3): 303–26.

Münderlein, G. (1980), "Chelebh," in G.J. Botterweck and H. Ringgren (eds.), *Theological Dictionary of the Old Testament*, vol. 4, trans. D.E. Green, Grand Rapids, MI: Eerdmans, pp. 396–97.

Neusner, J. (2005), "Bavli Berakhot," *The Babylonian Talmud*, Peabody, MA: Hendrickson.

Onians, R.B. (1951), *The Origins of European Thought about the Body, the Mind, the Soul, the World, Time, and Fate*, Cambridge: Cambridge University Press.

Plato (1980), *The Laws*, trans. T.L. Pangle, New York: Basic Books.

Plaza, M. (2006), *The Function of Humour in Roman Verse Satire: Laughing and Lying*, Oxford: Oxford University Press.

Pliny (1947), *Histoire naturelle, livre XI*, trans. A. Ernout, Paris: Société d'édition "Les Belles Lettres."

Pliny (1971), *Natural History*, vol. 5, trans. H. Rackham, Cambridge, MA: Harvard University Press.

Pliny (1983), *Natural History*, vol. 3, trans. H. Rackham, Cambridge, MA: Harvard University Press.

Plutarch (1914), *Plutarch's Lives*, vol. 1, trans. B. Perrin, Cambridge, MA: Harvard University Press.

Popenoe, R. (2004), *Feeding Desire: Fatness, Beauty, and Sexuality among a Saharan People*, New York: Routledge.

Ringgren, H. (2006), "Semen," in G.J. Botterweck, H. Ringgren, and H.-J. Fabry (eds.), *Theological Dictionary of the Old Testament*, vol. 15, trans. D.E. Green and D.W. Stott, Grand Rapids, MI: Eerdmans, pp. 249–53.

Sansone, D. (1992), *Greek Athletics and the Genesis of Sport*, Berkeley: University of California Press.

Schiefsky, M.J. (2005), *Hippocrates, On Ancient Medicine*, Leiden: Brill.

Seneca (1979), *Ad Lucilium Epistulae Morales*, trans. R.M. Gummere, Cambridge, MA: Harvard University Press.

Simpson, I.A., van Bergen, P.F., Perret, V., Elhmmali, M.M., Roberts, D.J., and Evershed, R.P. (1999), "Lipid Biomarkers of Manuring Practice in Relict Anthropogenic Soils," *The Holocene*, 9: 223–29.

Smith, R.R.R. (1997), "The Public Image of Licinius I: Portrait Sculpture and Imperial Ideology in the Early Fourth Century," *Journal of Roman Studies*, 87: 170–202.

Sommer, B.D. (2009), *The Bodies of God and the World of Ancient Israel*, Cambridge: Cambridge University Press.

Stanton, M.O. (1890), *A System of Practical and Scientific Physiognomy; or, How to Read Faces*, Philadelphia: F.A. Davis.

Stearns, P.N. (1997), *Fat History: Bodies and Beauty in the Modern West*, New York: New York University Press.

Stewart, A. (1990), *Greek Sculpture: An Exploration*, vol. 1, New Haven, CT: Yale University Press.

Strauss, E. (1994), *Dictionary of European Proverbs*, London: Routledge.

Tétart, G. (2004), *Le sang des fleurs: une anthropologie de l'abeille et du miel*, Paris: Odile Jacob.

Theophrastus of Eresus (1916), *An Enquiry into Plants*, vol. 2, trans. A. Hort, Cambridge, MA: Harvard University Press.

Theophrastus of Eresus (2003), *On Sweat, on Dizziness and on Fatigue*, ed. W.W. Fortenbraugh, R.W. Sharples, and M.G. Sollenberger, Leiden: Brill.

Varner, E.R. (2004), *Mutilation and Transformation: Damnatio Memoriae and Roman Imperial Portraiture*, Leiden: Brill.

Varro (1934), *De Re Rustica*, trans. W.D. Hooper and H.B. Ash, Cambridge, MA: Harvard University Press.

Varro (1978), *Économie rurale, livre I*, trans. J. Heurgon, Paris: Société d'édition "Les Belles Lettres."

Vernant, J.-P. (1991), *Mortals and Immortals: Collected Essays*, Princeton, NJ: Princeton University Press.

Vialles, N. (1994), *Animal to Edible*, trans. J.A. Underwood, Cambridge: Cambridge University Press.

Virgil (1978), *Georgics*, in *Virgil, I: Eclogues, Georgics, Aeneid I–VI*, trans. H.R. Fairclough, Cambridge, MA: Harvard University Press, 2.248–250 (pp. 132–33).

Warnier, J.-P. (2007), *The Pot-King: The Body and Technologies of Power*, Leiden: Brill.

Winiwarter, V. (2000), "Soils in Ancient Roman Agriculture: Analytical Approaches to Invisible Properties," in H. Nowotny and M. Weiss (eds.), *Shifting Boundaries of the Real: Making the Invisible Visible*, Zürich: vdf Hochschulverlag, pp. 137–56.

第四章　约瑟夫·博伊斯：脂肪的巫术师

Adams, D. (1992), "Joseph Beuys: Pioneer of a Radical Ecology," *Art Journal*, 51 (2): 26–34.

Adams, D. (1998), "From Queen Bee to Social Sculpture: The Artistic Alchemy of Joseph Beuys," afterword in *Bees: Lectures by Rudolf Steiner*, trans. T. Braatz, n.p.: Anthroposophic Press, pp. 189–213.

Adriani, G., Konnertz, W., and Thomas, K. (1979), *Joseph Beuys: Life and Works*, trans. P. Lech, Woodbury, NY: Barron's Educational Series.

Bachelard, G. (1983), *Water and Dreams: An Essay on the Imagination of Matter*, trans. E.R. Farell, Dallas: Dallas Institute of Humanities and Culture.

Bachelard, G. (2002), *Earth and the Reveries of Will: An Essay on the Imagination of Matter*, trans. K. Haltman, Dallas: Dallas Institute of Humanities and Culture.

Bennett, J. (2010), *Vibrant Matter: A Political Ecology of Things*, Durham, NC: Duke University Press.

Beuys, J. (1986), *In Memoriam Joseph Beuys: Obituaries, Essays, Speeches*, trans. T. Nevill, Bonn, Germany: Inter Nationes.

Biddle, J. (2008), "Festering Boils and Screaming Canvases: Culture, Contagion and Why Place No Longer Matters," *Emotion, Space and Society*, 1: 97–101.

Boivin, N. (2008), *Material Cultures, Material Minds: The Impact of Things on Human Thought, Society, and Evolution*, Cambridge: Cambridge University Press.

Borer, A. (1997), *The Essential Joseph Beuys*, Cambridge, MA: MIT Press.

Buchloh, B. (2001), "Beuys: The Twilight of the Idol: Preliminary Notes for a Critique," in G. Ray (ed.), *Joseph Beuys: Mapping the Legacy*, Sarasota, FL: John and Mable Ringling Museum of Art, D.A.P., pp. 199–211.

Chametzky, P. (2010), *Objects as History in Twentieth-Century Art*, Berkeley: University of California Press.

Danto, J. (1979), "Lard, Honey, Felt: Joseph Beuys' Spiritual Art," *Columbia Daily Spectator*, November 29.

Devitt, J. (1991), "Traditional Preferences in a Changed Context: Animal Fats as Valued Foods," *Central Australian Rural Practitioners' Association Newsletter*, 13: 16–18.

Elkin, A.P. (1974 [1938]), *The Australian Aborigines*, Sydney: Angus and Robertson.

Forth, C.E. (2012), "Melting Moments: The Greasy Sources of Modern Perceptions of Fat," *Cultural History*, 1 (1): 83–107.

Foster, N. (2011), "Anthropology, Mythology and Art: Reading Beuys through Heidegger," in C.-M.L. Hayes and V. Walters (eds.), *Beuysian Legacies in Ireland and Beyond*, Münster, Germany: Litverlag, pp. 49–64.

Gandy, M. (1997), "Contradictory Modernities: Conceptions of Nature in the Art of Joseph

Beuys and Gerhard Richter," *Annals of the Association of American Geographers*, 87 (4): 636–59.

Gibson, J. (1979), *The Ecological Approach to Visual Perception*, Boston: Houghton Mifflin.

Gieseke, F., and Markert, A. (1996), *Flieger, Filz and Vaterland: eine erweiterte Beuys-Biografie*, Berlin: Elefanten.

Harlan, V. (ed.) (2004), *What Is Art? Conversations with Joseph Beuys*, West Sussex: Clairview Books.

Hodder, I. (2012), *Entangled: An Archaeology of the Relationships between Humans and Things*, Oxford: Wiley-Blackwell.

Ingold, T. (2007). "Materials against Materiality," *Archeological Dialogues*, 14 (1): 1–16.

Keane, W. (2005), "Signs Are Not the Garb of Meaning: On the Social Analysis of Material Things," in D. Miller (ed.), *Materiality*, Durham, NC: Duke University Press, pp. 182–205.

Klein, R. (1996), *Eat Fat*, New York: Vintage Books.

Kuoni, C. (ed.) (1990), *Energy Plan for Western Man: Joseph Beuys in America*, New York: Four Walls Press.

Kuspit, D. (1984), *The Critic Is Artist: The Intentionality of Art*, Ann Arbor: University of Michigan Press.

Kuspit, D. (1993), *The Cult of the Avant-Garde Artist*, Cambridge: Cambridge University Press.

Kuspit, D. (1995), "Joseph Beuys: Between Showman and Shaman," in D. Thistelwood (ed.), *Joseph Beuys: Diverging Critiques*, Liverpool: Liverpool University Press, Tate Gallery Liverpool, pp. 27–49.

Leitch, A. (1996), "The Life of Marble: The Experience and Meaning of Work in the Marble Quarries of Carrara," *Australian Journal of Anthropology*, 7 (1): 235–57.

Leitch, A. (2000), "The Social Life of Lardo: Slow Food in Fast Times," *Asia Pacific Journal of Anthropology*, 1 (1): 103–18.

Leitch, A. (2003), "Slow Food and the Politics of Pork Fat: Italian Food and European Identity," *Ethnos*, 68 (4): 337–462.

Leitch, A. (2010), "The Materiality of Marble: Explorations in the Artistic Life of Stone," *Thesis Eleven*, 103 (1): 65–77.

McDonald, H. (2003), "The Fats of Life," *Australian Aboriginal Studies*, 2: 53–61.

Meneley, A. (2008), "Oleo-Signs and Quali-Signs: The Qualities of Olive Oil," *Ethnos*, 73 (3): 303–26.

Mesch, C. and Michely, V. (2007), *Joseph Beuys: The Reader*, Cambridge, MA: MIT Press.

Mintz, S. (1979), "Time, Sugar and Sweetness," *Marxist Perspectives*, 2: 56–73.

Moffit, J. (1988), *Occultism in Avant-Garde Art: The Case of Joseph Beuys*, Ann Arbor: UMI Research Press.

Nisbet, P. (2001), "Crash Course—Remarks on a Beuys Story," in G. Ray (ed.), *Joseph Beuys: Mapping the Legacy*, Sarasota, FL: John and Mable Ringling Museum of Art, D.A.P., pp. 5–17.

Novero, C. (2010), *Antidiets of the Avant-Garde*, Minneapolis: University of Minnesota Press.

Ray, G. (2001), "Joseph Beuys and the 'After-Auschwitz' Sublime," in G. Ray (ed.), *Joseph Beuys: Mapping the Legacy*, Sarasota, FL: John and Mable Ringling Museum of Art, D.A.P.,

pp. 55–74.
Redmond, T. (2001), "Places That Move," in A. Rumsey and J.F. Weiner (eds.), *Emplaced Myth: Space, Narrative, and Knowledge in Aboriginal Australia and Papua New Guinea*, Honolulu: University of Hawai i' Press, pp. 120–38.
Redmond, T. (2007), *The Saturated Fat of the Land: Diamonds in the Western and Ngarinyin Imaginary*, Paper presented at the Freud Conference, Melbourne, Australia, May.
Reid, J. (1983), *Sorcerers and Healing Spirits: Community and Change in an Aboriginal Medical System*, Canberra: Australian National University Press.
Roheim, G. (1974), *Children of the Desert: The Western Tribes of Central Australia*, New York: Basic Books.
Rozin, P. (1998), "Food Is Fundamental, Fun, Frightening and Far-Reaching," *Social Research*, 66 (1): 9–30.
Sobo, E. (1994), "The Sweetness of Fat: Health, Procreation, and Sociability in Rural Jamaica," in N. Sault (ed.), *Many Mirrors: Body Image and Social Relations*, New Brunswick, NJ: Rutgers University Press, pp. 132–54.
Spencer, W.B., and Gillen, F.J. (1899), *The Native Tribes of Central Australia*, London: Macmillan.
Stachelhaus, H. (1987), *Joseph Beuys*, trans. D. Britt, New York: Abbeville.
Strauss, D.L. (1999), *Between Dog and Wolf: Essays on Art and Politics*, Brooklyn: Automedia.
Taylor, M. (2012), *Refiguring the Spiritual: Beuys, Barney, Turrell, Goldsworthy*, New York: Columbia University Press.
Thompson, C. (2011), *Felt: Fluxus, Joseph Beuys and the Dalai Lama*, Minneapolis: University of Minnesota Press.
Tisdall, C. (1979), *Joseph Beuys*, London: Thames and Hudson.
Ulmer, G. (1984), *Applied Grammatology: Post (e)-Pedagogy from Jacques Derrida to Joseph Beuys*, Baltimore: John Hopkins University Press.
Walters, V. (2010), "The Artist as Shaman: The Work of Joseph Beuys and Marcus Coates," in A. Schneider and C. Wright (eds.), *Between Art and Anthropology*, Oxford: Berg, pp. 35–47.
White, N. (2001), "In Search of the Traditional Australian Aboriginal Diet—Then and Now," in A. Anderson, I. Lilley, and S. O'Connor (eds.), *Histories of Old Ages: Essays in Honour of Rhys Jones*, Canberra, Australia: Pandanus Books, Research School of Pacific and Asian Studies, pp. 343–59.

第五章　厌食症患者的真实体验：脂肪的物质性和隐喻

Allen, J.T. (2008), "The Spectacularization of the Anorexic Subject Position," *Current Sociology*, 56: 587–603.
American Psychiatric Association (APA) (1994), *Diagnostic and Statistical Manual of Mental Disorders IV*, Washington, DC: American Psychiatric Association.
Barad, K. (2003), "Posthumanist Performativity: Toward an Understanding of How Matter Comes to Matter," *Signs: Journal of Women in Culture and Society*, 28: 801–31.
Bennett, J. (2010), *Vibrant Matter: A Political Ecology of Things*, Durham, NC: Duke University Press.

Bordo, S. (1993), *Unbearable Weight: Feminism, Western Culture, and the Body*, Berkeley: University of California Press.

Braziel, J.E., and LeBesco, K. (eds.) (2001), *Bodies out of Bounds: Fatness and Transgression*, Berkeley: University of California Press.

Butler, J. (2000), "Ethical Ambivalence," in M. Garber, B. Hanssen, and R.L. Walkowitz (eds.), *The Turn to Ethics*, New York: Routledge, pp. 15–28.

Carden-Coyne, A., and Forth, C. (2005), "The Belly and Beyond: Body, Self and Culture in Ancient and Modern Times," in C. Forth and A. Carden-Coyne (eds.), *Cultures of the Abdomen: Diet, Digestion and Fat in the Modern World*, New York: Palgrave Macmillan, pp. 1–11.

Cockell, S.J., Geller, J., and Linden, W. (2002), "Decisional Balance in Anorexia Nervosa: Capitalizing on Ambivalence," *European Eating Disorders Review*, 11: 75–89.

Colls, R. (2007), "Materialising Bodily Matter: Intra-action and the Embodiment of 'Fat,'" *Geoforum*, 38: 353–65.

Colton, A., and Pistrang, N. (2004), "Adolescents' Experiences of Inpatient Treatment for Anorexia Nervosa," *European Eating Disorders Review*, 12: 307–16.

Corin, E. (2007), "The 'Other' of Culture in Psychosis: The Ex-centricity of the Subject," in J. Biehl, B. Good, and A. Kleinman (eds.), *Subjectivity: Ethnographic Investigations*, Berkeley: University of California Press, pp. 273–314.

Curtin, D.W., and Heldke, L.M. (1992), "Introduction," in D.W. Curtin and L.M. Heldke (eds.), *Cooking, Eating, Thinking: Transformative Philosophies of Food*, Bloomington: Indiana University Press, pp. x–xiii.

Delpeuch, F., Maire, B., Monnier, E., and Holdsworth, M. (2009), *Globesity: A Planet out of Control?* London: Earthscan.

Eivors, A., Button, E., Warner, S., and Turner, K. (2003), "Understanding the Experience of Drop-Out from Treatment for Anorexia Nervosa," *European Eating Disorders Review*, 11: 90–107.

Espeset, E., Gulliksen, K., Nordbø, R., Skårderud, F., and Holte, A. (2012), "The Link between Negative Emotions and Eating Disorder Behaviour in Patients with Anorexia Nervosa," *European Eating Disorders Review*, 20: 451–60.

Evans, J. (2011), *Becoming John: Anorexia's Not Just for Girls*, Bloomington, IN: Xlibris.

Farrell, A.E. (2011), *Fat Shame: Stigma and the Fat Body in American Culture*, New York: New York University Press.

Fischer, M.J. (2007), "To Live with What Would Otherwise Be Unendurable: Return(s) to Subjectivities," in J. Biehl, B. Good, and A. Kleinman (eds.), *Subjectivity: Ethnographic Investigations*, Berkeley: University of California Press, pp. 423–46.

Gilman, S. (2010), *Obesity: The Biography*, Oxford: Oxford University Press.

Gooldin, S. (2008), "Being Anorexic: Hunger, Subjectivity and Embodied Morality," *Medical Anthropology Quarterly*, 22: 274–96.

Grahame, N. (2009), *Dying to Be Thin: The True Story of My Lifelong Battle against Anorexia*, London: John Blake.

Grossberg, L. (2010), "Affect's Future: Rediscovering the Virtual in the Actual," in M. Gregg and G.J Seigworth (eds.), *The Affect Theory Reader*, Durham, NC: Duke University Press, pp. 309–38.

Grosz, E. (2001), *Architecture from the Outside: Essays on Virtual and Real Space*, Cambridge,

MA: MIT Press.
Haraway, D.J. (1991), *Simians, Cyborgs, and Women: The Reinvention of Nature*, London: Free Association Books.
Haraway, D.J. (2008), "Otherwordly Conversations, Terran Topics, Local Terms," in S. Alaimo and S. Hekman (eds.), *Material Feminisms*, Bloomington: Indiana University Press, pp. 157–87.
Hayes-Conroy, J., and Hayes-Conroy, A. (2010), "Visceral Geographies: Mattering, Relating, and Defying," *Geography Compass*, 4: 1273–83.
Hornbacher, M. (1998), *Wasted: Coming Back from an Addiction to Starvation*, London: Flamingo.
Hornbacher, M. (2008), *Madness: A Bipolar Life*, London: Harper Perennial.
Jackson, M. (2002), "Familiar and Foreign Bodies: A Phenomenological Exploration of the Human-Technology Interface," *Journal of the Royal Anthropological Institute* (n.s.), 8: 333–46.
Katzman, M.A., and Lee, S. (1997), "Beyond Body Image: The Integration of Feminist and Transcultural Theories in the Understanding of Self-Starvation," *International Journal of Eating Disorders*, 22: 385–94.
Kent, L. (2001), "Fighting Abjection: Representing Fat Women," in J.E. Braziel and K. LeBesco (eds.), *Bodies out of Bounds: Fatness and Transgression*, Berkeley: University of California Press, pp. 130–50.
Klein, R. (2001), "Fat Beauty," in J.E. Braziel and K. LeBesco (eds.), *Bodies out of Bounds: Fatness and Transgression*, Berkeley: University of California Press, pp. 19–38.
Kristeva, J. (1982), *Powers of Horror: An Essay on Abjection*, trans. L.S. Roudiez. New York: Columbia University Press.
Kyriacou, O., Easter, A., and Tchanturia, K. (2009), "Comparing Views of Patients, Parents, and Clinicians on Emotions in Anorexia: A Qualitative Study," *Journal of Health Psychology*, 14: 843–54.
Lavis, A. (2011), "The Boundaries of a Good Anorexic: Exploring Pro-anorexia on the Internet and in the Clinic," PhD thesis, Goldsmiths, University of London. Available at http://eprints.gold.ac.uk/6507/ (accessed June 11, 2012).
Lavis, A. (2013), "The Substance of Absence: Exploring Eating and Anorexia," in E-J. Abbots and A. Lavis (eds.), *Why We Eat, How We Eat: Contemporary Encounters between Foods and Bodies*, Farnham, UK: Ashgate, pp. 35–52.
LeBesco, K. (2004), *Revolting Bodies?: The Struggle to Redefine Fat Identity*, Amherst: University of Massachusetts Press.
LeBesco, K., and Braziel, J.E. (2001), "Editors' Introduction," in J.E. Braziel and K. LeBesco (eds.), *Bodies out of Bounds: Fatness and Transgression*, Berkeley: University of California Press, pp. 1–15.
Marcus, G.E. (1998), *Ethnography through Thick and Thin*, Princeton, NJ: Princeton University Press.
Murray, S. (2005a), "Introduction to 'Thinking Fat,'" special issue, *Social Semiotics*, 15: 111–12.
Murray, S. (2005b), "(Un/be)coming Out? Rethinking Fat Politics," in "Thinking Fat," special issue, *Social Semiotics*, 15: 153–63.
National Collaborating Centre for Mental Health (2004), *Eating Disorders: Core Interventions*

in the Treatment and Management of Anorexia Nervosa, Bulimia Nervosa and Related Eating Disorders, National Clinical Practice Guideline no. CG9, Leicester: British Psychological Society and Gaskell.

Palmer, B. (2005), "Concepts of Eating Disorders," in J. Treasure, U. Schmidt, and E. Van Furth (eds.), *The Essential Handbook of Eating Disorders*, Chichester, UK: Wiley, pp. 1–10.

Rasmussen, N. (2012), "Weight Stigma, Addiction, Science, and the Medication of Fatness in Mid-Twentieth Century America," *Sociology of Health and Illness*, 34: 880–95.

Seigworth, G.J., and Gregg, M. (2010), "An Inventory of Shimmers," in M. Gregg and G.J Seigworth (eds.), *The Affect Theory Reader*, Durham, NC: Duke University Press, pp. 1–28.

Serpell, L., Treasure, J., Teasdale, J., and Sullivan, V. (1999), "Anorexia Nervosa: Friend or Foe?," *International Journal of Eating Disorders*, 25: 177–86.

Serres, M. (2008), *The Five Senses: A Philosophy of Mingled Bodies*, trans. M. Sankey and P. Cowley, London: Continuum.

Tan, J. (2003), "The Anorexia Talking?," *The Lancet*, 362: 1246.

Tan, J., Hope, T., and Stewart, A. (2003), "Anorexia Nervosa and Personal Identity: The Accounts of Patients and Their Parents," *International Journal of Law and Psychiatry*, 26: 533–48.

Throsby, K. (2012), "Obesity Surgery and the Management of Excess: Exploring the Body Multiple," *Sociology of Health and Illness*, 34: 1–15.

Treasure, J. (2012), "Editorial: Emotion in Eating Disorders," *European Eating Disorders Review*, 20: 429–30.

Treasure, J., Smith, G., and Crane, A. (2007), *Skills-Based Learning for Caring for a Loved One with an Eating Disorder: The New Maudsley Method*, London: Routledge.

Treasure, J., and Ward, A. (1997), "A Practical Guide to the Use of Motivational Interviewing in Anorexia Nervosa," *European Eating Disorders Review*, 5: 102–14.

Tucker, I. (2010), "Everyday Spaces of Mental Distress: The Spatial Habituation of Home," *Environment and Planning D: Society and Space*, 28: 526–38.

Warin, M. (2006), "Reconfiguring Relatedness in Anorexia," *Anthropology and Medicine*, 13: 41–54.

Warin, M. (2010), *Abject Relations: Everyday Worlds of Anorexia*, New Brunswick, NJ: Rutgers University Press.

Warren, L., and Cooper, M. (2011), "Understanding Your Own and Other's Minds: The Relationship to Eating Disorder Related Symptoms," *European Eating Disorders Review*, 19: 417–25.

World Health Organization (2007), "Anorexia Nervosa and Atypical Anorexia Nervosa," in *International Statistical Classification of Diseases and Related Health Problems 10th Revision*, Geneva: World Health Organization, section F50.0–50.1.

第六章　有脂肪才有未来：生物勘探、脂肪干细胞与自生乳房物质

American Society of Plastic Surgeons (2012), "2011 Reconstructive Plastic Surgery Statistics Reconstructive Procedure Trends," http://www.plasticsurgery.org/Documents/news-resources/statistics/2011-statistics/2011-reconstructive-procedures-trends-statistics.

pdf (accessed March 7, 2012).

Begley, S. (2010), "All Natural: Why Breasts Are the Key to the Future of Regenerative Medicine," *Wired*, November, http://www.wired.com/magazine/2010/10/ff_futureof breasts/all/1 (accessed September 23, 2013).

Blondeel, P.N. (1999), "The Sensate Free Superior Gluteal Artery Perforator (S-GAP) Flap: A Valuable Alternative in Autologous Breast Reconstruction," *British Journal of Plastic Surgery*, 52: 185–93.

Bordo, S. (1993), *Unbearable Weight: Feminism, Western Culture, and the Body*, Berkeley: University of California Press.

"Breast Reconstruction: Dr. Ron Israeli Offers Hope and Wholeness after Cancer Diagnosis" (2011), ABC News, November 15, http://abcnews.go.com/Health/video/breast-reconstruction-14958838 (accessed March 8, 2012).

Bump, R. (2003), "Surgeon: Breast Reconstruction after Cancer Helps Women Regain Wholeness," *The Prescott (AZ) Daily Courier*, July 13.

Canguilhem, G. (1994), *A Vital Rationalist: Selected Writings from Georges Canguilhem*, ed. François Delaporte, New York: Zone Books.

Cohen, E. (2009), *A Body Worth Defending: Immunity, Biopolitics, and the Apotheosis of the Modern Body*, Durham, NC: Duke University Press.

Coleman, S., and Saboeiro, A. (2007), "Fat Grafting to the Breast Revisited: Safety and Efficacy," *Plastic and Reconstructive Surgery*, 119 (3): 775–85.

Colls, R. (2007), "Materialising Bodily Matter: Intra-action and the Embodiment of 'Fat,'" *Geoforum*, 38: 353–65.

Cooper, M. (2008), *Life as Surplus: Biotechnology and Capitalism in the Neoliberal Era*, Seattle: University of Washington Press.

Cytori Therapeutics (2009), "Promising Results Reported in Cell-Enriched Breast Reconstruction Trial," press release, December 12, available at http://ir.cytori.com/files/doc_news/CYTX_News_2009_12_12_General.pdf (accessed March 11, 2011).

Davis-Floyd, R. (1994), "The Technocractic Body: American Childbirth as Cultural Expression," *Social Science and Medicine*, 38 (8): 1125–40.

Del Vecchio, D., and Fichadia, H. (2012), "Autologous Fat Transplantation—a Paradigm Shift in Breast Reconstruction," in Marzia Salgarello (ed.), *Breast Reconstruction: Current Techniques*, available at http://www.intechopen.com/books/breast-reconstruction-current-techniques/autologous-fat-transplantation-a-paradigm-shift-in-breast-reconstruction (accessed March 11, 2012).

Ehlers, N. (2012), "*Tekhnē* of Reconstruction: Breast Cancer, Norms, and Fleshy Rearrangements," *Social Semiotics*, 22 (1): 121–41.

Foucault, M. (1970), *The Order of Things: An Archeology of the Human Sciences*, London: Tavistock.

Franklin, S. (1995), "Life," in W. Reich (ed.), *Encyclopedia of Bioethics*, New York: Macmillan, pp. 456–62.

Fraser, J.K., Wulur, I., Alfonso, Z., and Hedrick, M.H. (2006), "Fat Tissue: An Under-appreciated Source of Stem Cells for Biotechnology," *Trends in Biotechnology*, 24 (4): 150–54.

Gill, P.S., Hunt, J.P., Guerra A.B., Dellacroce, F.J., Sullivan, S.K., Boraski, J., Metzinger,

S.E., Dupin, C.L., and Allen, R.J. (2004), "A 10-Year Retrospective Review of 758 DIEP Flaps for Breast Reconstruction," *Plastic and Reconstructive Surgery*, 113 (4): 1153–60.

Journal of the National Cancer Institute (2007), "Increased Breast Cancer Risk Associated with Greater Fat Intake," *ScienceDaily*, March 22, http://www.sciencedaily.com/releases/2007/03/070321161542.htm (accessed March 11, 2012).

Kent, L. (2001), "Fighting Abjection: Representing Fat Women," in J.E. Braziel and K. LeBesco (eds.), *Bodies out of Bounds: Fatness and Transgression*, Berkeley: University of California Press, pp. 130–50.

Leder, D. (1990), *The Absent Body*, Chicago: University of Chicago Press.

Liquid Gold (2013), "Liquid Gold: A New Conversation in Cosmetic Surgery," http://liquidgoldlipobank.com/ (accessed March 11, 2012).

Murray, S. (2007), "Care of the Self: Biotechnology, Reproduction, and the Good Life," *Philosophy, Ethics, and Humanities in Medicine*, 2 (6): 1–15.

Nahabedian, M.Y., Momen, B., Gladino, G., and Manson, P.N. (2002), "Breast Reconstruction with the Free TRAM or DIEP Flap: Patient Selection, Choice of Flap, and Outcome," *Plastic and Reconstructive Surgery*, 110 (2): 466–75.

Neopec (n.d.), http://www.neopec.com.au (accessed March 11, 2012).

New Zealand Institute of Plastic and Cosmetic Surgery (n.d.), "Breast Reconstruction," http://www.plasticsurgeons.co.nz/procedures/breast/breast-reconstruction.html (accessed March 8, 2012).

Novas, C., and Rose, N. (2000), "Genetic Risk and the Birth of the Somatic Individual," *Economy and Society*, 29: 485–513.

Panettiere, P., Accorsi, D., Marchetti, L., Sgro, F., and Sbarbati, A. (2011), "Large-Breast Reconstruction Using Fat Graft Only after Prosthetic Reconstruction Failure," *International Journal of Aesthetic Plastic Surgery*, 35: 703–8.

Parkin, D.M., and Boyd, L. (2011), "Cancers Attributable to Overweight and Obesity in the UK in 2010," supplement, *British Journal of Cancer*, 105 (S2): 34–37.

Rose, N. (1994), "Medicine, History, and the Present," in C. Jones and R. Porter (eds.), *Reassessing Foucault: Power, Medicine, and the Body*, London: Routledge, pp. 48–72.

Rose, N. (2007), *The Politics of Life Itself: Biomedicine, Power, and Subjectivity in the Twenty-First Century*, Princeton, NJ: Princeton University Press.

Shildrick, M. (1997), *Leaky Bodies and Boundaries: Feminism, Postmodernism, and (Bio)Ethics*, London: Routledge.

Smith, L. (1995), "Rebuilding the Self to Your Health: Breast Reconstruction Has Been Called Vain and Anti-feminist. But Women Who've Been NTC There Hail It as a Way to Restore a Sense of Wholeness," *Baltimore Sun*, October 3.

Sontag, S. (1990), *Illness as Metaphor and AIDS and Its Metaphors*, New York: Picador.

Spear, S., Wilson, H., and Lockwood, M. (2005), "Fat Injection to Correct Contour Deformaties in the Reconstructed Breast," *Plastic and Reconstructive Surgery*, 116 (5): 1300–1305.

Squier, S.M. (2004), *Liminal Lives: Imagining the Human at the Frontiers of Biomedicine*, Durham, NC: Duke University Press.

U.S. National Institute of Cancer at the National Institutes of Health (2012), "Obesity and Cancer Risk," http://www.cancer.gov/cancertopics/factsheet/Risk/obesity (accessed March 11, 2012).

Waldby, C. (2000), *The Visible Human Project: Informatics Bodies and Posthuman Medicine*, London: Routledge.

Waldby, C. (2002), "Stem Cells, Tissue Cultures and the Production of Biovalue," *Health*, 6 (3): 305–23.

Waldby, C., and Mitchell, R. (2006), *Tissue Economies: Blood, Organs, and Cell Lines in Late Capitalism*, Durham, NC: Duke University Press.

Zuk, P.A., Zhu, M., Mizuno, H., Huang, J., Futrell, W., Katz, A.J., Benhaim, P., Lorenz, H.P., and Hedrick, M.H. (2001), "Multilineage Cells from Human Adipose Tissue: Implications for Cell-Based Therapies," *Tissue Engineering*, 7 (2): 211–28.

Zylinska, J. (2010), "Playing God, Playing Adam: The Politics and Ethics of Enhancement," *Journal of Bioethical Inquiry*, 7 (2): 149–61.

第七章　被困住的身体：探索肥胖身躯与衣着的边界

Adam, A. (2001), "Big Girls' Blouses: Learning to Live with Polyester," in A. Guy, E. Green, and M. Banim (eds.), *Through the Wardrobe: Women's Relationships with Their Clothes*, Oxford: Berg, pp. 39–51.

Andersson, T. (2011), "Fashion, Market and Materiality: Along the Seams of Clothing," *Culture Unbound*, 3: 13–18.

Ash, J. (1999), "The Aesthetics of Absence: Clothes without People in Paintings," in A. de la Haye and E. Wilson (eds.), *Defining Dress: Dress as Object, Meaning and Identity*, Manchester: Manchester University Press, pp. 128–42.

Attfield, J. (2000), *Wild Things: The Material Culture of Everyday Life*, Oxford: Berg.

Barnes, R., and Eicher, J.B. (1997), *Dress and Gender: Making and Meaning in Cultural Contexts*, Oxford: Berg.

Barthes, R. (2006), *The Language of Fashion*, trans. A. Stafford, Oxford: Berg.

Bauman, Z. (1990), *Thinking Sociologically*, Oxford: Blackwell.

Bedikian, S.A. (2008), "The Death of Mourning: From Victorian Crepe to the Little Black Dress," *Omega*, 57 (1): 35–52.

Bourdieu, P. (1984), *Distinction: A Social Critique of the Judgement of Taste*, trans. R. Nice, Cambridge, MA: Harvard University Press.

Breseman, B.C., Lennon, S.J., and Schulz, T.L. (1999), "Obesity and Powerlessness," in K.K.P. Johnson and S.J. Lennon (eds.), *Appearance and Power*, Oxford: Berg, pp. 173–97.

Butler, J. (1990), *Gender Trouble: Feminism and the Subversion of Identity*, New York: Routledge.

Cain, T. (2011), "Bounded Bodies: The Everyday Clothing Practices of Larger Women," PhD thesis, Massey University, Auckland, New Zealand.

Carryer, J. (2001), "Embodied Largeness: A Significant Women's Health Issue," *Nursing Inquiry*, 8 (2): 90–97.

Cavallaro, D., and Warwick, A. (1998), *Fashioning the Frame: Boundaries, Dress and Body*, Oxford: Berg.

Clarke, V., and Turner, K. (2007), "Clothes Maketh the Queer? Dress, Appearance and the Construction of Lesbian, Gay and Bisexual Identities," *Feminism and Psychology*, 17 (2): 267–76.

Colls, R. (2006), "Outsize/Outside: Bodily Bignesses and the Emotional Experiences of British Women Shopping for Clothes," *Gender, Place and Culture*, 13 (5): 529–45.

Colls, R. (2007), "Materialising Bodily Matter: Intra-action and the Embodiment of 'Fat,'" *Geoforum*, 38: 353–65.

de Beauvoir, S. (1997), *The Second Sex*, trans. H.M. Parshley, London: Vintage.

Douglas, M. (1966), *Purity and Danger: An Analysis of Concepts of Pollution and Taboo*, New York: Routledge.

Douglas, M. (1996), *Natural Symbols*, London: Routledge.

Eco, U. (2007 [1973]), "Social Life as a Sign System," in M. Barnard (ed.), *Fashion Theory: A Reader*, New York: Routledge, pp. 143–47.

Eicher, J.B. (1995), *Dress and Ethnicity: Change across Time and Space*, Oxford: Berg.

Entwistle, J. (1997), "Fashioning the Self: Women, Dress, Power and Situated Bodily Practice in the Workplace," PhD thesis, Goldsmiths College, University of London.

Entwistle, J. (2000), "Fashion and the Fleshy Body: Dress as Embodied Practice," *Fashion Theory*, 4: 323–47.

Entwistle, J. (2001), "The Dressed Body," in J. Entwistle and E. Wilson (eds.), *Body Dressing*, Oxford: Berg, pp. 33–58.

Fox, N.J. (2012), *The Body*, Cambridge, UK: Polity.

Gies, L. (2006), "What Not to Wear: Islamic Dress and School Uniforms," *Feminist Legal Studies*, 14: 377–89.

Glick, P., Larsen, S., Johnson, C., and Branstiter, H. (2005), "Evaluations of Sexy Women in Low- and High-Status Jobs," *Psychology of Women Quarterly*, 29: 389–95.

Goffman, E. (1986), *Stigma: Notes on the Management of Spoiled Identity*, New York: Simon and Schuster.

Goffman, E. (1990), *The Presentation of Self in Everyday Life*, Garden City, NY: Doubleday.

Grosz, E. (1994), *Volatile Bodies: Toward a Corporeal Feminism*, Bloomington: Indiana University Press.

Hansen, K.T. (2004), "The World in Dress: Anthropological Perspectives on Clothing, Fashion, and Culture," *Annual Review of Anthropology*, 33: 369–92.

Hartley, C. (2001), "Letting Ourselves Go: Making Room for the Fat Body in Feminist Scholarship," in J.E. Braziel and K. LeBesco (eds.), *Bodies out of Bounds: Fatness and Transgression*, Berkeley: University of California Press, pp. 60–73.

Harvey, J. (1995), *Men in Black*, Chicago: University of Chicago Press.

Huff, J.L. (2001), "A 'Horror of Corpulence': Interrogating Bantingism and Mid-Nineteenth-Century Fat-Phobia," in J.E. Braziel and K. LeBesco (eds.), *Bodies out of Bounds: Fatness and Transgression*, Los Angeles: University of California Press, pp. 39–59.

Ingraham, C. (2008), *White Weddings: Romancing Heterosexuality in Popular Culture*, 2nd ed., New York: Routledge.

Irigaray, L. (1985), *This Sex Which Is Not One*, trans. C. Burke, Ithaca, NY: Cornell University Press.

Jutel, A. (2005), "Weighing Health: The Moral Burden of Obesity," *Social Semiotics*, 15 (2): 113–25.

Jutel, A. (2006), "The Emergence of Overweight as a Disease Entity: Measuring Up Normality," *Social Science and Medicine*, 63 (9): 2268–76.

Keane, W. (2005), "Signs Are Not the Garb of Meaning: On the Social Analysis of Things," in D. Miller (ed.), *Materiality*, Durham, NC: Duke University Press, pp. 182–205.
Kellner, D. (1994), "Madonna, Fashion, and Identity," in S. Benstock and S. Ferriss (eds.), *On Fashion*, New Brunswick, NJ: Rutgers University Press, pp. 159–82.
Kent, L. (2001), "Fighting Abjection: Representing Fat Women," in J.E. Braziel and K. LeBesco (eds.), *Bodies out of Bounds: Fatness and Transgression*, Berkeley: University of California Press, pp. 130–50.
Kristeva, J. (1982), *Powers of Horror: An Essay on Abjection*, trans. L.S. Roudiez, New York: Columbia University Press.
LeBesco, K. (2004), *Revolting Bodies?: The Struggle to Redefine Fat Identity*, Boston: University of Massachusetts Press.
LeBesco, K., and Braziel, J.E. (2001), "Editors' Introduction," in J.E. Braziel and K. LeBesco (eds.), *Bodies out of Bounds: Fatness and Transgression*, Berkeley: University of California Press, pp. 1–15.
Leder, D. (1990), *The Absent Body*, Chicago: University of Chicago Press.
Longhurst, R. (2005a), "(Ad)dressing Pregnant Bodies in New Zealand: Clothing, Fashion, Subjectivities and Spatialities," *Gender, Place and Culture*, 12 (4): 433–46.
Longhurst, R. (2005b), "Fat Bodies: Developing Geographical Research Agendas," *Progress in Human Geography*, 29 (3): 247–59.
Longhurst, R. (2005c), "Man Breasts: Spaces of Sexual Difference, Fluidity and Abjection," in B. Van Hoven and K. Hörschelmann (eds.), *Spaces of Masculinity*, London: Routledge, pp. 165–78.
Löw, M. (2006), "The Social Construction of Space and Gender," *European Journal of Women's Studies*, 13 (2): 119–33.
McDowell, L. (1999), *Gender, Identity and Place: Understanding Feminist Geographies*, Cambridge, UK: Polity.
Miller, D. (2005), "Introduction," in S. Küchler and D. Miller (eds.), *Clothing as Material Culture*, Oxford: Berg, pp. 1–19.
Monaghan, L., and Atkinson, M. (forthcoming), *Challenging Masculinity Myths: Understanding Physical Cultures*, Farnham, UK: Ashgate.
Mulvey, L. (1985), "Visual Pleasure and Narrative Cinema," in G. Mast and M. Cohen (eds.), *Film Theory and Criticism*, 3rd ed., New York: Oxford University Press, pp. 803–16.
Murray, S. (2005), "Doing Politics or Selling Out? Living the Fat Body," *Women's Studies*, 34 (3): 265–77.
Murray, S. (2008), *The "Fat" Female Body*, New York: Palgrave Macmillan.
Parkin, W. (2002), *Fashioning the Body Politic: Dress, Gender, Citizenship*, Oxford: Berg.
Pringle, R., and Alley, J. (1995), "Gender and the Funeral Industry: The Work of Citizenship," *Journal of Sociology*, 31 (2): 107–21.
Rail, G., Holmes, D., and Murray, S.J. (2010), "The Politics of Evidence on 'Domestic Terrorists': Obesity Discourses and Their Effects," *Social Theory and Health*, 8 (3): 259–79.
Russo, M. (1997), "Female Grotesques: Carnival and Theory," in K. Conboy, M. Medina, and S. Stanbury (eds.), *Writing on the Body: Female Embodiment and Feminist Theory*, New York: Columbia University Press, pp. 318–36.
Shilling, C. (1993), *The Body and Social Theory*, London: Sage.

"Skinny White Runway Models" (2007), *The Fashion eZine*, http://fashion.lilithezine.com/Skinny-White-Runway-Models.html (accessed November 11, 2010).

Stokowski, P.A. (2002), "Languages of Place and Discourses of Power: Constructing New Senses of Place," *Journal of Leisure Research*, 34 (4): 368–82.

Sweetman, P. (2001), "Shop-Window Dummies? Fashion, the Body, and Emergent Socialities," in J. Entwistle and E. Wilson (eds.), *Body Dressing*, Oxford: Berg, pp. 59–77.

Tischner, I., and Malson, H. (2012), "Deconstructing Health and the Un/healthy Fat Woman," *Journal of Community and Applied Social Psychology*, 22: 50–62.

Tulloch, J., and Lupton, D. (2003), *Risk and Everyday Life*, London: Sage.

Turner, G. (2003), *British Cultural Studies: An Introduction*, 3rd ed., London: Routledge.

Vaiou, D., and Lykogianni, R. (2006), "Women, Neighbourhoods and Everyday Life," *Urban Studies*, 43 (4): 731–43.

Warde, A. (1994), "Consumers, Identity and Belonging: Reflections on Some Theses of Zygmunt Bauman," in R. Keat, N. Whiteley, and N. Abercrombie (eds.), *The Authority of the Consumer*, London: Routledge, pp. 58–74.

Waskul, D., and Vannini, P. (2006), *Body/Embodiment: Symbolic Interaction and the Sociology of the Body*, Hampshire, UK: Ashgate.

Wilson, E. (1987), *Adorned in Dreams: Fashion and Modernity*, Berkeley: University of California Press.

Wilson, E., and de la Haye, A. (1999), "Introduction," in A. de la Haye and E. Wilson (eds.), *Defining Dress: Dress as Object, Meaning and Identity*, Manchester: Manchester University Press, pp. 1–9.

Woodward, S. (2005), "Looking Good: Feeling Right—Aesthetics of the Self," in S. Küchler and D. Miller (eds.), *Clothing as Material Culture*, Oxford: Berg, pp. 21–39.

Woodward, S. (2007), *Why Women Wear What They Wear*, Oxford: Berg.

Wray, S., and Deery, R. (2008), "The Medicalization of Body Size and Women's Healthcare," *Health Care for Women International*, 29: 227–43.

第八章　脂肪剥削：厌恶和减肥秀

Alley, K. (2012), Kirstie Alley: The Official Site, http://www.kirstiealley.com/ (accessed January 25, 2012).

Bartky, S. (1990), *Femininity and Domination: Studies in the Phenomenology of Oppression*, London: Routledge.

Butler, J. (1990), *Gender Trouble: Feminism and the Subversion of Identity*, London: Routledge.

Campos, P. (2004), *The Obesity Myth: Why America's Obsession with Weight Is Hazardous to Your Health*, New York: Penguin Books.

Carlson, M. (2003), *The Haunted Stage: Theatre as a Memory Machine*, Ann Arbor: University of Michigan Press.

Cloud, J. (1999a), "Monica's Makeover," *CNN*, March 8, http://www.cnn.com/ALLPOLITICS/time/1999/03/08/makeover.html (accessed January 15, 2012).

Cloud, J. (1999b), "Monica's Makeover," *Time Magazine*, March 15, http://www.time.com/time/magazine/article/0,9171,990427,00.html (accessed February 1, 2012).

Colls, R. (2007), "Materialising Bodily Matter: Intra-action and the Embodiment of 'Fat'", *Geoforum*, 38: 353–65.

Douglas, M. (1966), *Purity and Danger: An Analysis of Concepts of Pollution and Taboo*, New York: Routledge.

Farrell, A.E. (2011), *Fat Shame: Stigma and the Fat Body in American Culture*, New York: New York University Press.

Forth, C.E. (2012), "Melting Moments: The Greasy Sources of Modern Perceptions of Fat," *Cultural History*, 1 (1): 83–107.

Gowen, G. (2012), "Gaining, Losing Weight Means Big Payments for Celebs," ABCNews.com, May 11, http://abcnews.go.com/entertainment/gaining-losing-weight-means-big-paydays-celebs/story?id=16314049# (accessed November 3, 2013).

Graham, M. (2005), "Chaos," in D. Kulick and A. Meneley (eds.), *Fat: The Anthropology of an Obsession*, London: Tarcher, pp. 169–84.

Greene, Bob (2009), "Oprah's Weight Loss Confession," *Oprah.com*, January 5, http://www.oprah.com/health/Oprahs-Weight-Loss-Confession/2#ixzz1kZrhu4OG (accessed January 26, 2012).

Grosz, E. (1994), *Volatile Bodies: Toward a Corporeal Feminism*, Bloomington: Indiana University Press.

Harpo Productions (2006), "Oprah Follow-Ups," *Oprah.com*, November 6, http://www.oprah.com/oprahshow/Oprah-Follow-Ups/2 (accessed February 17, 2012).

Harpo Productions (2010), "The Wagon of Fat," *Oprah.com*, December 22, http://www.oprah.com/oprahshow/Oprah-Wheels-Out-the-Wagon-of-Fat-Video (accessed January 26, 2012).

Huff, J.L. (2009), "Access to the Sky: Airplane Seats and Fat Bodies as Contested Spaces," in E. Rothblum and S. Solovay (eds.), *The Fat Studies Reader*, New York: New York University Press, pp. 176–86.

Kent, L. (2001), "Fighting Abjection: Representing Fat Women," in J.E. Braziel and K. LeBesco (eds.), *Bodies out of Bounds: Fatness and Transgression*, Berkeley: University of California Press, pp. 130–50.

Leung, R. (2007), "The Subway Diet," CBS News, December 5, http://www.cbsnews.com/stories/2004/09/01/48hours/main640067.shtml?tag=mncol;lst;1 (accessed January 26, 2012).

Miller, W.I. (1997), *The Anatomy of Disgust*, Cambridge, MA: Harvard University Press.

Mobley, J.-S. (2012), "Tennessee Williams' Ravenous Women: Fat Behavior Onstage," *Fat Studies: An Interdisciplinary Journal of Body Weight and Society*, 1: 75–90.

Murray, S. (2008), *The "Fat" Female Body*, New York: Palgrave Macmillan.

North, A. (2010), "Jared Fogle and the Plight of the Celebrity Dieter," *Jezebel*, February 15, http://jezebel.com/5472007/jared-fogle-and-the-plight-of-the-celebrity-dieter (accessed March 23, 2012).

Parker-Pope, T. (2011), "The Fat Trap," *New York Times Magazine*, December 28, http://www.nytimes.com/2012/01/01/magazine/tara-parker-pope-fat-trap.html?_r=0&pagewanted=print, http://www.nytimes.com/2012/01/01/magazine/tara-parker-pope-fat-trap.html (accessed December 1, 2012).

Shapiro, W. (1999), "The First Bimbo," *Walter Shapiro: Pundicity*, January 30, http://www.waltershapiro.com/3542/the-first-bimbo (accessed February 16, 2012).

Subway Company (2009), "Subway Commercial 1812 Overture," YouTube, January 22, http://www.youtube.com/watch?v=QsZFsZw5jtU&feature=related (accessed June 21, 2012).

Yogi (2011), "Oprah's Most Memorable Moments," Magic 106.3: R&B and Classic Soul, May 25, http://mycolumbusmagic.com/1446771/oprahs-most-memorable-moments/ (accessed January 26, 2012).

本书作者简介

克里斯托弗·E. 福思：历史学教授，性别、性行为与身体文化史专家。美国堪萨斯大学人文与西方文明教授。著有 *The Dreyfus Affair and the Crisis of French Manhood*（2004）和 *Masculinity in the Modern West: Gender, Civilization and the Body*（2008），以及多本论文集，包括 *Cultures of the Abdomen: Diet, Digestion and Fat in the Modern World*（2005）等。目前致力于西方脂肪文化史的完善整理。

安妮·梅内利：加拿大特伦特大学人类学副教授。著有 *Tournaments of Value: Sociability and Hierarchy in a Yemeni Town*（1996）一书，并与他人共同编著了 *Fat: The Anthropology of an Obsession*(2005）和 *Auto- Ethnographies: The Anthropology of Academic Practices*（2005）。在 *American Anthropologist*，*Cultural Anthropology*，*Ethnos Food Culture and Society* 以及 *Mid-dle East Report* 等杂志上发表过多篇文章。

布拉德·韦思：美国威廉玛丽学院人类学教授。著有三本关于坦桑尼亚社会文化的书籍并发表了多篇相关文章。曾担任 Journal of Religion in Africa 编辑长达十年，目前担任文化人类学协会主席。现在的研究方向是通过考察北卡罗来纳州草饲猪肉的社会文化意义发现美国人对当代食品工业转化的兴趣。

艾莉森·利奇：悉尼麦考瑞大学的社会学讲师，主持了关于意大利卡拉拉地区大理石采石场的人种志田野调查。悉尼大学社会人类学博士，曾发表 *Slow Food and the Politics of Pork Fat*（in *Ethnos*），*The Life of Marble*（in *Australian Journal of Anthropology*），*The*

Materiality of Marble（in *Thesis Eleven*）等。与人联合制作了纪录片 *Carrara: Primo Maggio Anarchico*（Vox Lox），目前正在撰写一本有关女性大理石雕刻家的书籍。

安娜·拉维斯：医学人类学家，英国伯明翰大学研究员。在多学科语境的基础护理系主持精神病研究。对进食障碍、食物及进食等方面多有关注，与 Emma-Jayne Abbots 合作编辑了 *Why We Eat, How We Eat: Contemporary Encounters between Foods and Bodies*（2013）一书，并建立了名为 Consuming Materialities: Bodies, Boundaries and Encounters 的研究网。作为牛津大学社会与文化人类学研究所助理研究员，正在参与一个旨在调查肥胖症媒体呈现的项目。

纳丁·埃勒斯：在澳大利亚伍伦贡大学教授文化研究。著有 *Racial Imperatives: Discipline, Performativity, and Struggles against Subjection*（2012），曾发表 *Social Semiotics*，*Patterns of Prejudice* 以及 *Culture*，*Theory and Critique* 等文章。

楚蒂·凯恩：新西兰梅西大学社会与人文科学学院的研究经理。她在梅西大学获得博士学位，并在研究方法、全球化以及新西兰文化和同一性方面多有建树。曾在移民领域尤其是社会凝聚力、劳工市场发展以及体化反射等方面发表多篇论文。她的研究方向包括不同性别认同、体型认同和移民身份认同；定性研究方法论及伦理学；以及日常生活的物质性。对着装身体的不确定空间尤为感兴趣。

凯利·张伯伦：新西兰奥克兰市的梅西大学社会学与健康心理学教授。作为知名健康心理学家，他的研究焦点放在日常生活与健康的关系上，对药物治疗、媒体、物质性、常见疾病、食物、不利条件、社会和文化进程以及新式定性研究方法论等都深感兴趣。在健康和定性研究与方法论领域著作颇丰。

安·杜普伊斯：社会学副教授，新西兰梅西大学奥克兰市奥尔巴尼校区人文与社会科学学院负责人。长期关注继承及房屋所得、财富遗产或特别赠予等形式的继承所有权的相关意义。在家庭的含义，家庭、住房自有、本体安全之间的关系，城市集约化，城市私人自治等方面发表了大量文章。

詹妮弗－斯科特·莫布里：美国佛罗里达州温特帕克罗林斯学院戏剧学客座教授。曾发表 *Tennessee Williams's Ravenous Women: Fat Behavior Onstage*（in *Fat Studies: A Journal of Research*, Routledge）。在 *Theatre Journal*，*Theatre Survey* 和 *Shakespeare Bulletin* 上发表过演出评论和书评若干。

新知
文库

01《证据：历史上最具争议的法医学案例》[美]科林·埃文斯 著　毕小青 译

02《香料传奇：一部由诱惑衍生的历史》[澳]杰克·特纳 著　周子平 译

03《查理曼大帝的桌布：一部开胃的宴会史》[英]尼科拉·弗莱彻 著　李响 译

04《改变西方世界的26个字母》[英]约翰·曼 著　江正文 译

05《破解古埃及：一场激烈的智力竞争》[英]莱斯利·罗伊·亚京斯 著　黄中宪 译

06《狗智慧：它们在想什么》[加]斯坦利·科伦 著　江天帆、马云霏 译

07《狗故事：人类历史上狗的爪印》[加]斯坦利·科伦 著　江天帆 译

08《血液的故事》[美]比尔·海斯 著　郎可华 译　张铁梅 校

09《君主制的历史》[美]布伦达·拉尔夫·刘易斯 著　荣予、方力维 译

10《人类基因的历史地图》[美]史蒂夫·奥尔森 著　霍达文 译

11《隐疾：名人与人格障碍》[德]博尔温·班德洛 著　麦湛雄 译

12《逼近的瘟疫》[美]劳里·加勒特 著　杨岐鸣、杨宁 译

13《颜色的故事》[英]维多利亚·芬利 著　姚芸竹 译

14《我不是杀人犯》[法]弗雷德里克·肖索依 著　孟晖 译

15《说谎：揭穿商业、政治与婚姻中的骗局》[美]保罗·埃克曼 著　邓伯宸 译　徐国强 校

16《蛛丝马迹：犯罪现场专家讲述的故事》[美]康妮·弗莱彻 著　毕小青 译

17《战争的果实：军事冲突如何加速科技创新》[美]迈克尔·怀特 著　卢欣渝 译

18《最早发现北美洲的中国移民》[加]保罗·夏亚松 著　暴永宁 译

19《私密的神话：梦之解析》[英]安东尼·史蒂文斯 著　薛绚 译

20《生物武器：从国家赞助的研制计划到当代生物恐怖活动》[美]珍妮·吉耶曼 著　周子平 译

21《疯狂实验史》[瑞士]雷托·U.施奈德 著　许阳 译

22《智商测试：一段闪光的历史，一个失色的点子》[美]斯蒂芬·默多克 著　卢欣渝 译

23《第三帝国的艺术博物馆：希特勒与“林茨特别任务”》[德]哈恩斯－克里斯蒂安·罗尔 著　孙书柱、刘英兰 译

24《茶：嗜好、开拓与帝国》[英]罗伊·莫克塞姆 著　毕小青 译

25《路西法效应：好人是如何变成恶魔的》[美]菲利普·津巴多 著　孙佩妏、陈雅馨 译

26《阿司匹林传奇》[英]迪尔米德·杰弗里斯 著　暴永宁、王惠 译

27《美味欺诈：食品造假与打假的历史》[英]比·威尔逊 著　周继岚 译

28《英国人的言行潜规则》[英]凯特·福克斯 著　姚芸竹 译

29《战争的文化》[以]马丁·范克勒韦尔德 著　李阳 译

30《大背叛：科学中的欺诈》[美]霍勒斯·弗里兰·贾德森 著　张铁梅、徐国强 译

31《多重宇宙：一个世界太少了？》[德]托比阿斯·胡阿特、马克斯·劳讷 著　车云 译

32《现代医学的偶然发现》[美]默顿·迈耶斯 著　周子平 译

33《咖啡机中的间谍：个人隐私的终结》[英]吉隆·奥哈拉、奈杰尔·沙德博尔特 著　毕小青 译

34《洞穴奇案》[美]彼得·萨伯 著　陈福勇、张世泰 译

35《权力的餐桌：从古希腊宴会到爱丽舍宫》[法]让－马克·阿尔贝 著　刘可有、刘惠杰 译

36《致命元素：毒药的历史》[英]约翰·埃姆斯利 著　毕小青 译

37《神祇、陵墓与学者：考古学传奇》[德]C. W. 策拉姆 著　张芸、孟薇 译

38《谋杀手段：用刑侦科学破解致命罪案》[德]马克·贝内克 著　李响 译

39《为什么不杀光？种族大屠杀的反思》[美]丹尼尔·希罗、克拉克·麦考利 著　薛绚 译

40《伊索尔德的魔汤：春药的文化史》[德]克劳迪娅·米勒－埃贝林、克里斯蒂安·拉奇 著
王泰智、沈惠珠 译

41《错引耶稣：〈圣经〉传抄、更改的内幕》[美]巴特·埃尔曼 著　黄恩邻 译

42《百变小红帽：一则童话中的性、道德及演变》[美]凯瑟琳·奥兰丝汀 著　杨淑智 译

43《穆斯林发现欧洲：天下大国的视野转换》[英]伯纳德·刘易斯 著　李中文 译

44《烟火撩人：香烟的历史》[法]迪迪埃·努里松 著　陈睿、李欣 译

45《菜单中的秘密：爱丽舍宫的飨宴》[日]西川惠 著　尤可欣 译

46《气候创造历史》[瑞士]许靖华 著　甘锡安 译

47《特权：哈佛与统治阶层的教育》[美]罗斯·格雷戈里·多塞特 著　珍栎 译

48《死亡晚餐派对：真实医学探案故事集》[美]乔纳森·埃德罗 著　江孟蓉 译

49《重返人类演化现场》[美]奇普·沃尔特 著　蔡承志 译

50《破窗效应：失序世界的关键影响力》[美]乔治·凯林、凯瑟琳·科尔斯 著　陈智文 译

51《违童之愿：冷战时期美国儿童医学实验秘史》[美]艾伦·M. 霍恩布鲁姆、朱迪斯·L. 纽曼、
格雷戈里·J. 多贝尔 著　丁立松 译

52《活着有多久：关于死亡的科学和哲学》[加]理查德·贝利沃、丹尼斯·金格拉斯 著　白紫阳 译

53《疯狂实验史Ⅱ》[瑞士]雷托·U. 施奈德 著　郭鑫、姚敏多 译

54《猿形毕露：从猩猩看人类的权力、暴力、爱与性》[美]弗朗斯·德瓦尔 著　陈信宏 译

55《正常的另一面：美貌、信任与养育的生物学》[美]乔丹·斯莫勒 著　郑嬿 译

56《奇妙的尘埃》[美]汉娜·霍姆斯 著　陈芝仪 译

57《卡路里与束身衣：跨越两千年的节食史》[英]路易丝·福克斯克罗夫特 著　王以勤 译

58《哈希的故事：世界上最具暴利的毒品业内幕》[英]温斯利·克拉克森 著　珍栎 译

59《黑色盛宴：嗜血动物的奇异生活》[美]比尔·舒特 著　帕特里曼·J. 温 绘图　赵越 译

60《城市的故事》[美]约翰·里德 著　郝笑丛 译

61《树荫的温柔：亘古人类激情之源》[法]阿兰·科尔班 著　苜蓿 译

62《水果猎人：关于自然、冒险、商业与痴迷的故事》[加]亚当·李斯·格尔纳 著　于是 译

63《囚徒、情人与间谍：古今隐形墨水的故事》[美]克里斯蒂·马克拉奇斯 著　张哲、师小涵 译

64《欧洲王室另类史》[美]迈克尔·法夸尔 著　康怡 译

65《致命药瘾：让人沉迷的食品和药物》[美]辛西娅·库恩等 著　林慧珍、关莹 译

66《拉丁文帝国》[法]弗朗索瓦·瓦克 著　陈绮文 译

67《欲望之石：权力、谎言与爱情交织的钻石梦》[美]汤姆·佐尔纳 著　麦慧芬 译

68《女人的起源》[英]伊莲·摩根 著　刘筠 译

69《蒙娜丽莎传奇：新发现破解终极谜团》[美]让-皮埃尔·伊斯鲍茨、克里斯托弗·希斯·布朗 著　陈薇薇 译

70《无人读过的书：哥白尼〈天体运行论〉追寻记》[美]欧文·金格里奇 著　王今、徐国强 译

71《人类时代：被我们改变的世界》[美]黛安娜·阿克曼 著　伍秋玉、澄影、王丹 译

72《大气：万物的起源》[英]加布里埃尔·沃克 著　蔡承志 译

73《碳时代：文明与毁灭》[美]埃里克·罗斯顿 著　吴妍仪 译

74《一念之差：关于风险的故事与数字》[英]迈克尔·布拉斯兰德、戴维·施皮格哈尔特 著　威治 译

75《脂肪：文化与物质性》[美]克里斯托弗·E. 福思、艾莉森·利奇 编著　李黎、丁立松 译

76《笑的科学：解开笑与幽默感背后的大脑谜团》[美]斯科特·威姆斯 著　刘书维 译

77《黑丝路：从里海到伦敦的石油溯源之旅》[英]詹姆斯·马里奥特、米卡·米尼奥-帕卢埃洛 著　黄煜文 译

78《通向世界尽头：跨西伯利亚大铁路的故事》[英]克里斯蒂安·沃尔玛 著　李阳 译

79《生命的关键决定：从医生做主到患者赋权》[美]彼得·于贝尔 著　张琼懿 译

80《艺术侦探：找寻失踪艺术瑰宝的故事》[英]菲利普·莫尔德 著　李欣 译

81《共病时代：动物疾病与人类健康的惊人联系》[美]芭芭拉·纳特森-霍洛威茨、凯瑟琳·鲍尔斯 著　陈筱婉 译

82《巴黎浪漫吗？——关于法国人的传闻与真相》[英]皮乌·玛丽·伊特韦尔 著　李阳 译

83《时尚与恋物主义：紧身褡、束腰术及其他体形塑造法》[美]戴维·孔兹 著　珍栎 译

84《上穷碧落：热气球的故事》[英]理查德·霍姆斯 著　暴永宁 译

85《贵族：历史与传承》[法]埃里克·芒雄－里高 著　彭禄娴 译

86《纸影寻踪：旷世发明的传奇之旅》[英]亚历山大·门罗 著　史先涛 译

87《吃的大冒险：烹饪猎人笔记》[美]罗布·沃乐什 著　薛绚 译

88《南极洲：一片神秘的大陆》[英]加布里埃尔·沃克 著　蒋功艳、岳玉庆 译

89《民间传说与日本人的心灵》[日]河合隼雄 著　范作申 译

90《象牙维京人：刘易斯棋中的北欧历史与神话》[美]南希·玛丽·布朗 著　赵越 译

91《食物的心机：过敏的历史》[英]马修·史密斯 著　伊玉岩 译

92《当世界又老又穷：全球老龄化大冲击》[美]泰德·菲什曼 著　黄煜文 译

93《神话与日本人的心灵》[日]河合隼雄 著　王华 译

94《度量世界：探索绝对度量衡体系的历史》[美]罗伯特·P.克里斯 著　卢欣渝 译

95《绿色宝藏：英国皇家植物园史话》[英]凯茜·威利斯、卡罗琳·弗里 著　珍栎 译

96《牛顿与伪币制造者：科学巨匠鲜为人知的侦探生涯》[美]托马斯·利文森 著　周子平 译

97《音乐如何可能？》[法]弗朗西斯·沃尔夫 著　白紫阳 译

98《改变世界的七种花》[英]詹妮弗·波特 著　赵丽洁、刘佳 译

99《伦敦的崛起：五个人重塑一座城》[英]利奥·霍利斯 著　宋美莹 译

100《来自中国的礼物：大熊猫与人类相遇的一百年》[英]亨利·尼科尔斯 著　黄建强 译